节能技术与管理丛书

能效管理与节能技术

NENG XIAO GUAN LI
YU JIE NENG JI SHU

国家电网公司营销部　编

中国电力出版社
CHINA ELECTRIC POWER PRESS

内 容 提 要

为全面介绍国家节能减排政策和形势，系统阐述能效管理与节能技术，总结节能领域的先进技术成果、产品及实践经验，为今后我国节能服务产业提供有益的参考，国家电网公司组织编写了本书。

全书分为两篇十五章，管理篇包括我国能源形势与能源政策、电力需求侧管理基础知识、国家电网公司节能服务体系建设规划、能源审计、合同能源管理、节能量测量与验证；技术篇包括供配电系统节能、电机系统节能、空调系统节能、供热系统节能、建筑节能、照明系统节能、工业用热节能、工业锅炉（炉窑）节能、高耗能行业节能等。

本书可供公司系统节能服务体系相关工作人员阅读、参考，也可以作为相关培训资料。

图书在版编目（CIP）数据

能效管理与节能技术／国家电网公司营销部编. —北京：中国电力出版社，2011.7
ISBN 978-7-5123-1909-7

Ⅰ．①能…　Ⅱ．①国…　Ⅲ．①电力工业－节能　Ⅳ．①TM

中国版本图书馆 CIP 数据核字（2011）第 140560 号

中国电力出版社出版、发行

（北京市东城区北京站西街 19 号　100005　http://www.cepp.sgcc.com.cn）
北京丰源印刷厂印刷
各地新华书店经售

*

2011 年 9 月第一版　　2011 年 9 月北京第一次印刷
787 毫米×1092 毫米　16 开本　21 印张　364 千字
印数 0001—3000 册　　定价 **50.00** 元

敬 告 读 者

本书封面贴有防伪标签，加热后中心图案消失
本书如有印装质量问题，我社发行部负责退换

编 委 会

主　任　杨　庆

副主任　王相勤

成　员　苏胜新　郭剑波　胡江溢　谢永胜
　　　　徐阿元　马力克

编 写 组

组　长　马力克　王力科

副组长　张兴华　章　欣

成　员　杨湘江　周昭茂　闫华光　王　鹤
　　　　李德智　苗常海　蒋利民　杨雷娟
　　　　刘永顺　李涛永　刘　尧　钟　鸣
　　　　许高杰　何桂雄　夏云飞　徐杰彦

序

　　能源是人类社会生存和发展的重要物质基础，能源的开发利用极大地影响并推动着世界经济和人类社会的发展，人类文明的每一次重大进步都伴随着能源应用的改进和更替。

　　当前，我国正处于工业化、现代化的大发展时期，经济社会发展已经取得了举世瞩目的辉煌成就，与此同时，中国也成为世界第二大能源生产国和消费国。中国经济社会还要继续发展，但能源供应瓶颈已经开始显现，并逐步制约经济社会的发展。提高社会用能效率，实施可持续发展战略，是破解能源短缺与经济发展矛盾的有效途径。

　　国家已经将节约资源作为基本国策，提出实施节约与开发并举，把节约放在首位的能源发展战略，并在"十二五规划"中明确提出节能减排目标是："大力发展节能环保、新一代信息技术、生物、高端装备制造、新能源、新材料、新能源汽车等战略性新兴产业。节能环保产业重点发展高效节能、先进环保、资源循环利用关键技术装备、产品和服务"。国务院要求加快推行合同能源管理，促进节能服务产业发展，国家有关部门出台了奖励资金、税收优惠等支持政策，推动了我国节能服务产业的发展。国家《电力需求侧管理办法》指出电力需求侧管理是实现节能减排目标的重要措施，电网企业是重要实施主体。

　　国家电网公司是关系国民经济命脉、关系国家能源安全、关系社会和谐稳定的特大型国有企业，承担着推进节能减排的重要责任。同时，国家电网公司在提高能效方面具有较高的技术、人才、资金和网络优势，在技术研发、标准建设、检测能力、政策研究和运营模式等方面已经取得阶段性成果，必将助推我国节能工作向纵深发展。

为全面介绍国家节能减排政策和形势，系统阐述能效管理与节能技术，总结节能领域的先进技术成果、产品及实践经验，为今后我国节能服务产业提供有益的参考，国家电网公司组织编写了《能效管理与节能技术》一书。

　　本书的出版，凝聚了国家电网公司和中国节能服务领域众多领导、专家和工程技术人员的汗水和心血，希望能为节能服务领域的各位同事提供有益的帮助，共同创造我国节能减排事业的美好明天。

杨　庆

2011 年 8 月

前　言

近年来，国家以推行合同能源管理为重要内容，进一步加大节能减排工作力度。2010 年 4 月，国务院办公厅印发《关于加快推行合同能源管理促进节能服务产业发展的意见》（国办发〔2010〕25 号），提出采取切实有效措施，努力创造良好的政策环境，促进节能服务产业加快发展的工作要求。随后，财政部和国家发展和改革委员会印发《合同能源管理项目财政奖励资金管理暂行办法》（财建〔2010〕249 号），明确中央财政将安排奖励资金，支持推行合同能源管理，促进节能服务产业的发展。

同时，国家发展和改革委员会等六部委联合下发的《电力需求侧管理办法》（发改运行〔2010〕2643 号）中明确，电网企业是电力需求侧管理的重要实施主体，应主动承担科学用电、节约用电的责任，自行开展并引导用户实施节能项目。

为深入贯彻国家节能减排政策，加速落实低碳经济发展战略，国家电网公司决定优化整合现有节能服务资源，构建完善的节能服务体系，探索完善以合同能源管理为主的节能服务市场运作模式，培育壮大节能服务产业，建立节能服务网络的节能服务体系规划，促进社会能源利用效率不断提高。

为使国家电网公司系统广大员工更好地理解和掌握国家节能减排政策、能效管理与节能技术相关知识，并对节能领域的先进技术成果、产品及实践经验有所了解。国家电网公司营销部组织相关专家和技术人员，结合目前国家电网公司节能服务体系建设工作，编写了《能效管理与节能技术》。本书分为上下两篇，其中上篇为能效管理相关内容，下篇主要介绍典型节能技术。本教材共计十五章，其中第一章由国家电网电力需求侧中心编写，其余各章由中国电力科学研究院编写。

希望本书的出版，能够使国家电网公司系统广大员工和社会各界更好地理解能效管理及节能技术，促进节能技术节能服务体系顺利实施。

限于编者水平，书中必定会有错误及不妥之处，望广大读者批评指正。

编　者

2011 年 8 月

目　录

序
前言

管　理　篇

技　术　篇

管　理　篇

第一章

我国能源形势与能源政策

能源是自然界中能为人类提供某种形式能量的物质资源。能源是人类进行生产和赖以生存的重要物质基础，也是社会发展的重要物质基础。

第一节　能源的种类划分

能源的种类繁多，人们从研究、利用和开发能源的角度出发，根据能源的特点和相互关系，按一定的规则将它们进行分类。

一、按能源的形成或来源分类

第一类为来自地球外天体的能源，如太阳能及宇宙射线。这里所指的太阳能，也称为广义太阳能，泛指所有来自太阳的能源。除了太阳的直接辐射外，还包括经各种方式转换而形成的能源，如经生物质转化而形成的各种生物质能和化石能源，如煤炭、石油、天然气、油页岩等；经空气或水转化形成的风能、水能、海洋能等。这类能源是目前人类利用的主要能源。第二类为地球本身蕴藏的能源，如地热能和核能。地热能的形式有地热水、岩浆以及地震、火山等。第三类是地球和其他天体相互作用而产生的能源，如由于月球对地球的引力产生的潮汐能。

二、按能源的基本形态分类

按能基本形态可以分为一次能源和二次能源。一次能源即天然能源，指在自然界现成存在的能源，如煤炭、石油、天然气、水能等。二次能源指由一次能源加工转换而成的能源产品，如电力、煤气、蒸汽及各种石油制品等。

三、按能否快速再生分类

可再生能源是指在一个相当长的时间范围内，自然界可连续再生并有规律地得到补充的一次能源。常见的可再生能源有太阳能、生物质能、水能、风能、海洋能、地热能等。非再生能源指那些不能连续再生、短期内无法恢复、可耗尽的一次能源。如煤炭、石油、天然气、核燃料铀等都是经过自然界亿万年演变形成的有限量能源，它们不可重复再生，最终可被用尽。

四、按利用技术的成熟程度分类

按利用技术的成熟程度可分为常规能源和新能源。常规能源是指已经大规模生产和广泛利用的、技术比较成熟的能源。如煤炭、石油、天然气、水力能等一次能源，以及煤气、焦炭、汽油、酒精、电力、蒸汽等二次能源。将那些正在研究和开发，尚未大规模应用的能源称为新能源。如太阳能、风能、生物质能、海洋能、地热能、氢能等都属于新能源。新能源是在不同历史时期和科学技术水平条件下，相对于常规能源而言的。随着煤炭、石油、天然气等常规能源储量的不断减少，新能源将成为世界新技术革命的重要内容，成为未来世界持久能源系统的基础。

五、按能源性质分类

按能源性质可以分为燃料型能源（煤炭、石油、天然气、泥炭、木材）和非燃料型能源（水能、风能、地热能、海洋能）。

六、按生产和使用过程中对环境的影响分类

按能源在生产和使用过程中对环境的影响，可将能源分为清洁能源和非清洁能源。清洁能源不对环境造成损害或损害程度较小，如太阳能、水能、风能等。而像煤炭、石油等能源对环境损害程度较大的能源，称为非清洁能源。

第二节　我国能源现状

一、我国能源资源储量

（一）煤炭资源的储量和产量

我国煤炭资源储藏丰富，煤种齐全，分布广泛。至 2009 年，我国煤炭探明储量为 1.01 万亿 t。2010 年我国煤炭产量为 32.4 亿 t，居世界第一。我国煤炭储藏和生产主要集中在山西、内蒙古、陕西等省，与现有区域经济布局呈逆向分布，造成了"北煤南运"和"西煤东调"的局面，长距离运输给煤炭生产和分配带来了很大的压力。

（二）石油资源的储量和产量

我国属于石油资源贫乏的国家，石油资源主要分布在东部地区，截至 2010 年底，全国石油累计探明地质储量为 312.8 亿 t，剩余技术可采储量为 31.4 亿 t。2010

年我国石油产量为 2.01 亿 t。2010 年底，我国石油储产比为 15，可开采 15 年。

（三）天然气资源的储量和产量

我国天然气主要集中于西部地区，截至 2010 年底，累计探明天然气地质储量为 9.3 万亿 m^3，剩余技术可采储量为 3.9 万亿 m^3。2010 年底，我国天然气储产比为 40，可开采 40 年。

我国煤炭、石油、天然气储量占世界总量百分比分别为 13.9%、1.2% 和 1.3%；产量占世界总量百分比分别为 42.5%、4.8% 和 2.5%。

（四）铀矿资源的储量和产量

我国是铀矿资源不甚丰富的国家，探明铀矿资源分布不均衡，主要在江西、湖南、广东、广西等四省。铀矿探明储量 10 万 t，居世界第 10 位之后，能够满足我国中短期的核电发展。

（五）水力资源的分布和利用

我国水力资源非常丰富，根据 2003 年水力资源复查成果，全国水力资源技术可开发装机容量 5.42 亿 kW，年发电量 2.47 万亿 kWh，经济可开发装机容量约 4.0 亿 kW，年发电量 1.75 万亿 kWh。按经济可开发年发电量重复使用 100 年计算，水力资源约占我国能源剩余可采总储量的 40%，在我国常规能源中居第二位，仅次于煤炭。总体上看，我国水力资源西部多，东部少，相对集中在西南地区，并主要集中在大江大河的干流。2010 年底，全国水电总装机容量达 2.13 亿 kW，占全国总发电装机容量的 22.2%，年发电量为 6863 亿 kWh，占全国总发电量的 16.2%。

（六）风能、太阳能的分布和利用

考虑到实际可利用的土地面积等因素，初步估计：我国可利用的陆地上风能储量约 8 亿 kW，陆上风能主要分布在"三北"（东北、华北、西北）地区，风能功率密度在 $200 \sim 300 W/m^2$ 以上，有的可达 $500 W/m^2$ 以上；近海可利用的风能储量有 2 亿 kW，共计约 10 亿 kW。截至 2010 年底，我国风电装机容量为 3107 万 kW。

我国太阳能资源的高值中心和低值中心都处在北纬 $22° \sim 35°$ 一带，青藏高原是高值中心，四川盆地是低值中心。太阳年辐射总量，西部地区高于东部地区，而且除西藏和新疆两个自治区外，基本上是南部低于北部。从全国太阳年辐射总量的分布来看，西藏、青海、新疆、内蒙古南部、山西、陕西北部、河北、山东、辽宁、吉林西部、云南中部和西南部、广东东南部、福建东南部、海南岛东部和

西部，以及台湾省的西南部等广大地区的太阳辐射总量很大。截至 2010 年底，我国光伏发电装机容量 24 万 kW。

二、我国的能源发展现状

新中国成立后，特别是改革开放以来的快速发展，我国的能源领域取得了巨大成就。到 20 世纪末，我国从长期以来的能源供应短缺转到了供需基本平衡，甚至还出现了短暂的供大于求现象。但是，进入 21 世纪以来，随着我国经济社会的持续快速发展、产业结构和消费结构的不断升级，以及城乡人民生活水平的不断提高，我国的能源供需形势又发生了重大变化，我国的能源问题不仅演变成了经济社会发展中影响全局的重大问题，也成了令国际社会高度关注的重要议题。

我国政府高度重视能源问题。面对新的形势，一方面强调要继续实行节约优先的方针，着力推动节能降耗工作，加快建设资源节约型和环境友好型社会，加快转变经济增长方式，形成可持续的社会生产方式和消费模式，缓解能源供应紧张的矛盾；另一方面采取有效措施加大国内能源资源的勘探开发，加快煤炭、电力、石油和天然气以及可再生能源的发展，积极实施"走出去"战略，鼓励和支持我国的能源企业走出国门，积极参与国际能源上的资源开发和利用，扩大石油进口，保障我国的能源供应和能源安全。

目前，我国已经成为世界上第二大能源生产国和消费国。我国的能源消费水平和国内生产水平均不断提升，能源行业发展规模和发展速度均处于世界前列。我国能源事业处在一个新的历史高度，同时也进入了快速发展和全面发展的新时期。

（一）能源资源总量较丰富，人均拥有量较低

我国拥有较为丰富的化石能源资源。其中，煤炭占主导地位，剩余探明可采储量约占世界的 13.9%，列世界第三位。已探明的石油、天然气资源储量相对不足，油页岩、煤层气等非常规化石能源储量潜力较大。我国拥有较为丰富的可再生能源资源。水力资源理论蕴藏量折合年发电量为 6.19 万亿 kWh，经济可开发年发电量约 1.76 万亿 kWh，相当于世界水力资源量的 12%，列世界首位。但是由于我国人口众多，人均能源资源拥有量在世界上均处于较低水平。煤炭和水力资源人均拥有量相当于世界平均水平的 50%，而石油、天然气人均资源量仅为世界平均水平的 1/15 左右。耕地资源不足世界人均水平的 30%，制约了生物质能源的开发。

（二）能源资源分布不均，开发利用难度较大

我国能源资源分布广泛但不均衡。煤炭资源主要分布在华北、西北地区，水

力资源主要分布在西南地区，石油、天然气资源主要分布在东、中、西部地区和海域。我国主要的能源消费地区集中在东部沿海经济发达地区，资源分布与能源消费地域存在明显差别。大规模、长距离的北煤南运、北油南运、西气东输、西电东送，是我国能源流向的显著特征和能源运输的基本格局，选择最优能源输送形式成为重要课题。与世界相比，我国煤炭资源地质开采条件较差，大部分储量需要井工开采，极少量可供露天开采。石油天然气资源地质条件复杂，埋藏深，勘探开发技术要求较高。未开发的水力资源多集中在西南部的高山深谷，远离负荷中心，开发难度和成本较大。非常规能源资源勘探程度低，经济性较差，缺乏竞争力。

（三）能源消费和供应连创新高，供需矛盾依然存在

经过改革开放以来的持续快速发展，我国的总体经济实力不断增强，相应地，我国总的能源消费和供应水平也不断提高，为经济发展提供了重要保障。截至 2010 年底，我国能源年消费量 32.5 亿 t 标准煤，能源年供应量达到 29.9 亿 t 标准煤，均处于世界前列。2000 年以来我国能源消费总量和构成情况见表 1-1。

表 1-1　　　　　　　　　　　我国能源消费总量和构成情况

年 份	能源消费总量（万 t 标准煤）	能源消费增长速度（%）	发电煤耗计算法					
			占能源消费总量的比重（%）					
			煤 炭	石 油	天然气	水电、核电、其他发电	水电	核电
2000	145 531	3.5	69.2	22.2	2.2	6.4	5.9	0.4
2001	150 406	3.3	68.3	21.8	2.4	7.5	7.1	0.4
2002	159 431	6.0	68.0	22.3	2.4	7.3	6.8	0.5
2003	183 792	15.3	69.8	21.2	2.5	6.5	5.7	0.8
2004	213 456	16.1	69.5	21.3	2.5	6.7	5.9	0.8
2005	235 997	10.6	70.8	19.8	2.6	6.8	5.9	0.8
2006	258 676	9.6	71.1	19.3	2.9	6.7	5.9	0.7
2007	280 508	8.4	71.1	18.8	3.3	6.8	5.9	0.8
2008	291 448	3.9	70.3	18.3	3.7	7.7	6.7	0.8
2009	306 647	5.2	70.4	17.9	3.9	7.8	6.5	0.8
2010	325 000	5.9	68.8	18.7	4.3	8.2	—	—

资料来源：1. 国家统计局《中国能源统计年鉴 2010》。

2. 国家统计局《2010 年国民经济和社会发展统计公报》。

面对能源消费总量的高速增长需求，我国的能源供应能力也在超乎寻常的快速增长。国家统计局《2010年国民经济和社会发展统计公报》显示，2010年中国一次能源生产总量达到29.9亿t标准煤，同比增长8.7%，生产总量和增速均创"十一五"最高纪录。2010年我国原煤产量32.4亿t，同比增长8.9%。截至2010年底，我国发电装机容量达到9.62亿kW，其中，水电2.1亿kW，火电7亿kW，核电1080万kW，风电3107万kW。全社会用电量达到41 923亿kWh。2000年以来我国一次能源生产总量和构成情况数据见表1-2。

表1-2　　　　　　　　　　我国一次能源生产总量和构成情况

年份	发电煤耗计算法							
	一次能源生产量（万t标准煤）	能源生产增长速度（%）	占能源生产总量的比重（%）					
			原煤	原油	天然气	水电、核电、其他发电	水电	核电
2000	135 048	2.4	73.2	17.2	2.7	6.9	6.4	0.5
2001	143 875	6.5	73.0	16.3	2.8	7.9	7.4	0.5
2002	150 656	4.7	73.5	15.8	2.9	7.8	7.2	0.6
2003	171 906	14.1	76.2	14.1	2.7	7.0	6.0	0.9
2004	196 648	14.4	77.1	12.8	2.8	7.3	6.4	0.9
2005	216 219	10.0	77.6	12.0	3.0	7.4	6.5	0.9
2006	232 167	7.4	77.8	11.3	3.4	7.5	6.6	0.80
2007	247 279	6.5	77.7	10.8	3.7	7.8	6.7	0.9
2008	260 552	5.4	76.8	10.5	4.1	8.6	7.5	0.9
2009	274 619	5.4	77.3	9.9	4.1	8.7	7.3	0.8
2010	299 000	8.7	77.1	9.7	4.2	9.0	—	—

资料来源：1. 国家统计局《中国能源统计年鉴2010》。
　　　　　2. 国家统计局《2010年国民经济和社会发展统计公报》。

工业企业一直是我国能源消费的主要部门。在我国工业化加速发展的进程中，经济结构向重化工业方向发展特征明显，重化工业的快速发展带动了能源消费的快速增长。进入21世纪以来，为了满足经济社会发展需要，我国一次能源消费总量从2000年的14.55亿t标准煤增加到了2010年的32.5亿t标准煤，净增约18亿t标准煤，年均增加1.63亿t标准煤。所以转变经济发展方式和改善能源消费方式非常迫切。经济增长和能源消费增长的趋势见图1-1。

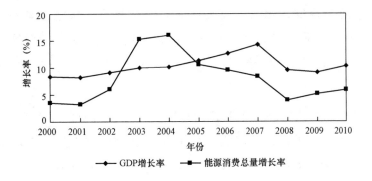

图 1-1　2000 年以来 GDP 增长率和能源消费总量增长率

随着经济社会的发展和人民生活水平的提高,对能源供应和能源服务的需求更高,这给我国的能源行业提出了更高要求。近年来,石油、天然气、电力等优质能源的供应能力虽然大大增加,但是在一些地区、一些环节、一些时段仍然不能完全满足供应,个别地区成品油供应紧张、天然气供应紧缺、电力迎峰度夏(冬)等油荒、气荒、电荒现象凸显我国在保障优质能源供应方面的艰巨性,供需矛盾依然存在。解决这些问题除了需要加大供给,还要提高能效、优化运行。

(四)能源消费以煤为主,环境压力日益加大

煤炭是我国的主要能源,以煤为主的能源结构在未来相当长时期内难以改变。我国的能源供应和消费长期以来维持以煤为主,特别是 2000 年以来能源的高速增长仍然主要依赖煤炭,煤炭生产占能源生产总量的 70%以上,煤炭消费也占能源消费总量的 70%左右。相对落后的煤炭生产方式和消费方式,加大了环境保护的压力。煤炭消费是造成煤烟型大气污染的主要原因,也是温室气体排放的主要来源。在全国烟尘和二氧化硫的排放量中,由煤炭燃烧产生的分别占 70%和 90%,导致区域性的环境酸化,酸雨区已超过国土面积的 40%。化石能源特别是煤炭燃烧生成的二氧化碳是重要的温室气体。此外,随着中国机动车保有量的迅速增加,部分城市大气污染已经变成煤烟与机动车尾气混合型。这种状况持续下去,将给生态环境带来更大的压力。

(五)能源科技水平迅速提高,能源利用效率不断改善

我国的能源科技起点低,进步快。近年来,在新能源和可再生能源的开发利用技术方面发展迅速,许多技术已居世界领先水平。目前,我国国有重点煤矿采煤机械化程度已超过 80%,薄煤层综合开采技术、煤炭直接液化技术等取得实质进展;在复杂段块勘探开发、提高油田采收效率方面的技术已经达到国际先进水平；火力发电向大容量、超临界发展，煤耗快速降低；核电已具备百万千瓦级设备自主制造能力；通过三峡工程引进、消化、吸收再创新，大型水电机组设计制造技术已达世界先进水平，我国已成为世界小水电行业技术的主要技术输出国之一。

"十一五"期间，为实现节能减排约束性指标，我国相继淘汰了一大批炼铁、炼钢、水泥、焦炭等行业的落后产能，关停了一大批小火电机组。有数据显示，"十一五"期间，我国单位 GDP 能源消费强度累计已经降低了 19.06%，节约能源、提高能源效率效果初步显现。2010 年，30 万 kW 以上火电机组占全国火电装机容量的比重提高到 70%，平均供电煤耗 335g/kWh，居世界先进水平。主要耗能产品的单位产品能耗明显下降。"十一五"期间，单位铜冶炼综合能耗下降 35.9%，单位烧碱生产综合能耗下降 34.8%，吨水泥综合能耗下降 28.6%，原油加工单位综合能耗下降 28.4%，电厂火力发电标准煤耗下降 16.1%，吨钢综合能耗下降 12.1%，单位电解铝综合能耗下降 12.0%，单位乙烯生产综合能耗下降 11.5%。

尽管我国的能效取得很大进展，但是由于我国经济结构中工业占重要地位，且一些高耗能产品能耗和国际先进水平相比还有较大差距。例如，2009 年，我国乙烯综合能耗 2009 年为 976kgce/t，国际先进水平为 629kgce/t；我国钢可比能耗为 697kgce/t，国际先进水平为 610kgce/t。因此我国在提高能效方面还有很长的路要走。

（六）能源国际合作初见成效，国际社会压力加大

2000 年以来，我国进一步明确了积极参与国际能源开发与合作，充分利用国际能源资源，通过和平途径发展壮大自己的对外能源战略目标，我国能源多边、双边合作机制不断完善，在世界能源事务中的话语权大大提高，为能源事业发展营造了良好的外部环境；国际能源合作项目取得实质进展，合作范围不断扩大，增强了世界能源安全供应保障能力。我国与新型的石油出口市场的关系在激烈的国际竞争中稳步拓展，中哈石油管道竣工开始输油，中俄石油管道项目取得突破性进展，从非洲和南美等中东以外地区的石油进口不断增长。同时，也加强了与世界主要能源消费国特别是美国、欧盟的能源战略对话与合作。

随着我国经济社会的迅速发展和能源消费的不断上升，近年来主要呈现出两大特点，①我国的经济发展很快，现在经济总量已经超过日本，成为世界上第二大经济体；②我国的能耗据测算已经和美国相当，成为世界能耗大国。现在的中国已经是碳排放大国、能耗大国、经济总量大国，国际社会要求中国承担节能减排义务的

呼声越来越高。

第三节　我国能源发展展望

今后几年是我国能源发展的一个关键转折时期。国际经济贸易结构和能源供求格局正在发生大的变化；而愈演愈烈的全球气候变化问题正在推动全球能源向低碳、清洁、可再生的方向转变。为此，应充分认识和分析我国能源发展面临的国内环境和主要挑战，科学制定能源发展规划。

一、经济社会持续发展对保障能源安全供应提出了更高要求

今后几年，我国转变经济增长方式和调整经济结构的力度可能会更大，继续实施节能减排和降低碳排放强度，加大生态建设和环境治理等措施也会使一次能源消费增长速度进一步放缓。但是，总体上判断，经济社会持续增长将会使一次能源消费总量再上一个大台阶，"十二五"末一次能源消费总量可能要接近40亿t标准煤。"十二五"期间，我国能源消费总量增长幅度仍将较大，除了需要千方百计增加国内产量和供应能力以外，还需要增加进口以保障供应，特别是油气资源的进口会有较大幅度的增长，石油和天然气的对外依存度会进一步上升。所以，保障国家能源安全将面临巨大挑战。

二、经济社会转型和人民生活水平不断提高对能源服务质量提出了更高要求

随着经济社会的转型和人民生活水平的提高，对能源供应和能源服务的需求将会提出新的更高的要求。要完全满足这些方面的需求，我国的能源行业必须加快转变发展方式，更加注重开发与节约并举节约优先的原则，避免出现能源供应的区域性、时段性紧张。未来全社会越来越需要更灵活、更高效的能源供应体系做保障。

三、能源多元化、清洁化、低碳化发展方向使能源行业本身机遇与挑战并存

经济社会进一步加快转变发展方式，会给能源行业的可持续发展增加动力并创造条件，有利于推动能源行业转变发展模式。能源发展多元化、清洁化、低碳化符合当今世界的发展潮流，也是我国能源发展的未来方向。我国在为能源健康发展创造更加有利的外部环境的过程中，主要的挑战在于目前的能源行业结构、企业结构、产业准入政策规定、监管体制机制和法律法规等还不能完全适应能源多元化发展的迫切要求，我国的科技创新能力和政策措施也还不适应清洁能源技术、低碳技术发展的迫切要求。

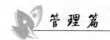

第四节　世界能源形势与展望

一、世界主要能源现状

（一）世界能源储量现状

根据《BP 世界能源统计年鉴 2010》，至 2009 年底，煤炭、石油、天然气的探明储量分别为 8260.01 亿 t、1817 亿 t、187.49 万亿 m^3；储产比分别为 119 年、45.7 年、62.8 年。

表 1-3 列出 2009 年底煤炭、石油和天然气探明储量的全球分布情况。

表 1-3　　　　　2009 年底煤炭、石油、天然气探明储量的全球分布情况　　　　　%

地　区	北美洲	中南美洲	欧洲及欧亚大陆	中东	非洲	亚太地区
煤炭	29.8	1.8	33.0	4.0		31.4
石油	5.5	14.9	10.3	56.6	9.6	3.2
天然气	4.9	4.3	33.7	40.6	7.9	8.7

从表 1-3 中数据可知，全球能源资源地区分布极不均匀。中东、欧洲及欧亚大陆储藏着全球近 3/4 的天然气、2/3 的石油和 1/3 的煤炭。

（二）世界能源消费现状

BP 公司 2010 年 6 月 10 日发布的世界能源年度统计报告显示，由于全球经济衰退，2009 年世界一次能源消费（包括石油、天然气、煤炭、核电及水电）降幅为 1.1%，是 1982 年来的首次下降，也是自第二次世界大战以来世界经济的第一次萎缩。其中，石油消费下降 1.7%，是自 1982 年以来的最大降幅；天然气下降 2.1%，为有记录以来的最大降幅；煤炭消费基本持平，在全球能源消费中占 29.4%；只有水电及其他可再生能源的消费在 2009 年实现增长。

世界各地区的能源消耗情况也存在很大差异，除亚太和中东地区外，全球其他地区煤炭消费量均有下降。经合组织国家和前苏联国家的煤炭消费分别下降 10.4% 和 13.3%，世界其他地区的煤炭消费增长 7.4%，接近历史平均水平，其中中国煤炭消费占世界煤炭消费总量的 46.9%，煤炭消费增长占全球总增长的 95%。

2009 年全球各地区一次能源消费情况见表 1-4。

世界主要国家能源消费情况见表 1-5。

表 1-4   **2009 年全球各地区一次能源消费情况**

项 目 地 区	世界总计	北美洲	中南美洲	欧洲及欧亚大陆	中东	非洲	亚太地区
消费量（百万吨油当量）	11 164.3	2664.4	562.9	2770.0	659.0	360.8	4147.2
占总量比例（%）	100	23.9	5.0	24.8	5.9	3.2	37.1

表 1-5   **世界主要国家能源消费情况**   单位：百万吨油当量

国家	石油	天然气	煤炭	核能	水能等	合 计
美国	842.9	588.7	498	190.2	62	2182
	38.60%	27.00%	22.80%	8.70%	2.80%	100.00%
加拿大	97	85.2	26.5	20.3	90.2	319.2
	30.40%	26.70%	8.30%	6.40%	28.30%	100.00%
法国	87.5	38.4	10.1	92.9	13.1	241.9
	36.20%	15.90%	4.20%	38.40%	5.40%	100.00%
德国	113.9	70.2	71	30.5	4.2	289.8
	39.30%	24.20%	24.50%	10.50%	1.40%	100.00%
意大利	75.1	64.5	13.4	—	10.5	163.4
	16.00%	39.50%	8.20%	—	6.40%	100.00%
英国	74.4	77.9	29.7	15.7	1.2	198.9
	37.40%	39.20%	14.90%	7.90%	0.60%	100.00%
俄罗斯	124.9	350.7	82.9	37	39.8	635.3
	19.70%	55.20%	13.00%	5.80%	6.30%	100.00%
日本	197.6	78.7	108.8	62.1	16.7	463.9
	42.60%	17.00%	23.40%	13.40%	3.60%	100.00%
韩国	104.3	30.4	68.6	33.4	0.7	237.5
	43.90%	12.80%	28.90%	14.10%	0.30%	100.00%
印度	148.5	46.7	245.8	3.8	24	468.9
	31.70%	10.00%	52.40%	0.80%	5.10%	100.00%
中国	404.6	79.8	1537.4	15.9	139.3	2177
	18.60%	3.70%	70.60%	0.70%	6.40%	100.00%
世界合计	3882.1	2653.1	3278.3	610.5	740.3	11 164.3
	34.80%	23.80%	29.40%	5.50%	6.60%	100.00%

(三)世界能源生产现状

2009 年，在化石能源中除煤炭产量有所增长外，石油和天然气产量均有所下降。其中，石油产量比消费量下滑速度更快，遭遇了 1982 年以来的新低，降幅达 2.6%；天然气产量下降 2.1%，出现有记录以来的首次下降；而煤炭产量增加 2.4%。

核电方面，虽然日本核电已从早前地震中恢复正常生产，且亚太地区核电产量在日本带动下有所增长，但依然不能抵消核电在世界其他地区的产量下降。2009 年，全球核电产量连续第三年下降，降幅为 1.3%。

水电方面，在中国、巴西和美国的引领下，水力发电增长低于 1.5% 的平均水平，但依然为 2009 年增长最快的主要能源。

其他形式的可再生能源占全球能源结构的比例依然不高，但继续保持了快速增长的势头。2009 年全球风能和太阳能的装机总量分别上升了 31% 和 47%。其中，中国和美国引领世界风电装机的增长，两国的风电装机增长占全球总增长的62.4%。

二、世界能源发展展望

能源是整个世界发展和经济增长的最基本的驱动力。在过去的 100 多年里，发达国家的工业化消耗了地球上大量的自然资源，特别是能源资源；当前，一些发展中国家正在步入工业化阶段，仍需要消耗大量的能源资源。

由于煤炭、石油、天然气等化石能源的日益枯竭，能源安全和环境问题日益突出，人类已充分认识到旧的能源体系无法满足人类社会的可持续发展。总体来看，世界正处于新、旧能源体系转型阶段。旧的能源体系正在逐渐被打破，而新的能源体系尚未建立。

(一)能源需求继续增长，但能源强度将下降

能源需求将继续增长，这是由于一些国家如中国、俄罗斯和巴西对能源的需求将增长，而能源强度将下降。自 1900 年以来，世界人口翻了 4 番多，收入（以 GDP 为度量）增长了 25 倍，一次能量消费增长了 23 倍。单位收入（GDP）的能耗继续下降，并且在加速。能效提高和长期的结构转向低能源强度相结合，已成为经济发展的一大趋势。

(二)化石能源仍有需求，可再生能源不断增长，全球能源结构继续趋于多样化

全球燃料结构将继续趋于多样化，但非化石燃料将第一次成为供应增长的主要来源。

据 BP 能源展望，能源来源增加的多样化及非化石燃料（核能、水力发电和可

再生能源）的综合，预计将会第一次成为增长的最大来源。2010～2030年，可再生能源（太阳能、风能、地热和生物燃料）对能源增长的贡献将从5%增大到18%，化石燃料对一次能源增长的贡献预计从83%下降至64%。

第五节　节能的重要意义

节能的根本在于提高能源利用效率，在能源利用过程中减少损失。有专家指出，节能是与煤炭、石油、天然气、电力同等重要的"第五能源"，意义重大。

一、节约与开发并举，把节约放在首位是我国的能源发展战略

《中华人民共和国节约能源法》明确规定，国家实施"节约与开发并举，把节约放在首位"的能源发展战略。长期以来，我国十分重视能源领域的投资和建设，已经成为了世界能源生产大国，取得了举世瞩目的成就，但根据实现可持续发展和保护环境的要求，靠单纯增加供给能力来满足能源消费的思路受到了挑战。党中央提出了科学发展观和构建社会主义和谐社会，强调坚持以人为本，加快转变发展方式，加快调整经济结构，创新发展模式，提高发展质量，建设资源节约型和环境友好型社会，促进经济社会协调可持续发展。"十一五"规划《纲要》明确了能源发展的方向和总体要求：坚持节约优先、立足国内、煤为基础、多元发展，优化生产和消费结构，构筑稳定、经济、清洁、安全的能源供应体系。

二、节能是保障国家能源安全的重要手段

能源是国民经济发展的基础和动力之源，对现代经济社会的影响越来越大，能源供求状况及其价格水平，影响到一国经济发展进程和全球经济形势。我国经济社会发展目标的实现，必须有充足能源资源供应。目前我国能源供应存在一定的安全隐患，部分重要能源品种储量贫乏依赖外供，2010年我国石油对外依存度达到53.7%。第二次世界大战后世界经历的能源为危机和我国经济发展中遇到的"油荒"、"气荒"、"电荒"甚至"煤荒"等极大地证明能源对经济和人民生活的制约作用。只有加强节约能源、提高能源利用效率、降低能源消耗量，才能够缓解我国能源对进口的依赖，保障我国能源安全和经济社会稳定健康发展。

三、节能是解决环境问题的有效途径

人类使用能源的过程中必然伴随或多或少的污染。我国是世界上少数几个以煤为主要能源的国家，是煤炭第一生产大国与消费国，近年我国的煤炭生产消费占能源总量都在70%以上，能源消费过分依赖煤炭，造成了严重的环境污染。二氧化硫

排放总量的 90%由燃煤造成，大气中 70%的烟尘也是由燃煤造成。据中科院研究预测，2011 年我国来源于煤炭消费产生的二氧化碳排放量为 56 亿 t，是温室气体排放的重要来源。通过节能各方面的工作，提高能源的利用，就会减少对环境的污染。假如我国能源利用效率能提高 10 个百分点，则相应环境污染能降低 25%。因此，节能是环境保护的有效途径，为了保护我们赖以生存的环境，必须节约并合理利用能源。

四、节能是推动低碳经济体系建立的重要抓手

我国正在努力打造低碳经济和低碳社会，低碳经济是以低能耗、低污染、低排放为基础的发展模式，其实质是提高能源利用效率和调整能源结构，核心是能源技术创新、制度创新和人类生存发展观的根本性转变。发展低碳经济是世界经济继两次工业革命和信息革命之后的又一次体系性变革，它被视为刺激全球经济复苏回暖的重要契机，并正加速新型世界经济和产业机构的确立，必将成为世界经济新的发展路径。我国高度重视发展低碳经济，我国政府庄严承诺，到 2020 年中国单位国内生产总值二氧化碳排放比 2005 年下降 40%~45%。作为一个负责任的大国，我国必须争取更加有力的措施，节约能源，优化能源结构，推动低碳经济体系建立，为保护全球气候作出新的贡献。

五、节约资源是发展循环经济的基本前提

发展循环经济是我国经济社会发展的一项重大战略。循环经济是一种以资源高效利用和循环利用为核心，以"减量化、再利用、资源化"为目标，以闭路循环和能量梯次使用为特征，按照自然生态系统物质循环和能量流动方式运行的经济模式。通过发展循环经济实现物质资源的节约使用，是一条广义节能之路。节约能源不仅仅指直接节约能源产品，也包括所有资源的节约。因为任何资源的生产和运输都要消耗能源，节约所有资源都可以起到节约能源的作用。从这个意义上说，节约型社会必然是节能社会。如果为了单纯追求直接节约能源产品，如煤炭、电力、石油和天然气等，多消耗其他物质产品，最终很可能导致经济系统消耗更多的能源。循环经济作为一种经济发展模式，把资源消耗减量化作为基本前提，其中包括能源消耗的减量化、能源回收和综合利用。

六、节能是增强用能单位竞争力，提高用能单位经济效益的重要措施

我国目前处于工业化重要时期，能源成本在重点行业和重点企业中占有很大比例，对用能单位经营发展具有重大意义。如我国钢铁行业的能耗成本大于 25%，铝行业的能耗约占成本的 50%，大型建材企业的能耗占成本的 40%~50%，化肥占 70%~75%，石化约占 40%。随着能源价格的上涨，产品的能耗越大，成本就越高，

产品价格上的竞争优势也就越小，用能单位经济效益越差。宏观上看，我国主要能源密集产品的能耗水平与国际先进水平有着明显差距，节能有助于提高用能单位的竞争力和用能单位经济效益。

第六节　我国的节能政策法规

一、2010 年部分重要法规文件

2010 年 4 月，工信部发布《关于进一步加强中小企业节能减排工作的指导意见》（工信部办〔2010〕173 号），要求加快提高中小企业节能减排和资源综合利用水平，将加大财政资金支持力度，建立完善中小企业节能减排融资机制。

2010 年 4 月，国务院办公厅转发国家发展改革委等部门《关于加快推行合同能源管理促进节能服务产业发展意见的通知》（国办发〔2010〕25 号），要求加快推进合同能源管理，促进节能服务产业的发展。

2010 年 5 月，国务院发布《关于进一步加大工作力度确保实现"十一五"节能减排目标的通知》（国发〔2010〕12 号），再次重申"十一五"节能规划目标，明确要求加强用能管理，确保实现节能减排目标。

2010 年 6 月，财政部、国家发展改革委下发《关于印发合同能源管理项目财政奖励资金管理暂行办法的通知》（财建〔2010〕249 号），规定对实施合同能源管理的节能服务公司按年节能量给予奖励的标准。

2010 年 6 月，财政部办公厅　国家发展改革委办公厅发布《关于合同能源管理财政奖励资金需求及节能服务公司审核备案有关事项的通知》（财办建〔2010〕60 号），要求各地落实国家相关文件精神，做好财政配套，组织节能服务公司审核备案。

2010 年 9 月，国家质量监督检验检疫总局发布《能源计量监督管理办法》（质检总局令第 132 号），为能源计量工作的顺利开展奠定法律法规基础。

2010 年 10 月，国家发展改革委办公厅、财政部办公厅下发《关于财政奖励合同能源管理项目有关事项的补充通知》（发改办环资〔2010〕2528 号），明确了不属于合同能源管理项目财政支持的项目类型，并发布《合同能源管理技术通则》。

2010 年 11 月，国家发展改革委等六部委联合下发《电力需求侧管理办法》，明确了开展电力需求侧管理的主要原则、职责分工、工作目标、电网责任及激励措

施等。

2010 年 11 月，国务院办公厅下发《关于确保居民生活用电和正常发用电秩序的紧急通知》（国办发明电〔2010〕36 号），要求全面加强电力需求侧管理，积极推进各项工作，完善工作机制，依法规范有序用电工作，做好资金投入、完善配套政策等工作。

2010 年 12 月，财政部、国家税务总局下发《关于促进节能服务产业发展增值税营业税和企业所得税政策问题的通知》（财税〔2010〕110 号），将节能服务公司实施合同能源管理项目涉及的增值税、营业税和企业所得税政策问题明确，大力鼓励企业运用合同能源管理机制，加大节能减排技术改造工作力度。

二、2009 年部分重要法规文件

2009 年 1 月 23 日，财政部、科技部发布《关于开展节能与新能源汽车示范推广试点工作的通知》（财建〔2009〕6 号），决定在北京等 13 个城市开展节能与新能源汽车示范推广试点工作，对推广使用单位购买节能与新能源汽车给予补助。

2009 年 2 月，国家发展改革委、国家电监会、国家能源局联合发出《关于清理优惠电价有关问题的通知》（发改价格〔2009〕555 号），要求坚决取消各地自行出台的优惠电价措施，利用需求侧管理措施减轻企业电费负担，加强对高耗能企业电价的监督检查。

2009 年 3 月，财政部、国家税务总局发布《关于中国清洁发展机制基金及清洁发展机制项目实施企业有关企业所得税政策问题的通知》（财税〔2009〕30 号），对企业实施的将温室气体减排量转让收入的有关税务问题进行明确。

2009 年 5 月，财政部、国家发展改革委发布《关于开展"节能产品惠民工程"的通知》（财建〔2009〕213 号），决定安排专项资金，采取财政补贴方式，支持高效节能产品的推广使用。

2009 年 9 月，国家发展改革委等下发《关于印发半导体照明节能产业发展意见的通知》（发改环资〔2009〕2441 号），旨在推动我国半导体照明节能产业健康有序发展，培育新的经济增长点，扩大消费需求，促进节能减排。

三、2008 年部分重要法规文件

2008 年 3 月，国家发展改革委发布了《可再生能源发展"十一五"规划》（发改能源〔2008〕610 号），认为我国的水能、生物质能、风能和太阳能资源丰富，已具备大规模开发利用的条件。加快发展水电、生物质能、风电和太阳能，提高可再生能源在能源结构中的比重，是"十一五"时期我国可再生能源发展的首要任务。

2008 年 4 月，交通运输部以发布《营运客车燃料消耗量限值及测量方法》（2008 年第 4 号公告），为实行营运车辆燃料消耗准入与退出制度奠定基础。制定营运车辆燃料消耗量限值及测量方法，把好公路运输节能减排关，使节能减排工作得到深化。

2008 年 5 月，住房和城乡建设部、财政部发布《关于推进北方采暖地区既有居住建筑供热计量及节能改造工作的实施意见》（建科〔2008〕95 号），旨在进一步推进北方采暖区既有居住建筑供热计量及节能改造工作，发挥财政资金使用效益。

2008 年 7 月，住房城乡建设部发布《关于印发〈北方采暖地区既有居住建筑供热计量及节能改造技术导则〉（试行）的通知》（建科〔2008〕126 号），指导北方采暖地区既有居住建筑供热计量及节能改造工作。

2008 年 7 月 16 日，交通运输部发布《公路、水路交通实施〈中华人民共和国节约能源法〉办法》（交通运输部令 2008 年第 5 号）。

2008 年 8 月，国务院发布《民用建筑节能条例》（国务院令第 530 号），加强民用建筑节能管理，降低民用建筑使用过程中的能源消耗，提高能源利用效率。

2008 年 8 月，国务院发布《关于进一步加强节油节电工作的通知》（国发〔2008〕23 号），要求各省份、国务院各部门和各直属机构进一步充分认识节油节电工作的重要性和紧迫性，采取措施节油节电，提高能源利用效率，缓解石油和电力供应紧张状况。地方各级人民政府要对本地区节油节电工作负总责，明确职责分工，确保节油节电工作取得明显成效。

2008 年 8 月，国务院颁布《公共机构节能条例》（国务院令第 531 号），推动公共机构节能，提高公共机构能源利用效率，发挥公共机构在全社会节能中的表率作用。要求公共机构应当建立、健全本单位节能运行管理制度和用能系统操作规程，加强用能系统和设备运行调节、维护保养、巡视检查，推行低成本、无成本节能措施等。

2008 年 8 月，财政部、国家税务总局、国家发展改革委发布了《关于公布节能节水专用设备企业所得税优惠目录（2008 年版）和环境保护专用设备企业所得税优惠目录（2008 年版）的通知》（财税〔2008〕115 号）。

2008 年 9 月，国务院机关事务管理局、中共中央直属机关事务管理局发布《关于中央和国家机关进一步加强节油节电工作和深入开展全民节能行动具体措施的通知》（国管办〔2008〕293 号）。

2008 年 9 月，交通运输部发出《关于印发公路水路交通节能中长期规划纲要的通知》（交规划发〔2008〕331 号），以公路、水路运输和港口生产为重点领域，分别确定了 2015 年和 2020 年的总体目标和主要任务，提出了近期重点工程和保障措施。

四、2007 年部分重要法规文件

2007 年 1 月，国务院批转发展改革委、能源办《关于加快关停小火电机组若干意见》的通知（国发〔2007〕2 号），加快关停消耗的煤炭和排放的二氧化硫均占全国总量的一半以上的小火电机组，推进电力工业结构调整和节能减排。

2007 年 4 月，国家发展改革委、国家电监会发布《关于坚决贯彻执行差别电价政策禁止自行出台优惠电价的通知》（发改价格〔2007〕773 号）。

2007 年 4 月，国家发展改革委发布《能源发展“十一五”规划》，阐明国家能源战略，明确能源发展目标、开发布局、改革方向和节能环保重点，是未来五年我国能源发展的总体蓝图和行动纲领。

2007 年 4 月，国家发展改革委发出《关于加快推进产业结构调整遏制高耗能行业再度盲目扩张的紧急通知》（发改运行〔2007〕933 号），规范高耗能项目投资行为，按照有关规定加强项目投资管理，从严控制新建高耗能项目，禁止违规审批（核准）、备案。严禁通过减免税收等各种优惠政策招商引资，盲目上项目。

2007 年 5 月，交通部发布《关于进一步加强交通行业节能减排工作的意见》（交体法发〔2007〕242 号），提出依靠科技进步，加大交通节能减排科研力度，加快交通行业节能降耗基础性、前瞻性、战略性研究，研究制定交通行业有关节能降耗的标准规范，积极研发推广使用交通节能新产品、新技术。

2007 年 5 月，国务院发布了《关于印发节能减排综合性工作方案的通知》（国发〔2007〕15 号），提出了 43 项具体政策措施，涵盖了结构调整，加大行政管理力度，实施节能环保重点工程，加强节能减排投入，加强节能减排技术研究开发与推广应用等内容，对节能减排领域一系列重大政策方针的延伸与细化。

2007 年 6 月，国务院办公厅下发了《关于严格执行公共建筑空调温度控制标准的通知》（国办发〔2007〕42 号），旨在促进科学使用空调，节约能源资源，减少温室气体排放，有效保护环境。

2007 年 6 月，国务院发布了《关于印发中国应对气候变化国家方案的通知》（国发〔2007〕17 号），这是中国第一部应对气候变化的政策性文件，也是发展中国家在该领域的第一部国家方案。全面阐述了中国在 2010 年前应对气候变化的对策。中国政府提出，到 2010 年实现单位国内生产总值能源消耗比 2005 年降低 20% 左右。

2007 年 6 月，中国人民银行发布《关于改进和加强节能环保领域金融服务工作的指导意见》（银发〔2007〕215 号），要求加强节能环保领域金融服务工作，充分发挥信贷资金在支持国家科学技术进步、调整和优化经济结构、推动经济增长方式转变中的重要作用。

2007 年 7 月，国家发展改革委、国家环境保护总局发布《关于印发煤炭工业节能减排工作意见的通知》（发改能源〔2007〕1456 号），促进煤炭工业节约、清洁、安全和可持续发展。

2007 年 7 月，国务院办公厅发布《关于建立政府强制采购节能产品制度的通知》（国办发〔2007〕51 号），加强政府机构节能工作，发挥政府采购的政策导向作用，建立政府强制采购节能产品制度。

2007 年 8 月，国务院办公厅发布了国家发展改革委、国家环境保护总局、国家电监会、国家能源办等制定的《节能发电调度办法（试行）》（国办发〔2007〕53 号），要求开展试点，按照节能、经济的原则，优先调度可再生发电资源，按机组能耗和污染物排放水平由低到高排序，依次调用化石类发电资源，最大限度地减少能源、资源消耗和污染物排放。

2007 年 8 月，财政部、国家发展改革委印发《节能技术改造财政奖励资金管理暂行办法》（财建〔2007〕371 号），规定在 2010 年 12 月 31 日前，采取"以奖代补"方式对 10 大重点节能功能给予适当支持和奖励，并对奖励对象和方式、奖励条件、奖励标准进行明确。

2007 年 8 月，国家发展改革委会同中宣部等部门发布《关于印发节能减排全民行动实施方案的通知》（发改环资〔2007〕2132 号），旨在进一步动员全社会积极参与节能减排和应对气候变化工作，形成以政府为主导、企业为主体、全社会共同推进的节能减排工作格局。

2007 年 8 月，国家发展改革委印发了《可再生能源中长期发展规划》（发改能源〔2007〕2174 号），规划提出，到 2010 年，可再生能源消费量占能源消费总量的比重达到 10%，2020 年达到 15%，形成以自有知识产权为主的可再生能源技术装备能力，实现有机废弃物的能源化利用，基本消除有机废弃物造成的环境污染。

2007 年 9 月，国家发展改革委、财政部、国家电监会发布《关于进一步贯彻落实差别电价政策有关问题的通知》（发改价格〔2007〕2655号），将差别电价收入专项用于支持当地经济结构调整和节能减排工作。研究制定差别电价收入的具体管理办法，促进差别电价政策和节能减排措施的实施。

2007年10月，建设部、财政部发布《关于加强国家机关办公建筑和大型公共建筑节能管理工作的实施意见》（建科〔2007〕245号），建立健全国家机关办公建筑和大型公共建筑节能监管体系。要求各级人民政府在财政预算中安排一定资金，支持重点节能工程、节能新机制的推广、节能管理能力建设等。中央财政将设立专项资金，支持建立国家机关办公建筑和大型公共建筑节能管理节能监管体系，推进节能运行与节能改造。地方财政也应切实加强对国家机关办公建筑和大型公共建筑节能的支持。

2007年10月，《中华人民共和国节约能源法（修订）》（中华人民共和国主席令第77号）颁布，从法律层面将节约资源明确为基本国策，把节约能源发展战略放在首位。节能法对提高能源利用效率，保护和改善环境，促进经济社会全面协调可持续发展将产生重要作用。

2007年11月，国务院批转《节能减排统计监测及考核实施方案和办法》（国发〔2007〕36号），主要包括《单位GDP能耗统计指标体系实施方案》、《单位GDP能耗监测体系实施方案》、《单位GDP能耗考核体系实施方案》等三个方案和《主要污染物总量减排统计办法》、《主要污染物总量减排监测办法》、《主要污染物总量减排考核办法》等三个办法。

2007年12月，交通部发布了《关于港口节能减排工作的指导意见》（交水发〔2007〕747号），以加大对港口节能减排的政策扶持力度。

五、2006年部分重要法规文件

2006年2月，国家发展改革委等部门联合发布《关于加强政府机构节约资源工作的通知》（发改环资〔2006〕284号），加强政府机构（包括由公共财政支持的各级事业单位、社会团体和国防等部门）节约资源工作。

2006年3月14日十届全国人大四次会议已于表决通过并决定批准《中华人民共和国国民经济和社会发展第十一个五年规划纲要》。规划《纲要》中明确提出："十一五"期间单位GDP能耗降低20%左右，主要污染物排放总量减少10%，并作为具有法律效力的约束性指标。

2006年4月，国家发展改革委等部门联合发布了《关于印发千家企业节能行动实施方案的通知》（发改环资〔2006〕571号），加强重点耗能企业节能管理，促进合理利用能源，提高能源利用效率。要求企业加大投入，加快节能降耗技术改造，建立节能激励机制。

2006 年 7 月，国家发展改革委会等部门发布了《关于印发"十一五"十大重点节能工程实施意见的通知》（发改环资〔2006〕1457 号）。十大重点节能工程包括：燃煤工业锅炉（窑炉）改造工程；区域热电联产工程；余热余压利用工程；节约和替代石油工程；电机系统节能工程；能量系统优化工程；建筑节能工程；绿色照明工程；政府机构节能工程；节能监测和技术服务体系建设工程。

2006 年 8 月，国务院发布《关于加强节能工作的决定》（国发〔2006〕28 号），指出能源问题已经成为制约中国经济和社会发展的重要因素，要从战略和全局的高度，充分认识做好能源工作的重要性，高度重视能源安全，实现能源的可持续发展。强调解决中国能源问题，根本出路是坚持开发与节约并举、节约优先的方针，大力推进节能降耗，提高能源利用效率。

2006 年 9 月，建设部发布《关于贯彻〈国务院关于加强节能工作的决定〉的实施意见》（建科〔2006〕231 号），对超过 2 万 m^2 的公共建筑和超过 20 万 m^2 的居住建筑小区，实行建筑能耗核准制度。

2006 年 9 月，国务院办公厅转发《国家发展改革委关于完善差别电价政策的意见》（国办发〔2006〕77 号），加强调整和优化产业结构，加快淘汰高耗能产业中的落后产能，促进节约能源和降低能耗。自 2006 年 10 月 1 日起，对电解铝、铁合金、电石、烧碱、水泥、钢铁、黄磷、锌冶炼 8 个高耗能行业实行差别电价政策，明确了对上述行业中淘汰类和限制类企业用电实行加价的时间和标准，同时规定各地一律不得自行对高耗能企业实行优惠电价，已经实行优惠电价的要立即停止执行。

2006 年 12 月，国家发展改革委、科技部联合发布了重新修订的《中国节能技术政策大纲（2006 年）》，本次《大纲》修订是以 1996 年版大纲为基础，充分考虑10 年来节能技术发展状况，提出了重点研究、开发、示范和推广的重大节能技术，限制和淘汰的高耗能工艺、技术和设备。《大纲》与国家能源发展规划和各行业技术政策相衔接，充分体现节能技术的发展方向。

2006 年 12 月，国家发展改革委发布了《"十一五"资源综合利用指导意见》，提出了 2010 年资源综合利用目标、重点领域、重点工程和保障措施。这是我国"十一五"期间资源综合利用工作的指导性文件，也是引导投资及决策重大项目的依据。

第 二 章

电力需求侧管理基础知识

第一节　电力需求侧管理概述

2005 年，国家电网公司印发的《国家电网公司电力需求侧管理实施办法》（国家电网营销部〔2005〕339 号），将电力需求侧管理（Demand Side Management，DSM）定义为：电力需求侧管理是指通过采取有效的激励措施，引导电力客户改变用电方式，提高终端用电效率，优化资源配置，改善和保护环境，实现最小成本电力服务所进行的用电管理活动。

2010 年，国家发展改革委等六部委颁布的《电力需求侧管理办法》（发改运行〔2010〕2643 号），将电力需求侧管理概括为：电力需求侧管理是指为提高电力资源利用效率，改进用电方式，实现科学用电、节约用电、有序用电所开展的相关活动。

其他文献中对电力需求侧管理还有其他相关定义。无论定义有何不同，电力需求侧管理的根本目的都在于挖掘潜力，降低电量和电力需求对供应侧能源资源的依赖程度，以尽可能延缓新电厂的建设，促进经济和社会的可持续发展。

电力需求侧管理是一项节能工程的创新，也是人类实现可持续发展、建设现代化社会的系统工程，其创新之处在于通过大量的技术选择和价格方案，提高用户的用能效率，优化用户的用电方式，促进用户、电力公司和社会均受益。要实现其目标，需要设计相应的激励机制和政策。机制设计是 DSM 的生命所在，好的机制可以调动各参与方的积极性，主动挖掘节能的潜力，提高能效，以实现科学用电。在建立科学有效的机制的前提下，配套相应的激励手段，可以推动需求侧管理工作的顺利开展。

从 20 世纪 90 年代开始，我国的电力需求侧管理工作大致可以分为以下三个阶段。

第一阶段，20 世纪 90 年代，随着我国经济的快速发展，电力消费增长速度加快，同时电力装机不足，全国电力供需形势出现紧张局面。在此背景下，电力需求侧管理在我国进入了引入传播阶段。政府部门、科研院所、大专院校进行了广泛宣传，开展了试点研究和示范工程，取得了一批科研成果，对我国电力需求侧管理工作起到了指导和推动作用。

　　第二阶段，21 世纪前几年，我国经济快速增长，电力供应能力不能满足用电需求增长，电力供需出现总体紧张、部分地区严重缺电的局面，电力需求侧管理受到社会各界的广泛关注，经历了初步应用阶段。在相关政策的制定、理念的传播、项目的投入上都取得了一定的进展，涌现了一批具有影响力的电力需求侧管理项目，峰谷电价、丰枯电价实施范围加大、灵活度提高。

　　第三阶段，"十一五"以来，政府部门充分发挥了主导作用，电力企业开展了大量工作，电力需求侧管理组织体系得到建设，电力需求侧管理资金得到初步探索，《电力需求侧管理办法》得以颁布实施，我国电力需求侧管理迈入起步实施阶段，电力需求侧管理长效机制的理念初步形成，将在未来的节能减排工作中发挥重要作用。

　　电力需求侧管理与节约用电既有联系又有区别。二者的共同点是节约能源、提高能效、促进环保，不同点是电力需求侧管理还强调转移高峰负荷、优化电网运行方式、提高电网运行的经济性。

　　DSM 理论中的概念，可以分为基本概念类、评价指标类和评价方法类，见表 2-1。

表 2-1　　　　　　　　　　　DSM 理论中的核心概念

类　别	基本概念类	评价指标类	评价方法类
概念名称	负荷管理	可避免成本	DSM 成本效益分析
	电力需求响应	可避免电量及其成本	
	电价响应	可避免峰荷容量及其成本	
	能效管理	单位节电成本	
	有序用电	年纯收益	
	用户特性	投资回收期	
	企业能源审计	节电收益率	
	电力需求侧管理长效机制	DSM 项目投资回报率	
		益本比	

（一）基本概念类

（1）负荷管理：是指通过加强管理或采用蓄能技术改善用电方式，降低用电负荷波动，实现削峰、移峰、移峰填谷，减少或延缓对发供电资源的需求。提高管理手段，一般要借助负荷管理系统。该系统可以通过一系列措施对电力系统的终端用电设备进行监控，达到对负荷曲线进行调整的目的。

（2）电力需求响应：是指实施 DSM 措施之后，电力需求（包括容量和电量）在各种因素影响之下的变化幅度，也是指电力需求对 DSM 的回馈效应。

（3）电价响应：是指用户在不同的电价方式下对电力需求的行为选择。DSM 实施者是通过对电价的各种要素和种类进行设计，从而达到唤起用户科学用电、合理用电、节约用电的积极性，最终实现 IRP 的社会效益目标。

（4）能效管理：能效即能源效率，能效管理是通过计划、组织、激励和控制，采用各种先进技术、管理手段和高效设备提高终端用电效率，来降低单位产品能耗或单位产值能耗。它指减少提供同等能源服务的能源投入。一个国家的综合能源效率指标主要是指单位 GDP 的综合能源消耗。

（5）有序用电：是指在电力供应紧张的情况下，采用行政、经济、技术等手段调节电力需求，通过有保有限的原则引导用户有效利用电能、确保电力供需平衡，保障社会秩序，最大程度降低缺电损失。

（6）用户特性：主要指用户使用电能的特性。比如工业用户以基本平稳、连续的负荷需求为特征，而居民用户具有使用电网高峰电力的特征，其价格弹性相对较小，小幅度的电价上涨难以对居民用电需求起到长期调整的作用。所以研究 DSM 对象的用电特性，是实施 DSM 的出发点。针对不同用户，可以采用单一电价、组合电价、相关技术措施等手段，实现 DSM。

（7）企业能源审计：是企业能源核算系统、合同用能评价体系和用能状况审核机制的统称。用户参与的状况、DSM 方案的设计和节能效益的分享等，都要由能源审计的结果来确认，是一种重要的能效评审方法。在实际应用中，这是选择用户参与执行 DSM 项目的机会和途径。

（8）电力需求侧管理长效机制：通过 DSM 有效的激励制度实现电力需求侧资源的合理配置，长期改变负荷特性，使节约用电成为全社会普遍的行为方式。

（二）评价指标类

（1）可避免成本：当决策方案改变时，某些可避免发生的成本。或者在几种方案可供选择时，对选定其中一种方案时，所选方案不需支出而其他方案需要支出的成本。

（2）可避免电量及其成本：是综合资源规划中特定的概念。根据分析点的不同，可避免电量可以分为电力用户可避免电量和电力系统可避免电量，其中电力用户可避免电量是指由于节电，使电力用户避免多使用的电量；电力系统可避免电量是指由于节电，使电力系统避免的新增发电量。应当指出，并不是所有需求侧管理项目都会使电力用户或者电力系统获得可避免电量，一些移峰填谷项目还要求系统增供电量。相应的，可避免电量成本也分为电力用户可避免电量成本和电力系统可避免电量成本，分别是指由于节约电量使电力用户避免新增的电费支出和使电力系统避免新增电量的成本。一般情况下，是指使电力系统可避免电量及其成本。

（3）可避免峰荷容量及其成本：也是综合资源规划中特定的概念。可避免峰荷容量是指由于节电及移峰降低了高峰电力负荷需求，使电力系统避免的新增装机容量。它等于发电端可避免峰荷加上与其相应的系统备用容量。可避免峰荷容量成本是指由于节电使电力系统避免新增装机容量的成本。

（4）单位节电成本：是指 DSM 项目寿命期内为节约单位电量而支出的成本。它等于节电成本除以总节电量。

（5）年纯收益：是指实施节电项目的收益与成本之差，是项目能否获利的指标。只有用户、电力企业和项目执行者的年纯收益均大于零的情况下，该节电项目才能考虑实施。

（6）投资回收期：是指节电项目以全部获利偿还原始投资所需要的年数。为了减少节电投资风险和获得较高的投资回报，项目投资人总是期望所投项目有较短的投资回收期。该指标往往与年纯收益指标配合使用。

（7）节电收益率：也叫节电收益，是指实施节电项目的收益。可以是同没有实施此项目的情况相比的电费支出的减少、产值的增加等效益。

（8）DSM 项目投资回报率：实施 DSM 项目的节电收益与总节能项目投资之比。

（9）益本比：是指 DSM 项目将技术方案年金折现后的产出资本和投入成本之间的比值。这是指 DSM 项目在经济运行期内所获得的节能收益现值与运行成本的现值之间的比值。

（三）评价方法类

DSM 成本效益分析：是一种通过成本和效益的比较来评价 DSM 项目可行性的

方法，其结果可以用多种方式表示，包括可避免成本、可避免峰荷容量、内部收益率、净现值、投资回收期和益本比等的对比。这种方法通常需要考虑货币的时间价值，因此要对项目的成本和效益产生的各种现金流按照时间价值折现后的现值进行计算。

第二节　电力需求侧管理的主要手段

实施电力需求侧管理的基本内容是根据电力系统的生产特点和各类用户的不同用电规律，有计划、合理地组织和安排各类用户的用电负荷及用电时间，达到发、供、用电平衡协调。具体包括管理手段和技术手段，其中管理手段是指采用政策、经济等措施激励、引导电力用户改变用电方式、提高用电效率，从而达到优化电网负荷特性的目的；技术手段指针对具体的管理对象，以及生产工艺和生活习惯的特点，采用当前成熟的节电技术，以及与其相适应的设备来提高终端用电效率或改变用电方式。

一、管理手段

电力需求侧管理的管理手段主要包括五类。

（1）法律法规。①在立法层面，为了让用户参与竞争的电力市场，支持用户为竞争的电力市场提供能源和辅助服务，鼓励建立需求侧管理系统，而对需求侧管理从整体能源优化利用的高度用立法的形式予以界定，尤其是强调政府部门要对电力企业开展需求侧管理的全过程进行支持；②在执行层面，政府根据立法规定的整体框架制定强制性要求执行法规。

（2）电价政策。电价是电力需求侧管理中重要的经济手段，是建立电力需求侧管理市场机制的重要环节。电价科学合理，可以促使 DSM 项目在市场中自然运作并发展；反之，不合理的电价会抑制电力需求侧管理工作的开展。目前的电价政策主要有：峰谷分时电价、季节性电价（丰枯电价）、可中断电价、阶梯（梯级）电价、两部制电价等。

（3）财税政策。财税政策主要包括：①DSM 专项资金，我国目前已有天津、河北、山西、江西等部分省份从城市附加费中提取 0.1～0.2 分/kWh 用于 DSM 项目，经验可以推广，还可以在各级财政中以国债等方式加强对电力需求侧管理项目财政资金支持；②税收政策。主要包括各种有利于节能的税收计划；③财务政策，主要包括各种降低贷款利息、提供财务担保、或者第三方融资促进等政策；④能效标准，最初主要是针对电冰箱和洗衣机提出的，后来逐步推广到所有的能耗装置。

（4）能效标准。能效标准通常被称为最低能效标准，最初主要是针对电冰箱和洗衣机提出的，后来逐步推广到所有的能耗装置。能效标准的实施目的是通过规定用能产品能源性能限定值来限制高耗能产品的生产、销售和进口，并最终淘汰市场上能效最低的产品型号，从而促进高能效产品市场份额的增加，推动市场从低效向高效转换。

（5）组织体系。DSM 项目的实施过程中，发电企业、电网企业、能源服务部门、电力大用户等各方的角色定位以及利益平衡与协调尤为重要。近几年，一些地方政府成立了由地方电力管理部门和电网企业，各省（区、市）电力企业等组成的电力需求侧管理领导小组，建立电力需求侧管理机构，逐渐健全了组织体系，明确了管理部门和职能部门，积极开展需求侧管理规划和措施、政策及激励机制研究，提供可行的方案建议，推动了电力需求侧管理工作的开展。

二、技术手段

技术和设备是实施电力需求侧管理的重要载体，无论是节约用电还是改善用电方式，真正实现都要靠相应的实用技术和设备，要考虑技术的承受性和经济可行性。近期重点推广的技术主要有：

（1）绿色照明。是指通过提高照明电器和系统的效率，以消耗较少的电能获得足够的照明，进而减少电厂污染物排放，达到节能环保的目的。其内容包括采用高效节能实用的新光源（如紧凑型荧光灯、细管型荧光灯、高压钠灯、金属卤化物灯等）、高效节能的灯用电器附件（如电子镇流器、环形电感镇流器等）、高效优质的照明灯具（如高效优质反射灯罩等）、先进的节能控制器（如调光装置、声控、光控、时控、感控及智能照明节电器等）、科学的维护管理（如定期清洗照明灯具、定期更换老旧灯管、养成随手关灯的习惯等）等。

（2）智能楼宇改造。是指综合计算机、信息通信等方面的先进技术，使建筑物内的电力、空调、照明、防灾、防盗、运输设备等协调工作，实现建筑物自动化、通信自动化、办公自动化、安全保卫自动化和消防自动化，从而达到建筑物内安全、舒适、便利、高效、节能的目的。

（3）电力驱动设备改造。我国风机、水泵、电动机、变压器等电力驱动设备运行效率与国外差距较大，具有较大的节电潜力。其节电途径主要有两种：①提高设备的制造效率，采用高效风机、水泵、电动机、变压器等替代相对低效的普

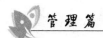

通设备，它是提高运行效率和功率因数的基础，也是长期以来通行的一个主要节电技术措施；②提高设备的运行效率，采用调速技术改善启动性能和运行特性，提高电力驱动设备的系统效率。

（4）电力负荷管理。电力负荷管理可以有效的改善负荷曲线形状，使负荷曲线趋于平坦，减少峰谷差，实现电力负荷在一定时空的最佳分布，提高用户和电网的负荷率，从而提高发、供、用电设备的利用率，达到电网的安全和经济运行，提高投资效益，对发电、供电和用电以及整个社会都有很大好处。

（5）蓄冷/蓄热技术。与常规的制冷、供热设备相比，冰蓄冷空调和蓄热式电锅炉可以大幅降低运行费用，又可以实现电力负荷移峰填谷，缓解高峰负荷压力、提高电网安全经济运行水平。冰蓄冷空调利用夜间廉价的谷段电力制冰或冷水并把冰或水等蓄冷介质储存起来，在白天或前夜电网负荷高峰时段把冷量释放出来转化为冷气，达到移峰填谷目的。蓄热式电锅炉利用电气锅炉或电加热器生产热能并存储在蒸汽或热水蓄热器中，在白天或前夜电网负荷高峰时段将其热能用于生产或生活等来实现移峰填谷。

（6）二次能源回收发电技术。二次能源回收发电属可再生能源发电，系洁净电力资源。钢铁企业的高炉、转炉（电炉）、焦炉混合煤气发电技术、TRT 高炉压差发电技术等，都受到提倡和鼓励。在该类机组的上网调度方式上，要求其适应电网电力电量平衡要求，即电网高峰时段多发、满发，少用网电；电网低谷时段少发、多用低谷网电(气罐在夜间利用电网的低谷电进行储气，在电网高峰时段进行发电)。

（7）无功补偿技术。合理补充无功，推广无功就地补偿技术、无功自动补偿技术和无功动态补偿技术，就地补偿和集中补偿合理配置技术、线路改造等措施，降低企业内部无功环流、窜流，降低企业内部线损。

（8）高效充放电技术/高效蓄电池。随着电动汽车越来越受到重视，高效充放电技术/高效蓄电池的研发、推广将成为未来的一个方向。高效充放电技术/高效蓄电池可以实现在电网高峰时段向电网送电、在电网低谷时段从电网受电，一方面推动电动汽车的发展、促进交通运输业的低碳、绿色发展，另一方面实现削峰填谷。

第三节　电力负荷管理技术

一、电力负荷管理技术的由来

电力工业是一个连续生产的过程，电力生产从发电—输电—供电—电力消费，是在同一时间完成的，为使发电—输电—供电设备发挥最好效益，应该是连续稳定生产，然而电力消费与众多因素有关，如居民生活习惯是白天工作晚上休息、天气变化、大型社会活动、生产活动的不连续性或多变性等，使电力消费每时每刻都有很大变化，典型用电日负荷曲线见图 2-1。

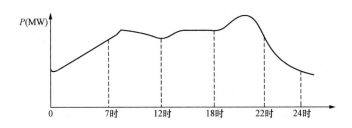

图 2-1　典型用电日负荷曲线

　　通常 8～18 时为白班工作时间，18～22 时为晚高峰，其中，在晚高峰增加了照明用电和生活用电，因此通常会出现尖峰负荷。后半夜人们休息了，负荷也随之下降，如果不采取措施，负荷峰、谷差在一倍以上。又如阴雨天照明负荷增加，冬天取暖负荷，春天春灌负荷，夏天空调负荷，电网负荷起伏变化很大，为保证用户的用电，发输电设备应该满足最大负荷的需要，然而要随着电力负荷的变化不断调整发电厂的出力，甚至启停发电机组和投切输变电设备改变电网运行方式，这对发电机和电网运行既不经济又不安全。因此，需要一种技术能够对用户侧的用电行为进行管理或控制，从而减小电网运行峰谷差，提高电网安全经济运行水平。

二、负荷管理技术对电力需求侧管理的支持作用

（一）市场分析和预测

　　电网运行的经营特点是产、供、销同时完成，这就决定了电网企业必须随时掌握发、输、配、用各个环节的运行情况和实时数据。电力负荷管理系统可以提供各种负荷、电量等的实时数据和历史数据，从而为电网企业准确分析和预测重要客户、线路、行业和地区的用电负荷、电量和电费收入等提供重要的基础数据，进而为电网企业科学、合理的决策提供依据。

　　通过电力负荷管理系统的数据分析可以得到某一客户或某一行业用电负荷和电量变化情况及其与气候、季节、节假日、电价、经济政策等诸多方面的相关关系，从而准确掌握各主要客户、主要行业的用电特点和用电趋势，有利于从宏观上把握用电市场的结构、现状和未来走向。

分时电价中峰谷比太高将导致客户对电价响应过度，峰谷时段产生较大的漂移，甚至产生峰谷倒置。峰谷电价比太低又会使客户响应不足，无法达到峰谷电价制定的预期目的。通过系统监控数据，可以有效地测量和量化不同行业客户对分时电价的响应度（需求弹性），为制订合理的时段（峰谷时段、季节分割、工作日与非工作日）和不同用电类别的客户分时电价差（峰谷价差、季节价差）提供数据支持。而对市场用电潜力、热点和增长快的行业，可以有针对性地提出市场开拓的策略；对行业不景气的客户加强监督，减少电费回收风险。

电力负荷预测包括最大负荷功率、负荷电量及负荷曲线的预测。科学的预测是正确决策的保证，在电力系统中，新建电源的布局、电源结构、电网发展建设、发输配电设备的容量、设备类型、投产时间、检修安排等都与电力负荷的发展与变化有关，因此，掌握电力负荷的决策提供可靠的依据。

电力负荷管理系统所采集的客户侧负荷数据是必不可少的基础数据。基于各行业的用电特性，根据客户用电历史数据及负荷曲线作为负荷预测模型的数据源，将多种预测模型和计算机技术相结合后，可以为地区电力负荷和电量进行短、中、长期预测，进而为电网规划和电网企业购买电力、电量提供依据，从而提高电网企业经济效益。

（二）优质服务，有序用电

电力负荷管理系统是由负荷控制系统发展而来的，为电网企业掌握实时供用电信息、合理调度电力生产和供应、改善电网负荷曲线、提高供电和服务质量、加强营销和配网管理、开展电力需求侧管理提供有效的技术支撑。

为更加合理、有效地利用有限电力资源，为优质客户提供差异化的服务，提高客户满意度、进而扩大电力市场。电网企业越来越重视对客户信用和价值的评价，电力负荷管理系统为企业的客户信用和价值评价与管理工作提供了很好的数据支持。

通过对客户执行有序用电方案减低峰值负荷，并可实时远程监测，在客户违反有序用电方案的情况下，为对客户实施按预定的规程加以处罚提供信息；也可为参与有序用电客户进行经济补偿提供基础信息。同时，大力推广节能产品和节能生产设备的应用，如节能灯具和各种变频、变速、新型电机的推广应用，做到达到同样照明要求甚至更优和在同样生产条件（更多、更好的产品）下，可大大减少对电能的消耗。达到充分利用现有电力资源，有效地延缓发电厂建设，减少一次能源消费，极大地保护了人类生存环境。

（三）保安全经济，促节能降耗

电力负荷管理系统在客户服务领域也有着广泛的应用价值，通过对系统数据的深度挖掘和应用，可以不断提升对客户的服务质量，改善和密切客户关系。

一般客户很少配备监测电力负荷的自动化系统，大多数客户只是从配电室各种表计显示的数据了解自身的用电情况，缺少历史数据，专业人员无法对用电数据进行科学、深入的分析，造成客户不能经济、合理、科学地使用电能，也造成了生产成本不必要的增加。电力负荷管理系统拥有丰富的实时数据和历史数据，可以对客户自身的分析和应用提供数据支持，通过手机短消息、终端语音和显示、互联网等方式，为客户了解电网状况、加强用电管理、节能降耗提供定向增值服务。

（1）超负荷报警服务。利用现场负荷管理终端为客户提供用电超负荷报警，可以有效地防止由于变压器超载运行导致降低设备运行寿命，甚至会烧毁变压器进而影响供电系统安全的情况发生，从而确保客户安全用电和避免客户不安全用电行为对电网的影响。

（2）协助客户内部安全用电检查。通过现场负荷管理终端读取的电能表及其他装置信息，及时发现客户失压、断相等安全隐患，通过终端的语音报警和液晶显示功能发布各类告警信息，提示客户进行必要的安全检查，从而帮助客户及时修复故障、排除安全隐患，同时减少客户现场工作人员的维护量。

（3）协助客户合理安排峰平谷时段的用电，节省生产成本。电网企业通过现场终端将电力检修、负荷预测、地区电力使用缺口、分时电价等信息通过终端的显示或语音提示告知客户，促进客户合理利用分时电价政策，更好地规划和安排生产，充分利用低谷电力，降低生产成本。电网企业还可以直接对客户电蓄热锅炉和电蓄冷设备进行远方集中监控，使客户在负荷低谷时用电，并以低谷电价计费，减少客户电费支出，保证移峰填谷措施的实施。

（4）为改善客户端电能质量提供服务。通过系统实现对客户端电能质量的监测，为客户提供电压、电流及谐波的变化值，以便客户及时采取措施改善电能质量，既利于延长客户用电设备的使用寿命和提高产品质量，同时又能够减少对电网的危害。

（5）协助客户合理进行无功补偿。通过功率因数在线监测，为客户提供无功欠补偿和过补偿的报警及其改进方案，促使客户对无功补偿装置进行合理配置与投切，改善终端电压质量水平，提高客户用电设备的工作效率，节约电能，减少线路损失，同时也减少因无功补偿不到位而增加的不必要电费支出。

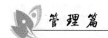

（6）利用互联网技术，建立客户服务站点，使客户能够进行各类用电数据查询，实现电力负荷管理系统信息共享的同时，还可以为客户提供在线交互式服务。

此外，监控终端可以记录电力客户不同产品和部门的用电量，帮助客户进行用电分析，提高终端电能利用效率，降低生产成本，为能源审计提供基础信息。

第四节　能　效　电　厂

能效电厂（Efficiency Power Plant，EPP）是一种虚拟电厂，即采用投资能效项目及负荷管理等形式，形成某个地区、行业或企业电力需求节约的一揽子行动方案。EPP的核心不是实际发电而是节电，它已经成为我国正在积极推广的节能新理念。通过对用电设备进行节电改造，鼓励用户采用节能新设备、新技术，达到降低用电负荷、提高能源利用效率、促进移峰填谷的目的，从而达到与新建电厂和扩建电力系统相同的效果，并使节电项目实施产业化。

一、能效电厂与电力需求侧管理

能效电厂概念的引入，形象描绘了提高能效的作用，简化了供应侧和需求侧资源选择的比较，使得具有成本和环保优势的需求侧资源更容易纳入电力服务的选择范围。能效电厂与电力需求侧管理紧密联系又有所不同。DSM项目通常具有量大面广、较为分散的特点，尤其是一些小项目不易运作，其效益也不易测算。EPP的组成具有很大的灵活性，根据研究的内容和目的不同，它可以是各种DSM项目的组合。在与供应侧资源进行比较分析时，往往将同一类措施看作一个能效电厂，因为相同措施的成本和用电特性更容易确定，例如一个企业单独的节能照明改造是一个DSM项目，但如果将若干个同类型项目进行组合，就可作为高效照明EPP进行统一运作。另外在进行能效电厂规划或节能规划时所提到的EPP往往是指该地区所有能效项目的总量，如某省提出建设60万kW能效电厂的建设目标。

同时单个的DSM项目是无法参与到电力规划中的，只有将可测量、可认证的同类型DSM项目进行组合，才能参与到电力规划和能源规划中去。另外EPP有狭义和广义之分，狭义的EPP可以是一揽子DSM项目打包而成，实施EPP项目可以有效减少电力需求，提供负荷削减量，这个削减量可以等同于一个常规电厂供应的电力，而这个负荷的削减量靠单一的DSM项目是很难达到的。通常指的DSM项目的实施范围是从电力用户计量表计之后的电力线路上实施节电项目。而广义能效电厂扩充了EPP的概念，不仅包括了通常意义上的DSM项目，而且将其他节能项目纳入能效电厂的范畴，如电厂、电网的节能项目、工业企业的余压余能利用、可燃废气发电等，从这个角度讲 EPP 概念比 DSM 概念包含的范围更广。

二、能效电厂的特点

通俗地讲，能效电厂就是通过改造高耗能设备实现节电，其节约的电能等同于一座常规电厂所发出的电能。能效电厂和常规电厂是两个概念，常规电厂是指发电厂实体，是生产电能的企业；能效电厂是节电的手段，不生产电能，但节电相当于提供了电力，是虚拟电厂。为了同常规电厂提供的发电量相区别，能效电厂提供的电量一般称为"负电量"。这是能效电厂作为需方资源同供方资源的相同之处，都"提供"发电量。它同供方资源不同之处在于，供方资源可以通过电力系统的测量表计随时测量，而 EPP 则只能通过节能方案实施前后的对比测算。

能效电厂虽然是虚拟电厂，但在满足电力需求和电网电力平衡工作中，却和供方（发、输、配、售电）资源有着同等的重要性，是实施 DSM 与实现节能减排的一种有效和直观的途径。

与建设一个常规电厂相比，能效电厂具有以下几方面的优势：

（1）建设周期短、零排放、零污染、供电成本低、响应速度快、不占用土地资源。EPP 的单位成本一般为 CPP 的 1/3～1/2。

（2）有利于将需求侧资源纳入电力规划，优化配置能源资源，减少能源消耗。

（3）降低电网高峰负荷，提高系统负荷率，从而提高整个系统的可靠性、稳定性和安全性。

（4）规模效益明显，组织管理更加科学，可以降低能效项目运作的风险，有利于吸引大规模、低成本的外部资金。

与 CPP 一样，EPP 的开发也需要相应的流程，也离不开规划、融资、建造和运营，也必须评估和验证它的效果。能效电厂同常规电厂的实施流程对比见表 2-2。

表 2-2　　　　　　　　　　能效电厂同常规电厂的实施流程对比

项　目	能效电厂建议的流程	常规电厂目前的流程
规划	科学的规划流程可以确定 EPP 的节能项目具有最佳的领域、规模和地址	根据相关政策和法规来筛选计划建造的发电厂
批准	向政府部门备案	由政府部门负责

续表

项　目	能效电厂建议的流程	常规电厂目前的流程
融资	通过贷款、政府资金支持或其他来源方式筹措（包括折扣成本和激励成本）	通过贷款、企业资本或其他资本来源筹措建设资金
建造	必须以合理的成本实现所需要的节约，必须为一些项目制定高效的产品，必须雇佣经验丰富的各类承包商	必须设计、定制主要部件、雇佣经验丰富的承包商
运营	根据能效电厂不同类型项目的负荷特性参与电力系统生产模拟	运营成本因发电厂的类型而异
成本回收	通过在节能投资期内节能的付款来回收成本。资金来源因选择的 EPP 模式而异	通过消费者支付电费来回收资本成本和运营成本

三、江苏能效电厂实践案例

江苏目前正处于工业化、城市化、国际化加速提升的重要阶段。从能源消费结构看，江苏省电力消费在能源终端消费中的比重已达到44%左右，成为能源消费的重要形式，其中第二产业用电量占全社会用电量的80%以上。

为了实现节能减排目标，从 2005 年开始，江苏省在总结开展电力需求侧管理工作的基础上，率先提出能效电厂的概念，将电力需求侧管理中的能效项目打包为一个整体项目，建设虚拟的能效电厂，从终端用户挖掘潜力，提高用电效率，经过调查、分析、规划、实施，初见成效。据测算，江苏能效电厂投资成本相当于同容量常规发输电设施的三分之一。

需求侧管理是一项由政府、电力企业、电力用户和相关第三方等共同参与的活动，在需求侧管理实施的过程中，政府起主导作用。江苏省经济贸易委员会是江苏需求侧管理项目的管理者，会同有关政府部门，出台相关政策，制定电力需求侧管理目标，负责项目规划、组织实施和效果验收等，通过引导、协调、监督、服务，使各方共同参与、共同受益，促进电力需求侧管理工作的健康发展。江苏省电力公司配合开展项目规划、项目筛选、实施管理、工程验收和激励兑现等工作。

江苏省电力需求侧管理的资金来源是由政府有关部门通过财政渠道筹措，主要用于项目补贴。2002～2005 年，江苏省共筹措资金 2.4 亿元，组织实施了电蓄能、最大需量控制、绿色照明、变频调速等 447 个需求侧管理示范项目。自 2006 年起，江苏省启动建设 60 万 kW 的能效电厂项目，每年投入 1 亿元左右资金，建设容量为 15 万 kW 左右。

（一）项目及技术措施确定

1. 项目实施范围确定

为了做好电力需求侧管理和能效电厂项目，切实掌握电力用户的能效状况，2005 年底，江苏省经济贸易委员会会同江苏省电力公司在全省范围内对装接容量在 500kVA 及以上的大工业、1000kVA 及以上的商业用户共 16 276 个单位进行了能效潜力全面调查，包括主要用电设备的型号、年限、效率等各项参数，调查用电设备总容量 3227 万 kW，调查用户电量占全省各行业净用电量的 61%。

全省的大工业包括化工、冶金、建材、纺织、机械、电气电子、食品、煤炭、造纸、医药、石油等行业，大型商业主要包括商场、宾馆、饭店、写字楼、办公楼等。江苏省节能改造潜力对比见图 2-2。

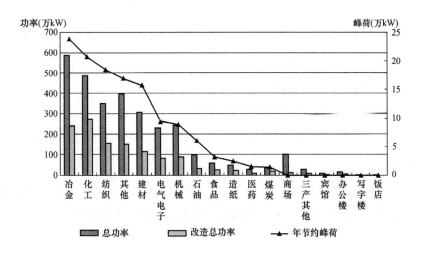

图 2-2　江苏省节能改造潜力对比

通过调查统计，江苏省化工、冶金、建材、纺织、机械、电气电子等六大行业用电最多，商场等第三产业用电也较多。因此在选择电力需求侧管理项目用户时，将这些行业作为实施规划的目标行业，优先选择节能量大、示范效应显著的工程参加需求侧管理项目。

2. 节能技术措施选择

对电力需求侧管理采用的主要技术的回收期和寿期益本比进行比较分析，得出用户侧各种技术措施回收期及益本比，见表 2-3。

表 2-3 用户侧各种技术措施回收期及益本比

类　　型	技改项目名称	回收期（个月）	寿期益本比
普通型电动机	调速改造	8	74
淘汰型电动机	改造为高效	26	24
拖动类装备（5 年以内）	改造为高效	44	14
拖动类装备（5 年以上）	改造为高效	44	14
变压器（10 年以内）	改造为高效	64	23
变压器（10 年以上）	改造为高效	64	23
无功补偿		8	75
工业照明		6	4
三产照明		5	10

经综合考虑，选取电力拖动装置调速、高效电动机、高效拖动类设备、照明四种技术措施作为能效项目的首选措施，兼顾其他措施。

（二）能效电厂项目组织实施

1. 项目组织

为了加强组织领导，成立了由江苏省经济贸易委员会和江苏省电力公司等单位参加的省能效项目建设工作组，负责全省的能效项目管理和协调。项目具体操作主要由各市进行，在市一级也成立了项目建设工作组，负责协调本市能效电厂项目建设，组织工程的申报、审核、监督、验收评估和汇报总结，保证项目方案有效执行。

2. 项目申报

江苏省的能效电厂项目每年申报一次，申报范围包括由老旧设备改造和用户新增高效设备两部分。

老旧设备改造部分主要考虑冶金、机械、化工、建材、纺织、电气电子等六大行业的变频调速应用、高效电机及拖动系统（淘汰低效电机及拖动系统）等措施，部分工业和第三产业也可以考虑绿色照明技术、节能型变压器应用、空调的节能和转移负荷技术措施应用。

新增高效设备部分主要是指采用的高效节电技术的项目，重点鼓励使用高效电机、风机、水泵和节能型变压器（非晶合金变压器、S11 型变压器），鼓励 2 万 m²

以上建筑使用空调节能及转移负荷技术措施。

各市能效项目建设工作组按照项目筛选条件，组织本市辖区内的工业和第三产业企业进行沟通协商，优先选择在本行业具有典型、示范作用的需求侧管理工程，特别是节电潜力大、有利于加快需求侧管理示范技术和产品推广应用的工程，培育示范工程。

申请者按照项目管理者的要求，编写工程可行性方案和申报材料。材料中包括本企业电力需求概况、能效技术改造工程类型、设备更新情况、竣工日期、节约的电力和电量、预计投入的资金总额和投资回收期等内容。如果申报单位需要，市能效项目建设工作组可以协助进行能源审计。

3. 项目评审

申请者将申报材料提交给市能效项目建设工作组，各市工作组组织专家对申报材料进行初审，确认每个工程是否符合申报范围，核实并确定所选企业的能效潜力，评估技术经济是否可行、是否真实有效，提出书面初步审核意见。审核通过的工程申报材料由各市经贸委和供电公司加盖公章，然后分别上报省经贸委和省电力公司。

省能效项目工作组负责对各市报送的材料进行必要的调查、核实，对工程进行集中评审。在完成专家审核工作后，将审核结果（分为好、较好、一般、差四个等级）与各市工作组沟通，再进行复审，形成复审意见和工程建议名单，提交省能效项目评审会议审定批准。江苏省能效项目审批流程见图 2-3。

4. 项目实施

省能效项目工作组将省能效项目评审会议批准的年度能效工程及时下达到各市，一般要求一年内完成。参加项目的企业按照要求，具体组织工程实施。

市工作组对本市项目实施内容、质量、进度进行项目跟踪管理，检查督促工程按时保质完成。供电公司及时在需求侧管理系统中建立项目档案，将工程实施进度定期书面上报省工作组，若有延期项目情况需说明原因。

5. 项目验收

工程实施单位按下达文件中确定工程内容实施完成后，向各市能效项目工作组提交验收申请和竣工报告。提供的验收申请材料中应包括工程实施及效益情况分析、测试报告、设备运行记录、有关设备或软件的购买合同、发票凭证等文件和记录。

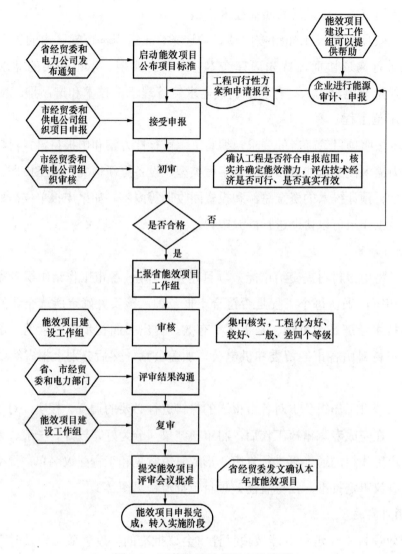

图 2-3 江苏省能效项目审批流程

各市经贸委和供电公司收到工程实施单位符合要求的验收申请和竣工报告后,组织专家进行项目验收。项目验收重点检查竣工报告是否齐全、真实、准确、有效,工程资金投入和经济效益是否符合预期目标,运行情况和各项指标是否符合测试报告,所涉及新技术或新产品在现场运行状况等内容,并将其写入书面评审意见。工程实施单位与设备供应商的买卖合同及购货发票复印件作为备查资料交能效项目工作组保存。

市能效项目工作组依据验收结果,汇总、分析工程实施情况,上报省工作组,对未完工程和节能效果未达到预期目标的工程要进行特别说明。省能效项目工作组对各市项目验收结果进行审核、确认。江苏省能效项目实施验收流程见图 2-4。

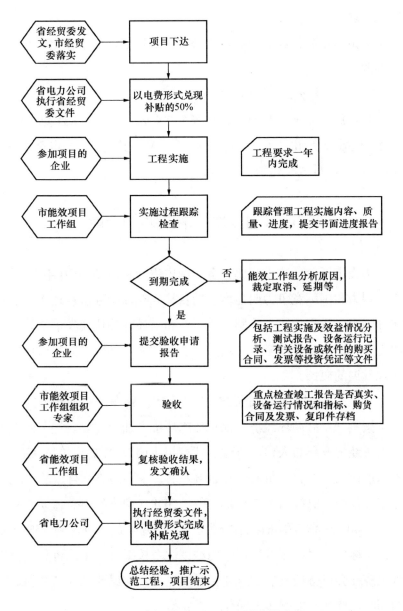

图 2-4 江苏省能效项目实施验收流程

6. 项目补贴

项目验收合格后,按照能效电厂实施办法给予补贴。

能效项目激励是将资金用于补贴一定比例的高效及改造设备新增投资,补贴比例为高效设备与普通设备价差的 50%~100%。

能效项目补贴资金分期下达，以减免电费的方式兑现。在项目下达时，先按项目补贴金额的 50%兑现，其余 50%金额待项目竣工验收通过后兑现。

7. 项目后续跟踪

能效项目完成后由各市经贸委和电力公司跟踪评估，省工作组总结、推广项目实施的先进经验。

（三）江苏省电力需求侧管理项目成果

江苏省项目实施 4 年来，共投入补贴资金 2.4 亿元，补贴 851 家企业、1849 个项目，带动企业能效投资 40 多亿元，完成 60 万 kW 节约电力，节电量 43.8 亿 kWh，节约标煤 135 万 t，减排二氧化硫 29 280t。

第五节　电力需求侧管理与节能

党的十六大提出了全面建设小康社会和国内生产总值到 2020 年力争比 2000 年翻两番，综合国力和国际竞争力明显增强的目标。在保持经济快速增长的过程中，随着工业化和城市化进程加快，特别是重工业和交通运输快速发展，导致能源资源消耗量大幅上升，污染物排放量显著增加，能源供应和环保空间将有可能成为制约我国经济快速发展的瓶颈。

我国"十一五"规划纲要明确提出，"必须加快转变经济增长方式，要把节约资源作为基本国策，发展循环经济，保护生态环境，加快建设资源节约型、环境友好型社会，促进经济发展与人口、资源、环境相协调"，并提出单位 GDP（国内生产总值）能源消耗比"十五"期末降低 20%左右，主要污染物排放总量减少 10%的目标。近年来，我国政府提出了 2020 年单位 GDP（国内生产总值）二氧化碳排放比 2005 年下降 40%～45%及非化石能源占一次能源消费比重达到 15%的目标，并仍将节能减排指标作为"十二五"规划的约束性考核指标。由此可见，我国政府已充分认识到经济社会可持续发展的重要性和紧迫性，这就要求我们在促进经济又好又快发展的同时，要在节能减排方面作出不懈努力。

电力需求侧管理是实现全社会合理节能节电的重要手段，是支持国民经济和电力工业可持续发展的重要途径和必然选择，对全社会的节能减排工作意义重大。

（一）实施电力需求侧管理是解决能源供应紧张，全面建设小康社会的要求

要保证我国经济的快速发展以及预期目标的顺利实现，能源约束问题亟待解决，主要表现在能源资源相对贫乏、能效较低、能源使用增速过快、能耗上升、环境污染严重等方面。

我国现阶段仍然是发展中国家，经济的快速增长还需要能源供应快速增长来支撑。在 20 世纪最后 20 年，我国以能源消耗翻一番支持了经济翻两番。但在这一轮以重化工业为特征的经济增长期中，我国的能源强度明显提高，能源弹性系数大幅提高。据预测，我国未来能源供应的缺口将越来越大，石油需求将进一步增加，"十二五"期间石油对外依存度将超过 60%未来经济和社会的快速发展与能源供需之间的巨大缺口、资源环境约束之间的矛盾，已成为制约未来中国经济社会发展的重要因素。

我国能源利用效率和能耗水平与国外相比存在较大差距。能源利用效率低，能耗水平高，严重影响了我国国民经济的健康持续发展。鉴于能源供需的发展趋势，无论是从国内资源还是世界资源的可获得量考虑，如果仅从增加供应量出发，无法确保能源供需平衡。因此，考虑到能源对经济的巨大影响，我国若想削弱外部能源供应波动的影响，只能从自身挖潜着手，大力推行需求侧管理，提高能源效率，走出一条新型的节能道路，降低能源需求增长速度，才可能在有限的能源资源条件下，保持经济高速平稳增长，实现全面小康社会的建设任务。

（二）实施电力需求侧管理是保护环境，全面落实科学发展观的要求

虽然环境保护工作在过去几年取得了积极进展，但环境形势严峻的状况仍然没有改变，粗放式经济增长方式造成的环境危害越来越严重。2010 年，我国二氧化硫排放量比 2005 年下降了 14%左右，化学需氧量排放下降了 12%左右，但污染物排放总量还较大。同时我国能源消耗以煤炭资源为主，煤炭消费占我国能源消费比例超过 70%，这一结构在今后一段时期内不会改变。煤炭开采带来的生态、环境问题，燃煤造成的大气环境污染，特别是大量终端直接燃烧，是造成大气环境污染的主要原因。目前，全国 90%的二氧化硫排放是燃煤造成的，大气中 70%的烟尘是燃煤造成的。其中，燃煤电厂是污染物排放的主要来源之一，电力行业二氧化硫排放量占全国排放总量的比重超过 50%。随着经济的发展，电力需求将持续增长，电能占全社会终端能源消费的比重逐步提高，电煤消费占煤炭消费总量的比重逐步提高。根据煤、电转换效率，节电的功效 2～3 倍于节煤。电力需求侧管理是缓解电力供应紧张，提高电力使用效率的重要举措，直接减轻我国严重的环境压力。因此，电力需求侧管理是实现我国电力、经济和环境的协调可持续发展的关键措施，具有重要意义。

　　总之，电力需求侧管理作为一项促进电力工业与国民经济、社会协调发展的系统工程，是保障能源与国民经济可持续发展的重要手段，也是贯彻落实科学发展观的重要内容，它坚持"节约与开发并举，节约优先"的指导思想，对缓解用电紧张形势、节约能源、保护环境具有重要作用。

第三章

国家电网公司节能服务体系建设规划

第一节　建设节能服务体系的必要性及意义

一、发展背景

目前,中国政府提出到 2020 年单位 GDP 二氧化碳排放比 2005 年下降 40%～45%的节能目标。2010 年 4 月,国务院下发《关于加快推行合同能源管理促进节能服务产业发展意见的通知》,提出了大型重点用能单位利用自己的技术优势和管理经验,组建专业化节能服务公司,为本行业其他用能单位提供节能服务的要求,并明确了资金奖励和税收鼓励政策,为促进节能服务产业发展创造了良好环境。

2010 年 11 月,国家发展改革委等六部委联合下发的《电力需求侧管理办法》中明确规定,电网企业作为电力需求侧管理的重要实施主体,应主动承担科学用电、节约用电的责任,自行开展并引导用户实施节能项目,每年节约电力电量指标不低于售电营业区内上年售电量、最大用电负荷的 0.3%,该办法的出台促进了电网企业节能服务工作的开展。

从国外经验看,美国加州太平洋电气公司、法国电力公司、日本东京电力公司等知名电力公司都成功开展了节能服务业务,并成为本国节能服务的主要力量。

根据有关部门预测,在政府各项合同能源管理政策的推动下,社会节能服务产业快速发展,2010 年我国节能服务产业产值有望达到 1 万亿元,至"十二五"末,节能服务行业的市场容量预计将超过 2 万亿元以上。

国家电网公司以节能服务公司和能效服务网络为龙头带动自己的节能服务产业发展,可以为自身带来显著的经济效益和社会效益,弥补节能对售电收益的影响,实现可持续健康发展。同时,能效服务网络组织客户提高用能效率,履行了企业的社会责任,提高了用户满意度和忠诚度,提升了品牌价值。

二、节能服务产业发展情况

节能服务公司（ESCO）是在 20 世纪 70 年代两次石油危机以后逐步发展起来的，尤其是在北美和欧洲，ESCO 已成为一种新兴的产业。

美国是能效服务的发源地，也是能效服务产业最发达的国家，在美国，联邦政府和各州政府都支持 ESCO 的发展，把这种支持作为促进节能和保护环境的重要政策措施。加拿大也是较早引入合同能源管理的国家之一。经过几年的努力，节能服务市场涵盖了政府大楼、商业建筑、学校、医院和工业企业、民用住宅等方面。德国政府不仅给予政策扶持 ESCO 发展，而且在市场开拓、技术开发、风险管理、运行机制等方面为私人公司做出示范，一旦项目运作成功，就将有关的项目运行机制、市场潜力等通过各种媒体介绍给其他 ESCO，由其他 ESCO 具体完成项目的实施。德国的节能服务项目运作的核心是同用户进行节能效益分享。

法国是世界上核电比例最高的国家，但法国政府仍然十分注重节能和环境保护。法国的节能服务公司多为行业性的，节能服务公司不仅提供节能方面的服务，而且还承担相应的类似物业管理方面的工作，他们的收益不仅来自节能，而且还来自与节能、能源供应有关的一系列服务。

日本政府对合同能源管理事业非常支持，经济产业省、日本节能中心等从政策层面，日本新能源及产业技术综合开发机构（NEDO）、日本政策投资银行等从资金层面给予大力支持。

中国的合同能源管理起步较晚，相关的政策法规还不够完善。但是，近年来国家对节能工作高度重视，同时，我国目前的能耗水平较高，节能具有巨大潜力，吸引了节能服务公司的蓬勃发展。截至 2009 年底，全国共实施节能项目 4000 多个，总投资 280 亿元，完成总产值 580 多亿元，形成年节能能力 1350 万 t 标准煤。

三、建设节能服务体系的意义

（一）建设节能服务体系是服务党和国家大局的具体行动

我国提出到 2020 年单位 GDP 二氧化碳排放比 2005 年下降 40%～45%，国家电网公司作为特大型国有能源企业，主动承担社会责任，履行"四个服务"承诺，充分发挥现有网络、技术、资金、信息等优势，利用节能新技术、新产品，向全社会提供规范、高效、专业的节能服务，可以更好地促进国家节能减排目标的顺利实现，展现公司服务电力客户，服务经济社会发展的责任央企形象。

（二）建设节能服务体系是完成电力需求侧管理节能指标要求的保障措施

国家发展和改革委员会等六部委联合下发的《电力需求侧管理办法》中明确，

电网企业作为电力需求侧管理的重要实施主体，应主动承担科学用电、节约用电的责任，自行开展并引导用户实施节能项目，每年节约电力电量指标不低于售电营业区内上年售电量、最大用电负荷的 0.3%，相当于每年节约电量 100 亿 kWh 以上。以合同能源管理方式开展节能服务，是公司落实《电力需求侧管理办法》要求，确保完成国家规定节能量指标的重要措施。

（三）建设节能服务体系是拓展产业空间的有效途径

目前，在政府各项合同能源管理政策的推动下，社会节能服务产业快速发展，2010 年我国节能服务产业产值有望达到 1 万亿元，"十二五"末行业市场容量预计将超过 2 万亿元以上。国家电网公司可通过实施合同能源管理，发展节能服务产业，形成以节能服务公司为龙头，节能技术咨询、节能设备研发制造、节能专业培训、节能公司金融服务等相互联动、协调运作的产业链，参与节能服务市场竞争，为公司带来新的经济增长点。

（四）建设节能服务体系是提升能源市场竞争力的重要举措

美国、日本、德国等发达国家的电力公司，均成立了专业化的节能服务公司，除为客户提供优质稳定的电力供应外，同时为客户提供合同能源管理服务，加强了供电公司在电力销售市场中的竞争地位，其节能服务成为提升服务品质、开拓售电市场的重要举措。国家电网公司全面开展节能服务，可进一步提升客户满意度和忠诚度，在促进客户更好发展的同时，培育更大的用电市场，实现多方共赢。

第二节　节能服务公司

一、节能服务公司定位

节能服务公司，是指提供用能状况诊断和节能项目设计、融资、改造、运行管理等服务的专业化公司，基于合同能源管理机制运作的、以赢利为直接目的。节能服务公司与愿意进行节能改造的用户签订节能服务合同，为用户的节能项目进行自由竞争或融资，向用户提供能源效率审计、节能项目设计、原材料和设备采购、施工、监测、培训、运行管理等一条龙服务，并通过与用户分享项目实施后产生的节能效益来赢利和滚动发展。

国家电网公司开展节能服务不仅体现了企业的社会责任，更蕴含着巨大的商机。公司应抓住历史机遇，发挥自身技术、人才、资金、网络优势，成立节能服务公司，投身节能服务产业发展，拓展公司发展空间，促进社会节能减排。初期，节能服务公司主要以工业企业和学校、医院、商业楼宇、居民用户的节能项目为主，随着专业化水平的提高和业务发展，逐步向全社会节能领域发展，最终发展成为多领域、跨行业的节能服务大型企业。

二、节能服务公司建设思路

根据国家节能服务奖励办法等鼓励政策，成立市场化运营的、具有独立法人资格的节能服务公司，主要以合同能源管理方式实施节能诊断、设计、融资、改造和运行管理等节能服务，获得节能收益和政府补贴，为国家电网公司相关产业创造商业机会。负责具体完成国家电网公司下达的年度节能量指标。2011年，各网省公司按照"试点先行，分步实施"的原则，根据财政部和国家发展改革委《合同能源管理财政奖励资金管理暂行办法》等政策要求，组建能够享受国家鼓励政策、市场化运营的节能服务公司。

三、节能服务公司主要工作内容

各网省公司成立节能服务公司，按照合同能源管理的方式在本省开展节能服务。其主要工作内容如下：

（1）依托公司节能技术成果和品牌优势，结合本地用能特点，开展合同能源管理项目，制定有针对性地能效服务策略和工作重点。

（2）负责研究制定经营区域内的能效服务计划目标和实施方案，开展节能服务业务，向社会提供能源服务，并尽量多地抢占本地节能服务市场份额。

（3）协助地方政府开展节能政策研究，制定相关政策。

（4）结合工作实际，对公司系统节能服务方法和标准等提出修改完善意见和建议，促进公司节能技术不断进步和完善。

第三节　能效服务网络

一、概念及定义

能效服务网络是一种新型的需求侧管理模式，是以国家电网公司营销组织体系为基础，依托国家电网公司营销网络优势，激发社会用能单位参与或主动实施节能，普遍提高社会节能意识的服务性组织；是国家电网公司完成国家《电力需求侧管理办法》规定的节能量指标，丰富"国家电网"品牌内涵，履行企业社会责任的重要载体。

能效服务网络是国家电网公司节能服务体系的重要组成部分，由能效服务活动小组（简称活动小组）构成。活动小组由国家电网公司各级营销部管理，各地市（或县）供电公司营销部牵头组建，用能单位自愿参加，是能效服务网络的基本工作单元。

能效服务网络以活动小组建设为重点，以为用能单位提供优质、规范、高效能效服务为宗旨，以激发用能单位节能积极性为工作目标，按照"政策引领、服务广泛、注重实效"的总体要求进行建设。

二、职责分工

国家电网公司总部营销部是能效服务网络的归口管理部门；各网省公司营销部是能效服务网络的建设管理部门；各地市（或县）电网公司营销部是能效服务网络活动小组的建设实施部门。

（一）国家电网公司总部营销部职责

负责制定能效服务网络管理制度；负责组织能效服务网络建设、管理及培训；负责编制国家电网公司系统能效服务网络工作计划和发展规划；负责指导各网省公司开展能效服务网络活动，收集、维护能效数据等信息，并对各网省公司能效服务网络工作进行监督、评价与考核。

（二）各网省公司营销部职责

负责编制本单位能效服务网络各项管理办法的实施细则，建设营业区内的能效服务网络；负责编制本单位能效服务网络年度工作计划和工作报告；负责汇总、统计节能项目完成的节能量，定期整理总结并上报能效管理典型案例材料；负责对各地市（或县）电网公司能效服务网络活动小组的工作开展情况进行监督、评价与考核。

（三）各地市（或县）电网公司营销部职责

负责组建活动小组，并制定活动小组章程；负责编制活动小组工作计划及活动方案，并组织实施；负责汇总、统计本地用能单位完成的节能量，编制能效管理典型案例材料并上报网省公司营销部；负责畅通与用能单位的能效信息交流渠道，收集整理用能单位的节能意愿和信息，向用能单位提供有关节能的技术信息咨询和培训、能效测试、项目实施等服务；负责履行活动小组相关义务。

三、网络建设

各地市（或县）电网公司营销部是活动小组的建设主体，可依据行业分类、地域分布等，组建 1 个或多个活动小组，每个活动小组以 10～15 个成员单位为宜。

活动小组由组长单位、成员单位和受邀成员等组成。组长单位即各地市（或县）公司，主要负责召集、组织小组活动。成员单位是指具有节能意愿及潜力、自愿加

入并履行成员义务的用能单位，成员单位是活动小组的重要参与主体。受邀成员由两部分组成，一部分是能效管理专家或某行业专家；另一部分是有节能潜力，但暂无节能意愿的用能单位。受邀成员受邀观摩、参加活动小组活动。

国家电网公司各级营销部应充分利用国家电网公司现有网络、技术、人才、信息等资源优势，加强活动小组建设，组织开展能效管理活动。

四、工作内容

能效服务网络的工作内容是指活动小组的各项活动。活动小组的活动由组长单位或成员单位提议发起，组长单位负责组织，各成员单位和受邀单位自愿参加。小组活动主要包括以下内容：

（一）成员单位基本信息管理

成员单位参加活动小组应填写单位基本信息表，包括但不限于：单位地址、联系人、联系电话、用电类别、用户类别、所属行业、单位性质、能源种类等。

（二）能效数据与节能项目统计

能效数据统计。定期收集成员单位生产及能源消耗情况，包括但不限于：成员单位能耗组成、大小、费用支出、产量等。

节能项目统计。定期收集成员单位节能项目信息，包括但不限于：项目时间、具体内容、节能技术、改造前后运行情况及能耗信息、节能量、减排量、节能效益、投资回收期、适用条件等。

节能典型案例信息统计与材料编写。定期收集成员单位典型案例信息，编写相关资料，上报能效服务网络上级管理部门。

（三）初步能源审计与咨询

组织或邀请相关专家对有节能意愿的成员单位进行初步能源审计和节能咨询工作，并提出节能建议。

（四）节能政策法规宣传

组织开展节能形势和节能政策法规宣传，普及节能减排知识，促使成员单位深入了解国家节能政策导向及要求，强化节能意识。

（五）节能标准宣贯

组织开展能源管理标准、节能设计标准、经济运行标准、节能监测标准、节能量审核与验证、用能产品能效限值标准、行业节能标准等的宣贯和培训工作。

（六）专题技术讲座

组织开展绿色照明、余热余压发电、电机系统节能、能量系统优化运行（系统节能）、建筑节能、供配电系统与电能质量治理节能，电蓄冷热及热泵节能技术等专题讲座。

（七）节能经验交流

定期组织举办节能工作交流会，包括但不限于以下形式：

专题交流，每期确定一个交流主题，邀请专业技术人员参与，针对主题展开讨论；

节能经验分享，成员单位介绍本单位节能遇到的问题及成功的典型案例，分享节能经验。

（八）新技术与新产品推广

组织召开节能新技术、新产品的推广会，可邀请节能技术服务公司专业人员向成员单位进行现场推介和演示。

（九）现场参观学习

由组长单位选取节能典型案例，现场参观，学习、推广节能技术与先进节能管理经验。

（十）年度计划与工作总结

在掌握成员单位用能情况及节能意愿前提下，根据成员单位需求，由组长单位制订年度工作计划，并在年底组织召开年度会议，进行年度工作总结，上报能效服务网络上级管理部门。

根据收集到的成员单位基本信息、能效数据与节能项目统计，定期对能效数据信息进行更新，并确保小组成员基础信息、节能项目相关数据和典型案例等信息的完整性、时效性。

五、权利与义务

（一）成员单位的权利

向组长单位提出活动需求和工作建议；参加活动小组组织的节能政策法规宣传、标准宣贯培训、技术讲座、经验交流会、新技术及新产品推广、典型节能案例现场参观学习等活动；分享本小组各成员单位的节能典型案例信息及其他服务信息等，要求各成员单位对提供的相关信息保密；享受本活动小组组织的初步能源审计与咨询服务。

（二）成员单位的义务

按小组章程约定，指定 1~2 名相对固定人员（一般为企业能源主管或能源专业人员），按时出席并积极参与小组会议和其他活动；按要求如实提供本单位用能基本信息和节能项目信息；配合组长单位开展小组活动，不损害小组和其他成员单位声誉和利益，并按照成员单位的要求，做好相关信息的保密工作；配合活动小组组织的调研、初步能源审计和现场参观学习等活动，并提供便利；认真落实节能减排政策，推动政府部门出台节能激励办法，各用能单位的能耗情况由当地供电企业汇总上报，并作为政府部门对用能单位能耗考核依据，促使用能单位主动节能。

六、考核与评价

国家电网公司总部依据本办法，对各网省公司活动小组的建设及活动情况，按照"分级管理、逐级考核"的原则，定期开展能效服务网络工作情况的监督、评价与考核，评价结果作为各单位营销工作年度评价的重要依据。

各网省公司应制定实施细则，加强对各地市（或县）活动小组工作情况的监督和考评工作，保证能效服务网络工作质量。

第四节　第三方能效测评机构

一、第三方能效测评机构的作用

第三方能效测评机构根据政府有关部门的委托，开展合同能源管理项目的节能量审核工作，独立于节能服务公司与节能企业之外，是双方履行节能服务合同的第三方鉴证，确保了审核工作的公平、公正，避免效益分享中发生争议，出具的节能量审核报告作为合同能源管理双方节能量认定依据和政府拨付补助资金的主要依据。

二、第三方能效测评机构的要求

第三方能效测评机构的甄选应遵照公平、公正、公开和竞争的原则，由政府主管部门按照一定条件、面向社会公开征集，机构自愿申请，专家审核，最终列入政府认可的第三方能效测评机构库。

第三方能效测评机构应具备以下要求：

（1）具有独立承担法律责任的法人主体。

（2）具有政府的计量认证（CMA）或国家实验室认可（CNAS）的节能检测资质；通过严格的评审程序和持续有效的监督管理。

（3）具备与节能量审核相适应的检测项目能力。

（4）具有丰富的节能检测经验。

三、第三方能效测评机构建设计划

中国电力科学研究院、国网电力科学研究院在现有业务机构基础上分别建设第三方性质的能效测评机构，尽快得到政府有关部门的资质认证或授权，具备为合同能源管理项目开展第三方能效测评服务的能力和资质。

第五节　能效管理数据平台

一、建设目标

响应国家节能减排战略部署，全面贯彻国家电网公司"集团化运作、集约化发展、精细化管理和标准化建设"的发展要求，为建立技术权威、设备先进、管理科学、功能完备、运转高效的能效管理数据平台，全面支持国家电网公司节能服务体系建设，为国家电力需求侧管理与节能减排工作提供技术支撑，为社会能效服务机构、各级政府提供全面的能效数据管理及相关服务。

二、服务内容

能效管理数据平台的服务对象主要有工商业用能用户、能源服务公司、电网公司、政府等。根据不同的服务对象和服务功能，可以把平台的建设目标理解为四个专业服务平台：①为国家电网公司服务的能效管理平台；②为能源服务公司服务的技术服务平台；③为工商业企业服务的能效服务平台；④为各级政府服务的宏观能效分析平台。

（一）国家电网公司的能效管理平台

（1）节能数据管理。国家电网公司系统经营范围内用户能耗信息采集与分析，汇总处理各网/省节能服务公司、能效测评机构上报的节能服务项目等数据信息。对国家电网能效数据进行汇总、分析、处理，为定期编制国家电网公司节能工作报告提供支撑。

（2）国家电网能效服务网络小组管理。通过对营销系统和用电信息采集系统数据进行分析和整理，发现同类型用电用户并组成能效服务网络小组。及时宣传报道各网省能效服务网络小组的活动开展情况，并进行会议通知、公告及有关资料的查询等。

（3）合同能源项目管理。国家电网公司系统内部的合同能源项目的启动、进行和结束提供管理平台，填报各种信息，为合同能源管理项目服务。

（4）咨询与培训。提供国家电网公司系统节能服务公司的技术咨询、节能培训等，为各网省节能服务工作的开展提供数据资源和技术支撑。

（5）节能量核证。为公司系统能效测评机构及节能服务机构的节能量审核工作的开展提供数据资源，为公司系统经营范围内用户能耗测评提供模型分析。

（二）能源服务公司的技术服务平台

能源服务公司包括国家电网公司所属节能服务公司和社会能源服务公司。

（1）技术知识服务。汇集、跟踪国内外先进节能技术信息，通过平台的先进节能技术产品库、通用节能技术库、行业节能分析库、典型节能项目案例库、节能标准数据库、专家师资数据库，从节能知识的各个方面为节能服务公司及企业等进行节能服务。

（2）能效服务网络活动信息发布。通过发布能效服务网络的活动信息，为节能服务公司的市场开拓提供支撑。

（3）能源使用优化与节能方案服务。为节能服务公司的改造方案的编制提供数据支撑。

（4）节能量审核与验证服务。通过为节能服务公司节能项目提供节能量审核和验证，为节能服务公司的效益分成提供保证。

（三）工商业企业的能效服务平台

此功能需要企业建立用能在线监测系统。企业用能在线监测系统可以由企业自身建设，或者由节能服务公司利用合同能源管理方式建设。在线监测数据汇总于能效管理数据平台，为企业提供能效服务。在线监测的对象主要是"影响能源消耗、能源利用效率的因素"，即通过管理，将能源消耗控制到规定的目标范围之内。工商业企业在线监测系统具体目标如下。

（1）能源使用成本管理。实现能源消耗信息的统计和管理，自动生成能源消耗信息的统计图形、曲线和报表，对能源消耗进行精细化分析，对历史能源使用数据的对比、分析。

（2）能耗指标比对与能效评估。通过系统提供的评估模型，结合能耗标准数据、电力消耗数据、设备消耗数据等指标进行分时段对比，对用能系统进行能效评估。为节能指标的制定与考核、节能改造项目的评定提供依据。

（3）用能系统节能运行管理。对用能系统能源消耗情况进行记录和分析，包括各相负载情况、运行效率、功率因数、电能质量、电能损耗等状况，为用户的管理者提供了实时决策分析、优化用电的可靠依据，找出能源使用的缺陷，使用能系统处于经济运行状态。

（4）用户能源远程分析。采用 Internet 互联网技术，让能源管理不再受地域和时间的限制，实现能源消耗过程的远程分析。

（5）用户配电网节能运行分析。根据配电网的具体情况和准实时数据，提供配网节能运行管理的方案和措施，并为电能管理人员提供辅助决策工具。

（6）故障报警、远程诊断及处理。准实时监控、记录单位各个重点能源消耗及电能质量情况，实现状态报警、超限报警，尽早发现设备隐患和电能损耗点，掌握其早期的故障信息，及时做好预防检修。

（7）全面、准确、准实时监视单位能源系统运行状况。实时统计单位各个部分能耗及费率。提高单位管理水平，对能源系统实现智能管理，使得日常维护工作变得简单，降低日常管理成本，使单位能源系统清晰、透明，提高能源系统运行效率，提高经济效益，节约能源花费。帮助单位可以在扩大生产的同时，合理计划地利用能源，降低单位产品能源消耗，提高经济效益。通过对单位各种能源消耗的监控、能源统计、能源消耗分析、重点能耗设备管理、能源计量等多种手段，使管理者掌握单位能源成本比重、发展趋势，制订能源消耗计划到各个部门，从而使得节能工作责任明确，促进企业健康稳定发展。

（8）电能委托管理。通过电能在线监测平台，可委托第三方机构进行能源管理。

（四）政府的宏观能效分析平台

随着接入的企业越来越多，能效和节能数据也将会越来越多，通过统计、分析及汇总这些数据，实现为政府宏观能效分析的功能。

（1）为各级政府提供行业和地区的能效数据分析报告提供支持，从而编制不同行业、地区的能效统计报表，并开展各行业的用能数据对标管理。

（2）各行政区域内能耗统计报表，实现格行政区能耗统计、分析、报表功能；为各行政区域内提供能源消耗情况及趋势分析。

（3）为能源审计与节能评估提供支撑。为政府提供能源审计工具，按照能源审计通则编制能源审计报告。

（4）节能量审核与验证。为节能改造项目节能效果测评提供依据，为政府财政补贴提供技术保障。

（5）按照电力需求侧管理办法，对节电量进行统计分析，为节电量进行考核与认定提供依据。

第六节　节能服务培训

一、培训目标和总体思路
（一）培训目标
帮助不同层次的节能服务人员全面系统地掌握节能方面的法律法规政策、商务

谈判知识和节能的技术知识，培养必备的管理能力，为推动社会节能工作提供人力资源支撑。

（二）总体思路

按照计划分期分批对公司系统内从事电力需求侧管理和节能工作的管理人员、商务人员和技术人员进行节能业务培训，以丰富业务人员节能知识，拓宽视野，提高系统内从业人员的业务能力和管理水平。

二、培训内容

根据培训对象的不同，有针对性地对管理人员、商务人员、专业技术人员开展培训。

（一）管理人员培训

（1）培训对象：节能服务公司负责人、项目经理；电力需求侧管理工作负责人；

（2）培训目标：帮助管理人员更好地理解政策法规，提高决策判断能力。

（3）培训内容：节能服务、合同能源管理相关政策法规解读；合同能源管理前景瞻望、节能服务产业发展；公司节能服务体系建设工作部署及要求；合同能源管理融资渠道及解决方案；合同能源管理商务模型、项目运营管理；合同能源管理项目设计；合同能源管理合同文本签署细节及风险规避；节能项目财务分析、投资风险分析与规避；节能收益测算典型方案解析，合同能源管理典型案例介绍。

（4）培训考核：学员完成全部课程，经考试通过，颁发公司营销部监制专业技术人才证书，备案登记。该证书可作为管理人员岗位任职、定级和晋升职务的重要依据。

培训师资：政府官员或法规参编专家、节能服务公司高级技术人员等。

（二）商务人员培训

（1）培训对象：节能服务公司项目经理、市场人员。

（2）培训目标：帮助商务人员掌握节能服务的关键指标，提高商务谈判能力。

（3）培训内容：合同法等相关法律；节能服务、合同能源管理相关政策法规解读；公司节能服务体系建设工作部署及要求；合同能源管理融资渠道及解决方案；合同能源管理商务模型、项目运营管理；合同能源管理合同文本签署细节及风险规避；节能项目财务分析、投资风险分析与规避；合同能源管理典型案例介绍；商务谈判技巧；商务礼仪等。

（4）培训考核：学员完成全部课程，经考试通过，颁发公司营销部监制专业技术人才证书，备案登记。该证书可作为商务人员岗位任职、定级和晋升职务的重要依据。

培训师资：技经专家、节能服务公司高级技术人员、律师等。

（三）专业技术人员培训

（1）培训对象：节能服务公司技术人员、项目经理；电力需求侧管理专责。

（2）培训目标：提高专业技术人员节能咨询、能效诊断、节能方案等各方面的技术水平。

（3）培训内容：公司节能服务体系建设工作部署及要求；能源技术基础；能源经济；能源管理；节能项目技术经济分析；项目管理与经济性；照明节电技术；电机系统节电技术；建筑节能；供热技术；暖通空调技术；冷热电联供技术，供配电系统节能技术；负荷管理技术；太阳能；投资风险分析与规避；能源审计；节能评估与能效测评；能效测评仪器仪表使用；合同能源管理典型案例介绍等。

（4）培训考核：学员完成全部课程，经考试通过，颁发公司营销部监制专业技术人才证书，备案登记。该证书可作为专业技术人员岗位任职、定级和晋升职务的重要依据。

（5）培训师资：政府官员或法规参编专家、科研院所、设计院所专家、学者专家、节能服务公司项目技术人员等。

三、培训方式

（1）采取集中培训和与个人自学相结合的方式进行，邀请来自政府、社会和公司节能专家学者，开展节能业务知识的讲座学习。

（2）采取以会代训、经验交流和适当安排试点网省公司节能工作人员参加中德项目、或到公司内能效测评机构进行现场学习与交流等形式，全面提升公司系统内节能服务高级管理人员、技术人员的管理水平和自身工作能力与业务素质。

第七节　节能服务标准体系

一、节能服务标准体系建设目标

节能服务标准体系是用于指导国家电网公司开展节能服务和电力需求侧管理标准编制工作的纲领性文件和技术指南，也是节能服务行业标准、国家标准和国际标准制定工作的重要参考资料。国家电网公司将以节能服务标准体系为指导，加快编制节能服务和能效管理的企业标准，积极参与行业和国家相关标准建设，并将成熟的企业标准上升为行业或国家标准，并积极开展国际交流与合作，推动相关标准的国际化。

二、标准体系总体架构

节能服务标准体系是一个具备系统性、逻辑性和开放性的层级结构，由 5 个专业分支（技术领域）、若干具体标准成，用于指导节能服务标准的研究和制定。国家电网公司节能服务标准体系总体架构见图 3-1。

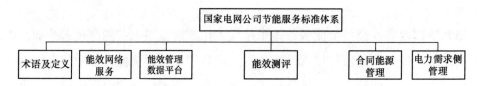

图 3-1　国家电网公司节能服务标准体系总体架构

三、节能服务标准体系内容

（一）技术类标准（见表 3-1）

表 3-1　　　　　　　　　　　技 术 类 标 准

序号	标 准 分 类	标 准 名 称	牵头单位
1	能效监测系统技术规范	能效监测终端技术条件（电气类）	中国电力科学研究院
2	能效监测系统技术规范	能效监测终端技术条件（热工类）	中国电力科学研究院
3	能效监测系统技术规范	电力能效监测信息集中与交换终端技术条件	中国电力科学研究院
4	能效监测系统技术规范	电力能效监测系统通信协议	中国电力科学研究院
5	能源审计技术规范	工业企业能源审计导则	中国电力科学研究院
6	能源审计技术规范	工业企业能源审计流程　钢铁企业	中国电力科学研究院
7	能源审计技术规范	工业企业能源审计流程　铝冶炼	中国电力科学研究院
8	能源审计技术规范	工业企业能源审计流程　铁合金	中国电力科学研究院

（二）管理类标准（见表 3-2）

表 3-2　　　　　　　　　　　管理类标准（2011 年）

序号	标 准 分 类	标 准 名 称	牵头单位
1	工作规范	节能服务公司工作规范	中国电力科学研究院
2	工作规范	合同能源管理项目验收规范	中国电力科学研究院

续表

序号	标准分类	标准名称	牵头单位
3	技术规范	合同能源管理项目节能量测评规范	中国电力科学研究院
4	工作规范	合同能源管理项目后评估规范	中国电力科学研究院
5	工作规范	合同能源管理项目管理规范	中国电力科学研究院
6	工作规范	合同能源管理项目工作流程	中国电力科学研究院
7	管理规范	能效网络小组工作管理办法	华北电网有限公司
8	工作规范	能效网络小组工作指南	华北电网有限公司
9	管理规范	能效服务工作体系	华北电网有限公司

能 源 审 计

第一节 能源审计法律法规与相关标准

一、法律法规

《中华人民共和国节约能源法》、《中国节能技术政策大纲》、《千家企业节能行动实施方案》，各省（区、市）相继出台的《能源管理条例》等一系列法律法规，给企业的节能管理工作指明了方向，提出了要求，也使企业的节能管理和能源审计工作有法可循。特别是随着《节能减排综合性工作方案》、《节能减排统计监测及考核实施方案和办法》、《节能技术改造财政奖励资金管理暂行办法》等一系列政策的出台，使能源审计工作做到了有法可依，有效地监督了企业的节能管理和能源审计工作。

二、相关标准

目前我国还未建立一套完整的能源审计标准，现有与能源审计相关的标准汇总如下。

中华人民共和国国家标准 GB/T 17166《企业能源审计技术通则》。

对企业能源管理的审计应按照 GB/T 15587《工业企业能源管理导则》的有关规定进行。

对企业用能概况及能源流程的审计应按照 GB/T 16616《企业能源网络图绘方法》的有关规定进行。

对企业能源计量及统计状况的审计应按照 GB/T 6422《企业能源计量与测试导则》、GB/T 16614《企业能量平衡统计方法》和 GB/T 17167《企业能源计量器具配备与管理导则》的有关规定进行。

对用能设备运行效率的计算分析应按照 GB/T 2588《设备热效率计算通则》的有关规定计算。

对企业能源消费指标的计算分析应按照 GB/T 16615《企业能量平衡表编制方法》的有关规定进行。

对产品综合能源消耗和产值能耗指标的计算分析应按照 GB/T 2589《综合能耗计算通则》的有关规定进行。

第二节　能源审计的概念

一、概念

能源审计是指由具备资质的能源审计机构，依照法律法规和有关标准，对用能单位能源利用活动的合理性和有效性进行定量分析和评价。

能源审计是一套集企业能源系统审核分析、用能机制考察和企业能源利用状况核算评价为一体的科学方法，它科学规范地对用能单位能源利用状况进行定量分析，对用能单位能源利用效率、消耗水平、能源经济与环境效果进行审计、监测、诊断和评价，从而寻求节能潜力与机会，并提出改进措施的建议，制订节能目标和规划，促进企业节能降耗，降低生产成本，增强政府对用能活动的监控能力和提高企业能源利用的经济效果。

能源审计是制定和实施节能技术方案的一个必备步骤，还可以作为取得政府和有关部门财政援助、税收优惠和筹集节能资金资格的一个信贷保证。

目前，能源审计根据委托形式一般分为三种。

（1）受政府节能主管部门委托的形式。省政府或地方政府节能主管部门根据本地区能源消费的状况，结合年度节能工作计划，负责编制本省（市）、自治区或地方的能源审计年度计划，下达给有关企业并委托有资质的能源审计监测部门实施。这种形式的能源审计也可称为政府监管能源审计。

（2）协商审计。这是一种市场行为，由审计机构与企业协商，双方签订审计合同。

（3）受企业委托的形式。在企业认识能源审计的重要意义和作用或在政府主管部门要求开展能源审计的基础上，能源审计部门与企业签订能源审计协议（或合同），确定工作目标和内容，约定时间开展能源审计工作。或者是企业根据自身生产管理和市场营销的需要，主动邀请能源审计监测部门对其进行能源审计。这种形式的能源审计也可称为企业委托能源审计。

二、国内外现状

（一）国外现状

全球先进工业国家早就把能源审计作为国家掌握和了解本国能源消费状况、提高能源效率及促使企业节能降耗的重要手段。20 世纪七八十年代以来，美国、英国、联合国开发计划署（UNDP）亚太经社会（ESCAP）、亚洲开发银行（ADP）、欧盟（EC）等西方发达国家和国际经合组织都逐步开展了能源审计，主要是在安排节能项目，取得节能贷款的企业必须进行能源审计，以确定节能项目的节能效益，提高节能资金的使用效率。英国利用能源审计调查行业和企业能源利用状况；挪威和瑞典进行了"能源环境"审计，丹麦，荷兰，韩国，日本也都做能源审计；美国杜邦公司有 35 名专家长年从事本公司在全球各地子公司的能源审计。

基于先进的生产及现代化管理手段，国外主要利用网络资料开展审计。

（二）国内现状

20 世纪八九十年代，原国家经委曾就企业能源审计进行课题研究，并在全国 14 个省市 11 个部门 40 多个企业做过试点。1985 年 11 月，国家经委在常州召开了能源审计工作座谈会，并对能源审计工作提出了 5 条肯定意见。

亚太经社会、联合国开发计划署、欧盟也多次在我国举办过能源审计培训，支持我国开展推广企业能源审计工作。

亚洲开发银行在 20 世纪 80 年代资助国家经委做过 3 个行业、30 多家企业的能源审计试点，并在能源审计的基础上安排了 6 亿多美元的节能技改资金，支持企业进行节能技术改造。

我国在推动企业开展能源审计方面也做了大量基础工作。

三、能源审计类型

能源审计分为三种类型：基础型、目标型和综合型，或者称为初步能源审计、详细能源审计与全面能源审计。每个类型的能源审计有不同的工作重点、审计范围和分析方法。越少涉及细节、越粗泛的分析，审计的成本也就越低。正确选择能源审计类型对于工厂来说，能够在节约成本的基础上提高效率。本节介绍各种审计类型并推荐如何选择能源审计公司。

（1）基础型能源审计。基础型能源审计是一种快速评估能源利用状况，判断是否应开展节能项目和是否进一步进行详细能源审计的能源审计类型。根据工厂规模的大小，一般需要 1～2 天完成。一般采用重点人员调查，重点工艺设备审查的方式，利用工厂提供的必要数据进行粗略的节能评估并提出广泛的节能项目提纲，并提供一份含有基本节能可行性项目的列表，由工艺的复杂程度决定形式。报告基本不涉及计算，提供简单的分析，比较粗略的节能量估算和项目投资成本预算。一般，基础型能源审计的成本为 0.75～2.25/m²。基础型能源审计的优点为：①可为详细能源审计提供大致工作方向；②审计成本最低。缺点为：①提供的信息不够精确，信息量较少；②报告不涉及节能项目的相互关系，结果较粗略，不能作为项目投资的依据。

（2）目标型能源审计。目标型能源审计针对某一或几种节能项目，进行详细分析，例如节能照明项目，改造锅炉，冷却器置换，蓄能系统升级，余热回收等能源管理系统规范项目或其组合。如果仅改造照明系统，则能源审计费用为 2.25～5.25元/m²，具体费用根据照明要求和楼层数确定。报告包含全部耗能的照明，且根据工厂职工数量和对照明时长要求等决定每个房间的高度要求、照明灯具的数量和类型。对于能源管理系统规范和暖通空调系统改造，其负责范围要明显大于照明项目，其费用为 3.75～6.75 元/m²。进行该项目需收集暖通空调系统运行数据，采用计算机模拟推断年用能情况。能源审计报告包含对数据可靠性的分析计算，项目可行性的分析及初步方案，投资回报比等内容。

有些目的型能源审计，如照明项目不需要对所有运行设备进行能量平衡分析。而有些目的型能源审计则必须做全厂的能量平衡，如能源管理系统升级或核心工艺改造。能量平衡是要求建立在运行小时数，负荷和设备效率基础上的工艺级平衡。能量平衡分析不仅要考虑运行设备的负荷使用情况，也要考虑设备本身的效率变化。

目标型能源审计的优点为：①针对某一节能技术提供详细的分析；②分析目的明确。缺点为：①未提供能源管理计划，可能导致项目偏向，如关注的节能项目可能与工厂未来的节能总体规划相左；②可能提供一份带有倾向性的分析报告，特别是由投资方发起的项目；③可能导致更加迫切上马项目的停止实施。

（3）综合型能源审计。综合型能源审计针对所有主要用能系统进行分析，包括生产办公、辅助建筑、照明、生活用能、暖通空调和控制系统等，还可针对蓄能、热电联产等已有节能项目的合理性进行评估和分析。为工厂提供一份详尽的能源项目实施计划表和建议书，提供最为详细的节能量、节能项目成本等数据，并考虑各个节能项目之间的相互关系，列出哪些是最迫切、最具投资价值的项目，且估算所有能耗设备的效率和运行情况。综合型能源审计往往需要用计算机模型根据实际设备运行时间等参数进行仿真，评估能源使用状况和节能量。

该类审计费用相对比较高，对于占地面积不超过 5000m² 的工厂，费用大概为 13.5～37.5 元/m²，对于规模较大的工厂，可以适当下降，如 25 000m² 的工厂，可按照 9 元/m² 计费，对于百万 m² 以上的工厂，可按照 7.5/m² 计费。对于全面能源审计来说，能量平衡至关重要。要根据设备清单，目前的运行状况和审计期的运行周期等计算能量使用量，并将能源使用量与工厂的能源费用单相比较，得到可靠的能量平衡关系。对于重点节能项目还应在能源审计报告中提供项目可行性建议书。

全面能源审计的优点为：①针对工厂，提供全部能源技术的节能项目清单、节能量信息等；②包括各个项目的相互关系，对各种项目提供具有逻辑性的、不带有偏见的项目执行表。缺点为：①费用比较高；②如果节能项目不能立即实施，可能由于时间和情况的变化，项目的优先度发生变化，导致能源审计建议过时。

四、能源审计类型的选择

能源审计类型的选择应主要根据审计目的不同而进行。如果针对某一方面进行改造，则目标型能源审计比较合适。如果不知道如何提高能源利用效率，或需要提供项目建议书，则综合型能源审计是比较合适的选择。但往往有些因素需要进一步明确，以确定如何选择能源审计类型。能源审计类型的选择依据见表 4-1。

表 4-1　　　　　　　　　　　　　能源审计类型的选择依据

帮助选择能源审计类型的问题	如果选择"是"则推荐	如果选择"否"则推荐
是否需要粗略的能源使用状况	1	2 或 3
是否已经有近期的能源审计报告	针对已有报告进行投资可行性分析	1、2 或 3
是否有在建的节能项目	对于以前未作详细分析的项目进行目的型能源审计	1、2 或 3
进行能源审计是否有资金限制	1 或 2	3
是否了解哪些节能项目是最迫切的	2	1 或 3
是否需要节能实施计划	3	1 或 2

注　1 代表基础型能源审计；2 代表目标型能源审计；3 代表综合型能源审计。

第三节　能源审计的内容

根据能源审计的目的和要求，结合被审计企业能源管理与技术装备状况，可以选择下述部分内容或全部内容开展能源审计工作。

一、用能单位能源管理状况

管理机构的设置情况；管理人员的素质（文化水平、业务素质、思想素质等）；企业生产工艺过程及耗能设备的情况；管理制度，如购进、配置、生产、化验、计量、统计、仓储等；管理指标，如单耗指标、奖罚指标、各项节约指标和规划措施等。

二、对各种耗能设备和计量仪表的检查测试

对各种锅炉，变压器，电机等主要能耗设备的测试；对供热、供气、供电等输配管道、线路的测试；对各种计量仪表、理化分析方法、工艺检查核查；对企业的照明、采暖通风、工艺、厂房建筑结构检查测试。

三、对能源,（物料）的核查审计

利用能量守恒的原理，借鉴财务审计办法，对企业从能源、原材料的购进、库存、生产、计量、销售到使用的各个环节进行封闭式的审计核查。对企业各种物资报表，门卫登记，统计台账，生产记录，财务报表等用多种方法检查核对资料的真实性，是否做到账账相符、账物相符。

第四节　能源审计程序

能源审计是对企业目前的能源利用状况的综合分析和评价。分析高耗能、低能效的部位，并提出相应对策措施，使企业能源投入成本下降，产品和服务更具有竞争性。本章根据实践总结出能源审计的一般程序，主要包括立项、数据采集、能源监测、能量平衡分析，节能项目建议及最终报告。能源审计的一般程序见图 4-1。

（1）立项。通过立项，确定审计范围、目标；制订工作计划表；确定参加审计人员，明确分工；配备所需测试仪器。

（2）数据采集。数据采集报告确定企业工艺流程；确定能源流向与物流图（包括煤炭、油制品、天然气、焦炭、煤气等）及电力负荷、耗能工质（冷却水、压缩空气等项）；蒸汽网络的工作参数（压力、温度、流量等）和运行状况（保温、泄漏等）；计算能源费用（能源价格、运费、税收等）。

（3）能源检测。对已掌握的能源数据进行分析与评审过程中，发现信息不足时，就必须进行能源检测，这对于详细能源审计更为重要。对企业的主要工艺过

程、主要的用能系统和设备或重要工序的能源消费数据必须清楚。为了取得这些数据，需要进行现场调查和测试。

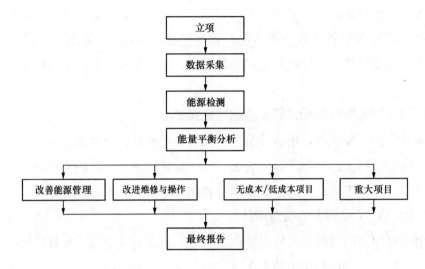

图 4-1　能源审计的一般程序

（4）能量平衡分析。企业能量平衡是对企业用能过程进行定量分析的一种科学方法与手段，是企业能源管理中一项基础性工作和重要内容。开展企业能源审计、企业能源监测、建立企业能源管理信息系统等项工作，都要以企业能量平衡为基础。

（5）改善能源管理。通过企业能量平衡分析，强化企业能源管理，提高企业能源利用率，制定企业的能源管理标准与制度。

（6）改进维修与操作。为了提高企业能源利用率，在技术维修、保养上强化管理也是挖掘节能潜力的重要手段。

（7）无成本/低成本项目。通过能源审计，确定无成本/低成本节能技术项目，而且必须优先实施，这也是一种见效快的办法。

（8）重大项目。重大节能技改项目，是我们提高企业能源利用率最根本的措施，其经济效益与环保效益显著，但投资大，因此必须加强调查研究和分析。

（9）最终报告。企业能源审计报告是本项工作的直接成果，大致分为两大部分：①第一部分是报告摘要，包括 10 项内容，主要是给政府官员，特别是给审批项目官员看的，简单扼要，限制在 1～2 页纸；②第二部分为报告正文，这是为评审专家企业自身准备的。

（10）定期回访。在审计工作完成后，能源审计部门对被审计单位的节能措施整改落实情况和效果进行回访调查,帮助企业对其存在的问题尽快整改,确保能源审计的效果。

<h2 style="text-align:center">第五节 能 源 审 计 方 法</h2>

企业能源审计的基本方法是依据能量平衡、物料平衡的原理,对企业的能源利用状况进行统计分析,包括企业基本情况调查、生产与管理现场调查,数据搜集与审核汇总,典型系统与设备的运行状况调查,能源与物料的盘存查账等项内容,必要时辅以现场检测,对企业生产经营过程中的投入产出情况进行全方位的封闭审计,分析各个因素(或环节)影响企业能耗、物耗水平的程度,从而排查出存在的浪费问题和节能潜力,并分析问题产生的原因,有针对性地提出整改措施。在开展能源审计工作时,要查找企业各种数据的来源,并追踪数据统计计量的准确性和合理性,进行能源实物量平衡分析,采取盘存查账、现场调查、测试等手段,检查核实有关数据。只有在数据准确可靠时,才能进行能耗指标的计算分析,进而查找节能潜力,提出合理化整改建议和措施。

一、能源审计的四个环节

在能源审计中,可以将企业能源利用的全过程分为购入储存、加工转换、输送分配、最终使用四个环节,见图4-2。

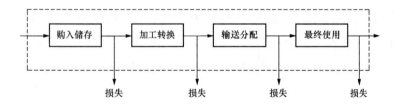

图 4-2 能源系统简图

在审计过程中要特别注意以下两个方面:①要了解企业内部机构设置和生产工艺流程,熟悉企业内部经济责任制(有的企业称之为经济效益考核办法或经济活动分析)以及责任制的具体落实情况,只有这样才能摸清企业的管理状况(如机构、人员、职能、制度、办法、指标等)和能源流程,为下一步的能源审计分析打下基础。②要详细了解用能单位的计量和统计状况,确定计量仪表的准确程度和统计数据的真实程度。

二、能源审计的三个层次

分析企业能源利用状况，寻找节能潜力，提出节能降耗的整改措施，能源审计应引用分析问题的一般方法，即问题在哪里产生、为什么会产生问题、如何解决问题。能源审计的三个层次见图4-3。

三、能源审计的八个方面

问题的查找、原因的分析和节能整改措施的提出，都要从生产过程中能源利用的主要途径入手，抛开生产过程千差万别的个性，概括出其共性，得出如图4-4所示的生产过程框图。

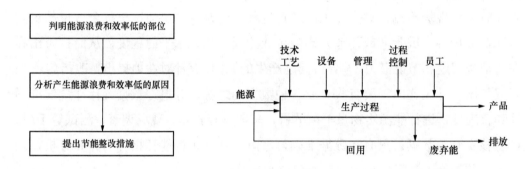

图4-3　能源审计的三个层次　　　　　图4-4　生产过程框图

从图4-4可以看出，一个生产和服务过程中的能源利用可以抽象成八个方面，即能源、技术工艺、设备、管理、过程控制、员工等六个方面的输入，得出产品和废弃能的输出。对于产生的废弃能，要采用回收和循环使用措施。从能源利用的角度看，这八个方面的每一个方面都有可能直接导致能源利用效率低和能源浪费的产生。因此对能源利用效率低和能源浪费的原因分析要针对以下八个方面进行：

（1）能源。在能源方面是否存在能源效率低和能源浪费，可以查看能源本身是否与生产相适应，能源的质量是否有保证，能源本身的质量和种类等，在一定程度上决定了能源利用效率，因此选择与生产相适应的能源是能源审计所要考虑的重要方面。此外，还应考虑能源的供应、储存、发放、运输是否存在流失，以及能源投入量和配比是否合理。

（2）技术工艺。连续生产能力差、生产稳定性差或技术工艺水平落后等都有可能导致能源利用效率低和能源浪费的产生。结合技术改造提高能源利用效率是实现节能降耗的一条重要途径。

（3）设备。设备方面是否存在能源效率低和能源浪费，可以查看设备自身的功能，用能设备之间、用能设备和公用设施之间搭配是否合理，设备是否有良好的维护保养，设备自动化水平及先进程度等。

（4）过程控制。过程控制对生产用能过程十分重要，分析过程控制对能源效率的影响，可以查看过程参数是否处于受控状态并达到优化水平（满足技术工艺要求），计量检测、分析仪表是否齐全，或精度是否达到要求。

（5）产品。产品本身决定了生产过程，同时产品性能、种类和变化往往要求生产过程作出相应的调整。产品在储存和搬运过程中的破损、流失，产品的转化效率低于国内外先进水平，都会影响能源利用效率，导致能耗指标偏高。

（6）管理。加强管理是企业发展的永恒主题，任何管理的松懈和遗漏，如能源消耗定额的制定和考核不合理、岗位操作过程不够完善或得不到有效的落实，缺乏有效的奖惩制度等，都会影响到能源利用效率，企业应把能源管理融入到企业全面管理中，必要时可建立企业能源管理系统。

（7）员工。任何生产过程，无论自动化程度多高，从广义上讲均需要人的参与，员工的素质不能满足生产的要求，缺乏优秀的管理人员、专业技术人员、熟练的操作人员，缺乏激励员工参与节能降耗的措施，都会影响到能源利用效率。

（8）废弃能。废弃能本身具有的特性和状态都直接关系到它是否可再用和循环回收。废弃能的循环回收和梯级利用都是提高能源利用效率的重要手段。

每一个能源利用瓶颈要从以上八个方面进行原因分析并针对原因提出并实施无/低费节能方案。

以上对生产过程八个方面的划分并不是绝对的，在许多情况下存在着相互交叉和渗透的情况。例如一套设备可能就决定了技术工艺水平，过程控制不仅与仪器仪表有关，还与员工及管理有很大的关系等，但八个方面仍各有侧重点，并不是说每个能源利用瓶颈都存在这八个方面的原因，它可能是其中的一个或几个，原因分析时应归结到主要的原因上。

四、能源审计的四个原理

能源审计是一套科学的、系统的和操作性很强的程序，这套程序引用了如下原理方法：物质和能量守恒原理、分层嵌入原理、反复迭代原理、穷尽枚举原理。

（1）物质和能量守恒原理。物质和能量守恒这一大自然普遍遵循的原理，是能源审计中最重要的一条原理，是进行能源审计的重要工具。

在获得被审计用能单位的资料后，可以测算能源投入量、产品的产量，在此期间建立一种平衡，则将大大有助于弄清用能单位的能源管理水平及其物质能源的流动去向，帮助发现用能单位的能源利用瓶颈所在。物质和能量守恒这种工具是对企业用能过程进行定量分析的一种科学方法与手段，是企业能源管理中一项基础性工作和重要内容，开展企业能源审计必须借助这一原理。

（2）分层嵌入原理。分层嵌入原理是指在能源审计中，能源利用流程的四个环节（购入储存、加工转换、输送分配、最终使用）都要嵌入能源利用效率低和能源浪费在哪里产生、为什么会产生、如何解决这三个层次，在每一个层次中都要嵌入能源、技术工艺、设备、过程控制、管理、员工、产品、废弃能这八个方面。在能源审计的各个阶段都要都要从四个环节出发，利用三个层次，从八个方面入手弄清位置，找准原因，解决问题。分层嵌入原理这一方法适用于现场考察，也适用于产生节能方案阶段。

（3）反复迭代原理。能源审计的过程，是一个反复迭代的过程，即在能源审计的过程中要反复的使用上述分层嵌入原理，有的阶段应进行三个层次、八个方面的完整迭代，有的阶段不一定是完整迭代。

（4）穷尽枚举原理。所谓穷尽，是指八个方面（能源、技术工艺、设备、过程控制、管理、员工、产品、废弃能）构成了用能单位节能方案的充分必要集合。换言之，从这八个方面入手，一定能发现自身的节能方案；任何一个节能方案，必然是循着这八个方面中的一个方面和几个方面找到的。所谓枚举，即是不连续的、一个一个地列举出来。因此，穷尽枚举原理意味着在每一个阶段、每一个步骤的每一个层次的迭代中，要将八个方面作为这一步骤的切入点。因此，深化和做好该步骤的工作，切不可合并，也不可跳跃。

综上所述，掌握能源审计的原理将极大程度地提高能源审计人员的工作质量。

五、能源审计的基本计算方法

企业能源审计的基本方法是依据能量平衡、物质平衡的原理，对企业的能源利用状况进行统计分析，必要时辅以现场检测，对企业生产运营过程中的投入产出情况进行全方位的封闭审计，分析各个因素影响企业能耗、物耗水平的程度，从而排查出存在的浪费问题和节能潜力，并分析问题的原因，有针对性地提出整改措施。具体方法有：产品产量核定方法；能源消耗数据核定方法；能源价格与成本的核定方法；企业能源消耗技术经济指标评价分析方法；企业能源利用状况的综合评价方法；企业能源管理（管理节能）诊断分析和评价方法；装备和工艺技术对标分析和评价方法。

（一）产品产量核定方法

产品产量准确性非常重要，它作为分母，是计算单位产品能耗（或车间能耗）等指标的重要依据。

产品产量指合格产品的数量，产品产量核定时，一要考虑到制成品、在制品或半成品的数量，在制品或半成品应折算为相当的制成品；二要考虑到标准品与非标准品的区别，非标准品应当折算成标准品；产品产量的核定必须通过仓库物资盘查和往来账目进行核定，同时生产多品种产品的情况，应按实际能耗计算，在无法分别进行实测时，或者算为标准产品统一计算，或按产量分摊。

（二）能源消耗数据的核定方法

企业的各种数据是企业能源审计的重要依据，一方面，企业必须真实，全面的提供，切忌假数，虚数，另一方面，审计组不能以数论数，算死数，要对各种数据和资料进行多渠道，多方式的检查，校验，核对，去假存真，确保数据准确。我们在审计中多次查出重复过磅，重复计量，以少充多，以无充有。如一车煤半天过了五次磅，查了 28 个批次的棉花，21 个批次有数量，质量问题。

能源消耗数据的核定应遵循以下原则。

（1）企业能源消耗数据和与之对应的产品（或半成品）产量的时间计算区段及所属范围应一致。

（2）企业外购能源的品质，对企业的能耗产生的影响很大，对进场能源换算的折标准煤系数，原则上应以实测值为准，无法通过实测获取时，可以以国家标准为准。

（3）企业产品能耗的核定要减去生产过程中外协加工、外销、外供部分的能源消耗。

（4）编写企业能源网络图或企业能源消费平衡表有利于开展能源审计。

（5）企业能耗应加上生产辅助系统用能与损失的数量，应分品种进行非生产系统用能与损失能源量的计算，并对其合理性加以分析，采用合理的方式分摊到产品的企业能源消费指标中去。

（6）企业产品能耗分析必须具有可比性，不同原料、不同生产工艺、消耗不同能源等所产生的产品，不能进行简单的对比。在综合能耗无法进行简单对比时，可对主要生产工序或重点耗能设备（如同型号的磨机、立窑等）的能源指标进行分析比较，以期寻找节能潜力。

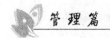

（三）能源价格与成本的核定方法

企业能源审计所使用的能源价格与企业财务往来账目的能源价格相一致，在一种能源多种价格的情况下产品能源成本用加权平均价格计算。

（四）企业能源消耗技术经济指标评价分析

企业能源消耗技术经济包括生产系统单位产品能耗（可分解成分厂、车间、工段小指标）、企业单位产品能耗（韩辅助生产体系、办公、机修、化验、研发等分摊）、企业单位产值能耗（对多种产品，产品计算单位不同时）、主要用能系统和设备的能源利用效率或消耗指标。

上述技术经济指标，主要依据国家、行业、地方有关的标准及同行业或本企业先进水平等相关能耗限额指标来进行评价分析。

（五）企业能源利用状况的综合评价

对企业能源利用状况的综合性评价，有以下几个方面。

（1）企业能源转换系统或主要耗能设备的能源转换效率与负荷合理性的分析评价。

（2）企业生产组织系统与能源供应系统的合理匹配分析评价。

（3）按企业能源流程进行合理用热，合理用电，合理用水，合理用油的分析评价。

（4）企业用能设备及工艺系统的分析评价。

（5）企业能源利用的经济效益分析评价。

（6）企业能源综合利用水平和环境效果的分析评价。

（六）企业能源管理（管理节能）诊断分析评价方法

（1）合理组织生产。提高劳动生产效率，提高产品产量和质量，减少残次品率，利用电网低谷组织生产，均衡生产，减少机器空转，各种用能设备是否处在最佳经济运行状态，排查生产管理方面的"跑冒滴漏"，提高生产现场的组织管理水平，减少各种直接和间接能耗，物耗损失等。

（2）合理分配能源。不同品种，质量的能源应合理分配使用，减少库存积压和能源，物资的超量储备，提高能源和原材料的利用效率。

（3）加强能源购进管理。提高运输质量，减少装运损耗和亏吨，强化计量和传递验收手续，提高理化检验水平，按规定合理扣水扣杂等。

（4）加强项目的节能管理。新上和在建，已建项目是不是做了节能论证，核算其经济效果，环境效果和节能效益是否达标。

（5）规章制度落实情况。企业能源管理各种规章制度是否健全合理，是否落实到位，如能源，物资的招标采购竞价制度，对质量，计量，定价，验收，入库，票据，成本核算是否严格把关，要认真细致地排查，分析，诊断问题。一般企业在管理方面存在的问题比较多，漏洞多，浪费大，管理节能是不花钱的节能，只要加强管理，严格制度，就能见效。

（七）装备和工艺技术对标分析评价方法

通过检测，检查耗能设备运行状况及存在问题；检查生产工艺的技术状况及存在问题，调查了解工人的操作水平，岗位技能状况及存在问题。通过调查了解，弄清企业资源综合利用状况，如余热，废气，废水，废碴的回收利用情况；调查弄清企业能源的梯级利用状况，如热电联产，热电冷三联动，连轧连铸，多发增效等；供电和供热管网和设备的运行状况及维修保养、企业产品结构的合理性等。

第六节　能源审计报告的编写

编写能源审计报告的目的是总结能源审计成果，汇总分析各项调查与实测结果，为企业持续实施能源审计提供一个重要平台。

能源审计报告应全面、概括地反映能源审计的全部工作，文字应简洁、准确，并尽量采用图表和照片，以使提出的资料清楚，论点准确，便于审查。原始数据、全部计算过程等不必在报告书中列出，必要时可编入附录。能源审计报告书主要包括以下几个部分：摘要、报告正文（企业概况、企业能源统计、企业用能分析、节能技术改造项目评价、总结与附件）。

（1）报告摘要包括企业概况，节能项目名称、规模，技术特征与工艺条件，能源消费结构，废弃物排放量，节能与环保效益评估，财务分析与社会效益，资金筹措，实施计划表，存在问题。

（2）报告正文包括以下部分内容。

1）企业概况：企业简况，企业主要产品及其生产工艺。

2）企业能源统计：企业能源网络图，企业能量平衡表，企业能流图，企业能源消费结构及财务报告，企业能源管理信息系统概况。

3）企业用能分析：物料平衡，重点耗能设备运行评价，企业产品能耗分析，节能潜力分析，能源价格调查与财务评价。

4）节能技术改造项目评价：工艺特点、先进性及节能效果，技术经济评价，

环保效益，资金筹措。

5）总结：企业能源审计意见，存在问题，建议。

6）附件：企业能源审计通知书，企业能源审计方案，企业能源审计人员名单，审计单位及其负责人签章。

第七节　能源审计报告示例

本节以某高耗能企业能源审计报告作为示例，供读者参考。

第一章　审计事项说明

1　审计目的

通过对公司生产现场调查、资料核实和必要的测试、对标，分析能源利用状况，并确认其利用水平，查找存在的问题和漏洞，分析对比挖掘节能潜力，提出切实可行的节能措施，从而为政府和企业提供真实可靠的能源利用状况，指导企业提高能源管理水平，以实现"十一五"整体节能目标，促进经济和环境的可持续发展。

2　审计依据

《中华人民共和国节约能源法》

《企业能源审计技术通则》（GB/T 17166—1997）

《节能监测技术通则》（GB/T 15316）

……

3　审计期

4　审计范围和内容

审计内容涉及能源管理情况、用能情况、能源流程、能源计量与统计、能源消费结构、用能设备运行效率、单位产品综合能耗及实物能耗、能源成本、节能技术改造项目等。

4.1　企业概况

4.2　企业的能源计量及统计状况

4.3　主要用能设备运行效率监测分析

4.4　企业能源消耗指标计算分析

4.5　重点工艺能耗指标与单位产品能耗指标计算分析

第二章　企业基本情况

1　企业简介

1.1　企业名称、地址、隶属关系、性质、经济规模与构成、企业生产活动的历史，发展现状，在地区、行业中的地位等相关情况。

1.2　审计期内的主要生产线规格型号，生产能力、及主要产品名称及产量情况。

1.3　审计期内的主要财务指标（工业总产值、工业增加值、利税总额、产品成本）等经济效益情况。

2　企业生产工艺情况

2.1　主要生产线工艺流程图

2.2　工艺流程说明

3　企业用能概况

3.1　企业生产用能系统

3.2　企业外购能源及生产消费能源品种结构

企业外购及自用能源消费明细表

序号	能源名称		实物量	当量值		等价值	
				折标准煤系数	折标准煤 tce	折标准煤系数	折标准煤 tce
一	外购能源						
1	煤						
2	其中	烟煤（t）					
3		无烟煤（t）					
4		洗精煤（t）					
5	燃料油（t）						
6	汽油（t）						
7	柴油（t）						

续表

序号	能 源 名 称	实物量	当 量 值		等 价 值	
			折标准煤系数	折标准煤 tce	折标准煤系数	折标准煤 tce
8	煤油					
9	电（万 kWh）					
10	其他					
小计	外购能源总量（tce）					
二	自产能源					
三	库存增减（tce）					
四	企业自耗能源					
11	企业生产能源消费总量（tce）					
12	企业非生产能源消费总量（tce）					
小计	企业自耗能源总量（tce）					
五	损耗（tce）					

3.3 企业主要用能设备

企业主要用能设备明细表

序号	设备名称	规格型号	数量	制造厂家	单机设备能力

3.4 企业中应淘汰用能设备情况

第三章 企业能源管理系统

1 企业能源管理状况

1.1 能源管理组织机构

能源管理机构是否健全，简述能源机构情况及画出其组织机构网络图。

1.2 能源管理制度：（应如实反映企业实际情况）

2 企业能源计量与统计情况

2.1 企业能源计量状况

对企业计量工作进行概述。企业已有能源计量点×个，自行开展各类测量设备检查/校准的有×件。

一、二、三级能源计量配备是否完善等，计量器具是否按周期进行检定或校准，审计年能源器具的配备率为×%，审计年能源器具的检定合格率为×%。

企业一级能源器具的配备情况

能源种类	应装台数	实装台数	配备率（%）	完好率（%）	国家规定配备率（%）

2.2 企业能源统计管理

对企业能源统计管理审计的内容是：

（1）是否完整准确地填报国家要求的统计报表。

（2）报表中数据是否来自原始记录和依据原始记录整理的台账，台账与原始记录是否相符。

（3）对外的统计表数据与企业内部统计表、台账数据是否一致，并与台账相符。

（4）要有固定专职的能源管理人员进行文档管理。

（5）建立完善的统计原始记录、统计台账。原始记录必须以各类企业能源计量的准确数据为依据；填写数字整齐、清晰、正确；有无涂改，虚报。

（6）统计原始记录是否包括：①燃料进、出记录；②重点能耗设备原始记录。

（7）统计台账是否包括：①燃料进、出台账；②企业能源消耗台账；③企业节能技术改造措施台账；④节能奖惩台账；⑤产品产量台账（含水泥、熟料）；⑥能源计量器具周期检验台账；⑦产品（或工序）能耗台账。

第四章 企业能源利用状况分析

1 企业能源消费状况

1.1 企业外购能源及结构

在审计期内企业购入能源中：煤×t标准煤，占×%；电×t标准煤，占×%。

企业外购能源情况表

能源名称		总量	折标系数	折标总量（t标准煤）		占总能源量比例（%）	
				当量值	等价值	当量值	等价值
煤（t）							
其中	烟煤（t）						
	无烟煤（t）						
	洗精煤（t）						
燃料油（t）							
汽油（t）							
柴油（t）							
煤油（t）							
电（kWh）							
合　计							

1.2　企业生产消费能源消费流向

企业在审计期内生产用各种能源主要用于生产系统，以及用于与生产直接相关的附属和辅助生产系统等。

××年企业生产用能源消费流向表

项　目		主要生产系统	辅助生产系统		总　计	
			辅助系统	附属系统	数量	占总量%
煤（t）						
其中	烟煤（t）						
	无烟煤（t）						
	洗精煤（t）						
燃料油（t）						

项　　目		主要生产系统		辅助生产系统		总　　计	
				辅助系统	附属系统	数量	占总量%
	汽油（t）						
	煤油（t）						
	柴油（t）						
	电（kWh）						
合计	折标煤总量						
	占总量（%）						

1.3　企业能源费用

企业在审计期内消耗能量总量×t标准煤，能源费用共计×万元。

企业外购及生产能源费用表

能源名称	计量单位	数　　量		单价	费用（万元）	
		外购	生产用		外购	生产
煤	t			元/t		
燃料油	t			元/t		
汽油	t			元/t		
柴油	t			元/t		
煤油	t			元/t		
电	kWh			元/kWh		
总　　计						

2　各项能耗指标的计算分析

2.1　企业产品产量、价格及制造成本

通过对企业产品的销售后入总额及财务核算的有关资料和核查，在审计期内，该企业的全部生产成本为×万元，其中能源成本为×万元，能源成本占全部生产成本的×%。

产品价格及制造成本

产品名称	产量（t）	单价（元/t）	单位制造成本（元/t）	其中能源成本费用（元/t）
生产能源成本合计（万元）				
总成本（万元）				
生产能源成本占总成本比例（%）				

2.2 工业总产值及工业增加值

通过对提供的有关账表的核查，公司在审计期内共实现工业总产值为×万元。工业增加值为×万元。

2.3 产品单位能耗

企业产品单位综合能耗情况详见下表。

产品单位能源消耗指标

生产线名称及编号	生产能力（t 熟料/d）	产品数量（万 t）	综合煤耗（kgce/t）	综合电耗（kWh/t）	综合电耗（kWh/t）	综合能耗（kgce/t）	综合能耗（kgce/t）
1	2	3	4	5	6	7	8	9
总计							

3 主要用能设备运行效率监测分析

对主体设备和风机、电机、水泵、变压器等遍用设备均应一一说明。

主要用热设备热能利用情况

序号	编号	规格型号	热效率（%）	运转率（%）	备 注
1	1号				
2	2号				
......					
合计					

第五章　影响能源消耗变化因素的分析及节能潜力

　　企业要降低能耗，挖掘节能潜力，必须正确分析影响能源消耗的变化因素，在此基础上结合企业自身实际，准确地抓住企业在能耗方面存在的问题，从而提出有针对性的可行的节能措施。

1　能源消耗变化因素分析

1.1　结构性因素

1.2　管理性因素

1.3　系统性因素

2　节能潜力分析

　　综合以上影响能耗变化因素分析和节能潜力的分析，得出本企业可能挖掘的节能潜力（应有具体数据）和节能技术改造项目（应附有）。

3　已实施的节能技术改造项目

　　分析审计期节能技术项目实施情况，并对项目进行经济效益评价。

　　列出在审计期企业已实施的节能技改项目投资及节能效果，节能量计算是以产品单耗下降对比方法计算。

已实施的节能技术改造项目明细表

序号	项目名称	工程主要内容	投资总额（万元）	工程起止时间	节能量（tce）	备注

4　"十二五"节能技术改造项目规划

　　分析"十二五"规划节能技术改造项目，并对项目进行经济效益评价。

"十二五"规划节能技术改造项目明细表

序号	项目名称	工程主要内容	投资总额（万元）	工程起止时间	节能量（tce）	备注

第六章 审计结论和建议

本章内容是归纳本次审计中肯定的基本意见和基本数据。

1 结论

1.1 本企业业绩

1.2 审计期的主要产品和产量

1.3 审计期能源消耗总量（实物量和折标量）

1.4 审计期的能源消耗指标

1.5 对审计期企业用能的评价

1.6 可挖掘节能潜力综述

1.7 节能技术改造项目综述

2 建议

2.1 淘汰落后生产能力，提升技术及装备水平的建议

2.2 强化节能管理的建议（机构人员、规章、计费、统计、奖惩）

2.3 节能技术进步的建议（重点是重大余热回收技术）

2.4 合理利用资源，推进节能型生产的建议

第五章

合 同 能 源 管 理

第一节　合同能源管理概述

20 世纪 70 年代中期以来，一种基于市场的、全新的节能新机制——合同能源管理（Energy Performance Contracting，EPC）在市场经济国家中逐步发展起来，而基于这种节能新机制运作的专业化的"节能服务公司"的发展十分迅速，尤其是在美国、加拿大，已发展成为一新兴的节能产业。合同能源管理机制的实质是一种以减少的能源费用来支付节能项目全部成本的节能投资方式。这样一种节能投资方式允许用户使用未来的节能收益为工厂和设备升级，以及降低目前的运行成本。能源管理合同在实施节能项目投资的企业（"用户"）与专门的盈利性能源管理公司之间签订，它有助于推动节能项目的开展。在传统的节能投资方式下，节能项目的所有风险和所有盈利都由实施节能投资的企业承担；在合同能源管理方式中，一般不要求企业自身对节能项目进行大笔投资。节能服务公司是一种基于合同能源管理机制运作的、以盈利为直接目的的专业化公司，它与愿意进行节能改造的用户签订节能服务合同，为用户的节能项目进行投资或融资，向用户提供能源效率审计、节能项目设计、施工、监测、管理等一条龙服务，并通过与用户分享项目实施后产生的节能效益来盈利和滚动发展。

一、节能服务公司

节能服务公司（Energy Management Company，EMCo，也称 Energy Service Company，ESCo），又称能源管理公司，是一种基于合同能源管理机制运作的、以赢利为目的的专业化公司。EMCo 与愿意进行节能改造的客户签订节能服务合同，向客户提供能源审计、可行性研究、项目设计、项目融资、设备和材料采购、工程施工、人员培训、节能量监测、改造系统的运行、维护和管理等服务，并通过与客户分享项目实施后产生的节能效益、或承诺节能项目的节能效益、或承包整体能源费用的方式为客户提供节能服务，并获得利润。

二、节能服务公司的业务特点

EMCo 是市场经济下的节能服务商业化实体，在市场竞争中谋求生存和发展，与我国从属于地方政府的节能服务中心有根本性的区别。EMCo 所开展的 EPC 业务具有以下特点。

（1）商业性。EMCo 是商业化运作的公司，以合同能源管理机制实施节能项目来实现赢利的目的。

（2）整合性。EMCo 业务不是一般意义上的推销产品、设备或技术，而是通过合同能源管理机制为客户提供集成化的节能服务和完整的节能解决方案，为客户实施"交钥匙工程"。EMCo 不是金融机构，但可以为客户的节能项目提供资金；EMCo 不一定是节能技术所有者或节能设备制造商，但可以为客户选择提供先进、成熟的节能技术和设备；EMCo 也不一定自身拥有实施节能项目的工程能力，但可以向客户保证项目的工程质量。对于客户来说，EMCo 的最大价值在于可以为客户实施节能项目提供经过优选的各种资源集成的工程设施及其良好的运行服务，以实现与客户约定的节能量或节能效益。

（3）多赢性。EPC 业务的一大特点是：一个该类项目的成功实施将使介入项目的各方（包括 EMCo、客户、节能设备制造商和银行等）都能从中分享到相应的收益，从而形成多赢的局面。对于分享型的合同能源管理业务，EMCo 可在项目合同期内分享大部分节能效益，以此来收回其投资并获得合理的利润；客户在项目合同期内分享部分节能效益，在合同期结束后获得该项目的全部节能效益及 EMCo 投资的节能设备的所有权，此外，还获得节能技术和设备建设和运行的宝贵经验；节能设备制造商销售了其产品，收回了货款；银行可连本带息地收回对该项目的贷款，等等。正是由于多赢性，使得 EPC 具有持续发展的潜力。

（4）风险性。EMCo 通常对客户的节能项目进行投资，并向客户承诺节能项目的节能效益，因此，EMCo 承担了节能项目的大多数风险。可以说，EPC 业务是一项高风险业务。EPC 业务的成败关键在于对节能项目的各种风险的分析和管理。

第二节　国外合同能源管理发展

一、美国

美国是合同能源管理的发源地，早在 20 世纪 70 年代中期以来就在推行这种模式，也是 EPC 产业最发达的国家之一。

美国政府十分重视制定推动和促进"合同能源管理"模式发展的政策、法律、法规和标准。如政府制定了有关建筑物节能的标准和法规，颁布若干能源审计的标准，各州政府制定了关于由电力公司实施的、ESCo 参与的综合资源规划（IRP）法案。美国国会通过的有关联邦政府的所有办公楼宇至 2005 年达到节能 30% 的目标的议案，议会通过了联邦政府机构应与 ESCo 合作进行"合同能源管理"实现节能目标的议案。

美国政府制定了"联邦政府能源管理计划（FEMP）"，该计划的主要内容是帮助 ESCo 在联邦政府的办公楼宇实施"合同能源管理"。美国 50 个州内的 46 个州通过了对合同能源管理的立法，立法主要内容是首先要求州内的政府公共建筑必须采用 EPC 的方式进行节能改造，并通过公开招标的方式向社会 ESCo 公布有关项目信息，美国政府是通过立法来支持促进 ESCo 的发展的。这些措施直接促进了合同能源管理在美国的发展。

为了保证 ESCo 顺利回收节能收益，1998 年美国加州通过的一个法案规定，ESCo 可得到节能效益分享方式所应得到的资金回收，可直接从政府机构原应向能源供应部门（如电力公司）交付的账单中取得；也就是说，ESCo 应得的那部分节能效益由电力公司作为政府机构应交的"电费"的一部分收取，再转给 ESCo，这样 ESCo 的资金回收更有保障。

美国的 ESCo 主要有以下集中类型：

（1）独立的 ESCo。美国最早出现的 ESCo 都是独立的，ESCo 的服务范围比较广泛，这些公司一般依托自己独特的专业优势，并根据业务随市场需求的变化逐渐整合其他相关的节能技术。

（2）附属于节能设备制造商的 ESCo。在美国，一些节能设备和产品制造商注意到，通过 ESCo 的服务对于推销自己设备和产品十分有利，因此，他们干脆自己创办附属的 ESCo。这些 ESCo 依托自己所生产的设备和产品，组合各种成熟的节能技术，可以很好地控制项目的技术风险，极大地开拓产品市场。

（3）附属于公用事业公司（电力公司/天然气公司/自来水公司）的 ESCo。美国的电力公司注意到，ESCo 及其客户所获得的节电收益实际上就是电力公司的减少的收益，因此许多电力公司开办了附属的 ESCo，不仅能弥补因节电而引起的电力公司的销售损失，而且可以凭借自身的技术优势，提高供电质量，拓展和延伸了自己的产业链。

在过去的十年里，美国ESCo产业的收入年均增长率为24%，2006年美国的节能服务产业的产值约为36亿美元。根据众多节能服务公司的收入增长估计，2008年美国节能服务业的产值在52亿~55亿美元。

二、日本

得益于国内巨大的市场潜力以及全国强烈的节能意识，日本ESCo行业自1996年在日本兴起以来，经历了快速的发展，ESCo数量已经从最初的5家发展为现在的70余家，2005年ESCo市场规模已经达到了300万美元。

日本政府对合同能源管理事业非常支持，在政策、技术和融资方面都有专门的管理机构。经济产业省、日本节能中心负责制定促进合同能源管理的政策，日本新能源及产业技术综合开发机构、日本政策投资银行分别负责从技术和资金方面为ESCo提供服务。

日本政府利用法律和政令规定各政府机构、高耗能单位和某些大中型企业必须在一定的时间内降低能耗（例如节能"领跑者计划"）。同时，日本政府一般按ESCo项目投资的25%~35%给予补贴，以提高ESCo的积极性和抗风险能力。因此，日本企业对进行节能改造的积极性很高。

日本地方政府也大力扶持ESCo事业，其中，尤以大阪府ESCo工作开展最早、最有成效。NEDO设有"合理利用能源企业支援制度"等补助制度，对ESCo事业进行补助，一般按照合同额提供约三分之一的费用补助。

日本ESCo合同主要形式是节能效益分享型。以大阪府ESCo事业为例，政府选定拟改造的建筑物，为确定节能策略先进行初步诊断、咨询，然后通过招标确定ESCo，由中标ESCo投资进行详细节能诊断，设计改造方案，进行改造施工，直至运行调试。产生节能效益后，双方进行分享。

日本的节能服务业中节能改造涉及的范围和内容是：采用高效的节能技术对空调、采暖、通风、照明等系统进行改造，对屋顶进行保温和绿化，对厨房、卫生间实施节水改造。值得一提的是，日本拥有许多节能新技术，如：光触媒清洁太阳能吸收板、窗户玻璃抗红外线涂料、人感传感器自动控制灯光、高效非晶合金变压器、逆变器控制技术等。这些技术在日本的节能服务业中已大量实施，技术成熟、效果明显。

三、西班牙

西班牙ESCo的业务发展很迅速，目前其业务每年以5%~10%的速度增长，这得益于西班牙政府的能源政策。由于西班牙是电力相对短缺，为了促进电力供应，政府出台了一系列鼓励开发热电联产可再生能源的"硬性"政策。由于为用户开发热电项目提供一系列的服务，完全采用合同能源管理的新机制，避免了用户直接投资所带来的资金风险和项目技术风险，因此很受用户的欢迎。

西班牙民营 ESCo 之所以在全国发展迅速，除了其潜在的节能市场和政府的相关配套政策以外，IDAE 的指导和示范发挥了很大的作用。IDEA 原隶属于工贸部的能源研究所，后逐步改制为兼有政策研究和项目示范（示范节能服务公司）双重功能的能源机构（IDEA）。IDEA 首先选择试点项目采用合同能源管理模式进行实施，一旦项目运作成功，IDEA 就退出该市场，把好的市场和机会留给民营 ESCo，然后再去开发新的项目和市场。

西班牙的 ESCo 具有较强的融资和投资的能力，可以向银行贷款，也可以直接投资项目，具体讲就是针对拟投资的项目成立专门的合资公司，由合资公司具体落实项目的投资、运营、管理和维护，这种投资方式也称为"第三方融资"。此外，由于西班牙 ESCo 经营的项目大多数为电力开发项目，因此与用户的合同方式也就多种多样，例如在项目建成后，完全由 ESCo 来运行、经营，而没有客户的介入。ESCo 通过投资和项目的经营获得效益，其实质是设备（项目）的租赁。

西班牙的 ESCo 项目运作机制同美国、加拿大大致相同，但是主要集中在热电联产和风力发电项目，工业节能改造项目和商厦照明项目相对较少。其原因是选择热电联产项目和风力发电项目，有政府政策的保证。

四、加拿大

在加拿大，政府看到全社会的巨大节能潜力，但是限于节能市场的诸多障碍，节能服务产业发展缓慢。为了促进节能产业的发展，加拿大政府研究建立了一种专业化的节能服务公司用以克服这些节能项目的市场障碍。在联邦政府的支持下，魁北克省政府与电力公司合作成立了第一个 ESCo。该 ESCo 是商业性的服务公司，经过几年运行，显示了旺盛的生命力，此后该类公司迅速发展。加拿大联邦政府为了支持 ESCo 的发展，要求政府大楼带头接受 ESCo 的服务。加拿大的六家大银行都支持 ESCo，银行也对客户的项目进行评估，并优先给予资金支持。

1992 年，加拿大政府开始实施联邦政府建筑物节能促进计划——The Federal Buildings Initiative（FBI）计划，其目的是帮助各联邦政府机构与 ESCo 合作进行政府办公楼宇的节能工作，并制定了在 2000 年前联邦政府机构节能 30%的目标。实施这一计划的意义在于：节省财政开支 20%～30%；解决节能的资金来源问题（由

ESCo 提供项目融资）；提高政府机构的工作效率（室内工作条件的到改善）；增加社会就业机会（ESCo 形成新兴产业）；政府在节能在节能工作上客气示范带头作用；推动全社会的节能，减少环境污染，减少温室气体的排放。

加拿大 ESCo 的业务市场主要集中在公共建筑节能改造、工业企业的节能技术改造以及居民用能设备的升级等领域。据加拿大 ESCo 协会的保守估计，加拿大的节能服务市场潜力约 200 亿加元。1990～1994 年，该协会所属公司的营业额每年递增 60%。目前已完成 10 亿加元工作量，主要是由协会 50 多个成员单位完成的。1994年完成工作量约 2 亿加元，平均每个项目 150 万加元。

五、法国

法国的 ESCo 大多为行业性的，如在煤气、电力、供水等行业较发达，这些 ESCo 不仅提供节能方面的服务，而且还承担相应的类似物业管理方面的工作，他们的收益不仅来自节能而且还来自与节能、能源供应有关的一系列服务。

法国建立了"环境能源控制署"作为法国政府推进节能、控制环境污染的国家事业机构。该机构目前用于节能和环保的资金主要来自政府拨款（国家环保局和工业部）和企业环境污染收费（或称环境治理收费）。环境治理收费主要用于环境治理项目，其使用的比例是：71%通过 ESCo 为工业企业实施节能项目、13%用于环能署节能环保项目的技术开发、13%用于资助愿意承担垃圾填埋场地的地方政府，3%用于治理已破产企业的环境问题等。

第三节　合同能源管理的类型

合同能源管理是一种新型的市场化节能机制。其实质就是以减少的能源费用来支付节能项目全部成本的节能业务方式。这种节能投资方式允许客户用未来的节能收益为工厂和设备升级，以降低目前的运行成本；或者节能服务公司以承诺节能项目的节能效益、或承包整体能源费用的方式为客户提供节能服务。能源管理合同在实施节能项目的企业（用户）与节能服务公司之间签订，它有助于推动节能项目的实施。依照具体的业务方式，可以分为分享型合同能源管理业务、承诺型合同能源管理业务、能源费用托管型合同能源管理业务。

一、节能效益分享型

这种类型的合同规定由节能服务公司负责项目融资，在项目期内客户和节能服务公司双方分享节能效益。主要特点如下：

（1）节能项目（节能收益占整个项目总收益的50%以上）。

（2）节能服务公司承担项目全部投入和风险。

（3）节能服务公司提供项目的全过程服务。

（4）合同规定节能指标及检测和确认节能量（或节能率）的方法。

（5）合同期内节能服务公司与客户按照合同约定分享节能效益，此时设备使用权归节能服务服务公司所有。合同结束后设备和节能效益全部归客户企业所有。例如，在5年项目合同期内，客户企业和节能服务公司双方分别分享节能效益的30%和70%。节能服务公司必须确保在项目合同期内收回其项目成本以及利润。此外，在合同期内双方分享节能效益的比例可以变化。例如，在合同期的头2年里，节能服务公司分享100%的节能效益，合同期的后3年里客户和节能服务公司双方各分享50%的节能效益。

该模式适用于诚信度很高的企业。采用这种模式的项目主要集中在建筑领域。

二、节能量保证型

在这种类型的合同里，节能服务公司保证客户的能源费用将减少一定的百分比，既可由节能服务公司提供项目融资，也可由客户自行融资。主要特点如下：

（1）一般项目是节能项目。

（2）客户提供全部或部分项目资金。

（3）节能服务公司提供项目的全过程服务。

（4）在项目合同期内，节能服务公司向企业承诺某一比例的节能量，用于支付工程成本；达不到承诺节能量的部分，由节能服务公司负担。超出承诺节能量的部分，双方分享；直至节能服务公司收回全部节能项目投资后，项目合同结束，先进高效节能设备无偿移交给企业使用，以后所产生的节能收益全归企业享受。

该模式适用于诚信度较高、节能意识一般的企业。

三、能源费用托管型

在这类型合同中，由节能服务公司负责管理客户企业整个能源系统的运行和维护工作，承包能源费用，主要特点如下：

（1）合同主体为节能项目。

（2）按合同规定的标准，节能服务公司为客户管理和改造能源系统，承包能源费用。

（3）合同规定能源服务质量标准及其确认方法，不达标时，节能服务公司按合同给予补偿。

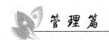

（4）节能服务公司的经济效益来自能源费用的节约，客户的经济效益来自能源费用（承包额）的减少。

第四节　合同能源管理实施流程

一、业务内容

EMCo 向客户提供的节能服务可以包括以下内容。

（1）能源审计　EMCo 针对客户的具体情况，测定客户当前用能量和用能效率，提出节能潜力所在，并对各种可供选择的节能措施的节能量进行预测。

（2）节能改造方案设计根据能源审计的结果，EMCo 根据客户的能源系统现状提出如何利用成熟的节能技术来提高能源利用效率、降低能源成本的方案和建议。如果客户有意向接受 EMCo 提出的方案和建议，EMCo 就可以为客户进行项目设计。

（3）施工设计在合同签订后，一般由 EMCo 组织对节能项目进行施工设计，对项目管理、工程时间、资源配置、预算、设备和材料的进出协调等进行详细的规划，确保工程顺利实施并按期完成。

（4）节能项目融资　EMCo 向客户的节能项目投资或提供融资服务，EMCo 可能的融资渠道有：EMCo 自有资金、银行商业贷款、从设备供应商处争取到的最大可能的分期支付及其他政策性的资助。当 EMCo 采用通过银行贷款方式为节能项目融资时，EMCo 可利用自身信用获得商业贷款，也可利用政府相关部门的政策性担保资金为项目融资提供帮助。

（5）原材料和设备采购　EMCo 根据项目设计的要求负责原材料和设备的采购，所需费用由 EMCo 筹措。

（6）施工、安装和调试根据合同，由 EMCo 负责组织项目的施工、安装和调试。通常，由 EMCo 或其委托的其他有资质的施工单位来进行。由于通常施工是在客户正常运转的设备或生产线上进行，因此，施工必须尽可能不干扰客户的运营，而客户也应为施工提供必要的条件和方便。

（7）运行、保养和维护设备的运行效果将会影响预期的节能量，因此，EMCo 应对改造系统的运行管理和操作人员进行培训，以保证达到预期的节能效果。此外，EMCo 还要负责组织安排好改造系统的管理、维护和检修。

（8）节能量监测及效益保证。EMCo 与客户共同监测和确认节能项目在合同期内的节能效果，以确认合同中确定的节能效果是否达到。另外，EMCo 和客户还可以根据实际情况采用"协商确定节能量"的方式来确定节能效果，这样可以大大简化监测和确认工作。

（9）EMCo 收回节能项目投资和利润对于节能效益分享项目，在项目合同期内，EMCo 对与项目有关的投入（包括土建、原材料、设备、技术等）拥有所有权，并与客户分享项目产生的节能效益。在 EMCo 的项目资金、运行成本、所承担的风险及合理的利润得到补偿之后（即项目合同期结束），设备的所有权一般将转让给客户。客户最终就获得高能效设备和节约能源的成本，并享受 EMCo 所留下的全部节能效益。对于节能效益承诺项目，客户将按照约定的进度支付节能项目费用，通常为一次性支付。

二、业务程序

EMCo 业务活动的基本程序是：为客户设计开发一个技术上可行、经济上合理的节能项目。通过双方协商，EMCo 与客户就该项目的实施签订节能服务合同，并履行合同中规定的义务，保证项目在合同期内实现所承诺的节能量，同时享受合同中规定的权利，在合同期内收回用于该项目的资金并获合理的利润。合同能源管理项目开发过程大致分为商务谈判和合同实施两大部分。

1. 合同能源管理项目开发商务谈判的主要步骤

（1）与客户接触。EMCo 与客户进行初步接触，就客户的业务、所使用的耗能设备类型、所采用的生产工艺等基本情况进行交流，以确定客户重点关心的能源问题。向客户介绍本公司的基本情况、业务运作模式及可给客户带来的利益等。向客户指出具有节能潜力的领域，解释合同化节能服务的有关问题，确定本公司可以介入的项目。

（2）初步审计。通过客户的安排，EMCo 对客户拥有的耗能设备及其运行情况进行检测，将设备的额定参数、设备数量、运行状况及操作等记录在案。同时，一定要留意客户没有提出的、但可能具有重大节能潜力的环节。

（3）审核能源成本数据，估算节能量。采用客户保留的能耗历史记录及其他历史记录，计算潜在的节能量。有经验的 EMCo 项目经理可以参照类似的节能项目来进行这一项工作。

（4）提交节能项目建议书。基于上述工作，EMCo 起草并向客户提交一份节能项目建议书，描述所建议的节能项目的概况和估算的节能量。EMCo 与客户一起审查项目建议书，并回答客户提出的关于拟议中的节能项目的各种问题。

（5）客户承诺并签署节能项目意向书。到目前为止，客户无任何费用支出，也不承担任何义务。EMCo 将开展上述工作中发生的所有费用支出，计入公司的成本支出。现在，客户必须决定是否要继续该节能项目的工作，否则 EMCo 的工作将无法继续下去。EMCo 必须就拟议中的节能服务合同条款向客户解释，使客户完全清楚他们的权利和义务。通常，如果详尽的能耗调研证实了项目建议书中估算的节能量，则应要求客户签署一份节能项目意向书，以使他们明确认可这一项目。

（6）详尽的能耗调研。包括 EMCo 对客户的用能设备或生产工艺进行详细的审查，对拟议中的项目的预期节能量进行更加精确的分析计算。另外，EMCo 应与节能设备供应商联系，确认拟选用的节能设备的价格。还有，多数项目有必要在确定"基准年"的基础上，确定一个度量该项目节能量的"基准线"。

（7）合同准备。在与客户协商后，就拟议中的节能项目实施准备一份节能服务合同。合同内容应包括：规定的项目节能量，EMCo 和客户双方的责任，节能量的计算以及如何测量节能量等。同时，EMCo 方面要准备一份包括项目工作进度表在内的项目工作计划。

（8）合同被接受或拒绝。如果客户对拟定的节能服务合同条款无异议，并同意由 EMCo 来实施该节能项目，则双方正式签订节能服务合同，项目开发工作到此结束。在这一情况下，EMCo 将把对该项目能耗调研过程中的费用计入到该项目的总成本中。如果客户无法与 EMCo 就合同条款达成一致，或者由于其他原因而最终放弃该项目，而详尽的能耗调研工作证实了项目建议书中预期的节能量，那么 EMCo 在详尽的能耗调研过程中的费用应由客户支付。上述节能服务项目开发商务谈判的工作步骤仅为指南性质。对于具体的项目，其工作程序可能会根据实际情况加以调整。

2. EMCo 实施节能服务合同的一般工作程序

实施节能服务合 EMCo 通过谈判，获得一项节能服务项目合同后，随后的工作就是具体实施该项目合同。EMCo 实施节能服务合同的一般工作程序如下。

（1）对耗能设备进行监测。在某些情况下，需对要改造的耗能设备进行必要的监测工作，以建立节能项目的能耗"基准线"。这一监测工作必须在更换现有耗能设备之前进行。

（2）工程设计。EMCo 组织进行节能项目所需要的工程设计工作。并非所有的节能项目都需要有这一步骤，如照明改造项目。

（3）建设和安装。EMCo 按照与客户双方协商一致的工作进度表，建设项目和安装合同中规定的节能设备，确保对工程质量的控制，对所安装的设备作详细的记录。

（4）项目验收。EMCo要确保所有的更新改造设备按预期目标运行，培训相关人员对新设备进行管理和操作，向客户提交记载所作设备变更的参考资料，并提供有关新设备的详细资料。

（5）监测节能量。根据合同中规定的监测类型，完成需要进行的节能量监测工作。监测工作要求可能是间隔的、一次性的或是连续性的。

（6）项目维护。EMCo按照合同的条款，在项目合同期内，向客户提供所安装设备的维护服务。此外，EMCo应与客户保持密切联系，以便对所安装设备可能出现的问题进行快速诊断和处理，同时继续优化和改进所安装设备的运行性能，以提高项目的节能量及其效益。

（7）分享项目产出的节能效益或者以约定方式收回项目资金。

第五节　合同能源管理项目的风险和对策

一、风险来源和类型

节能服务公司应了解合同能源管理项目的各种类型风险。通常一个合同能源管理项目可能具有的风险可分为外部风险和内部风险两大类。

（一）外部风险

宏观政治、经济、社会环境的变化，可能会引起相应的外部风险。

1. 政治与法律风险

国家政局的稳定、政策的连续性会有利于企业的发展。国家的总体经济发展规划、区域发展规划和产业发展规划也会极大地影响EMC，凡与规划方向相一致的创新活动往往容易得到国家财政、信贷、税收等支持。同样，新的法律法规如环保法、质量法、税法、产品责任法、劳动法等的发布实施及政策的调整，可能对合同能源管理项目带来风险。

2. 经济环境风险

经济周期、利率、汇率、货币供给、通货膨胀等宏观经济因素会给企业带来经济环境风险。国家经济形势的好坏会影响企业的绩效，反映在市场需求和购买力状况，企业融资成本、融资方式，能源价格波动（如电价波动）等方面，直接影响项目投资回收。

3. 社会与文化环境风险

泛指一切社会和文化因素，如教育水平、生活方式、宗教信仰等等引发的合同能源管理风险。

（二）内部风险

内部风险按一个合同能源管理项目可能具有的风险根据来源不同可再分为客户风险和项目自身风险两大类。

1. 客户风险

客户风险是合同能源管理项目实施过程中最重要的风险，因为它比技术风险更难以把握。根据国内的经验，许多项目的可行性评价为优良，实际运行中的节能效益也很显著，但节能服务公司却最终难以实现预期的收益，其中很大程度是由于客户原因所致。因此，我们对这种风险要引起足够重视。通常，客户风险主要有以下三种。

（1）客户的信用风险。客户信用状况好坏，是否会按合同如期付款，在与客户合作之前，必须注重对其信用状况进行考察。

（2）客户的生产风险。合同能源管理的项目一般为技术改造项目，项目本身依附于原有生产线，如果客户的生产线出现停产等重大变故，对项目本身的影响将是致命的。或者客户由于经营不善，盈利能力下降，预计的节能量及效益就会下降，从而导致节能服务公司的利润下降。另外，客户还有可能由于卷入法律纠纷而发生风险。如客户由于从事非法经营、或其他重大问题而导致停业或关闭，致使节能服务公司遭受损失。

（3）合同风险。节能服务公司与客户签订的合同往往不是非常完善，对一些细节规定得不够详尽。即使签订和同时做了周密的考虑，也难免出现意象不到的情况。合同的不完善往往导致在合同执行过程中及合同纠纷解决时存在着大量的风险。

2. 项目自身风险

通常，项目自身风险主要有以下五种。

（1）技术风险。技术风险一般是指节能技术或者产品本身是否能够达到预期的性能指标或者节能效果。把握技术风险依靠节能服务公司对节能技术的深入了解和丰富的工程实践经验。

（2）项目实施风险。对于项目涉及在原有生产系统上进行比较复杂改造的情况，施工质量至关重要，其可能直接影响项目的节能效果。有些节能改造项目施工时要求原有生产线全部或者部分停产，工期延误给业主造成的损失可能是巨大的，以至于节能服务公司无力承担。

（3）市场风险。包括市场需求风险和市场竞争风险。

（4）节能量风险。节能量受众多因素影响，很难准确把握。如果对节能量预测不准，导致项目实施后实际产出的节能量比预期的低得多，节能服务公司将无法收回投资和利润。此外，评估机构的权威性和公认性是否足够，以及节能服务公司、评估机构和客户三方对评估标准和内容认可的一致性也存在着风险。

（5）投资回报风险。影响因素有：确定效益分成或固定回报的详细比例和期限、客户的支付能力、政策变化、体制改革、领导更换等。

二、降低风险的方法

在项目实施前认真评估项目的风险至关重要。若发现项目风险较高，就应设法降低项目风险，若采取措施后，项目的风险仍不可接受，节能服务公司就应该放弃该项目，转而寻求其他风险低、回报高的项目。减少有关风险的方法有以下几种。

1. 详细收集客户信息，认真评价客户信用

客户评价主要包括基本情况评价、财务状况评价和重大事项了解三项。

节能服务公司必须确保客户的业务状况良好，财务制度健全，会按项目的节能量支付给节能服务公司应分享的比例。因此，节能服务公司从一开始就应通过多种渠道对客户进行全面了解，通过银行、其他客户、客户上级主管部门、客户的客户等去了解客户的各方面情况。需了解的客户情况包括：客户的资信、技术期望值、决策层、发展前景、后续项目的可能性等。并与客户单位的各级领导和有关部门保持联络，随时获得他们对项目的反馈意见，以便改进工作；同时避免因客户单位机构改革和人员变动带来的风险。

评估客户的信用可借用银行的信用评估系统，剔除信用不良的客户，对客户群进行正确评价和细分。同时，向与客户有业务往来的其他单位核实客户的信用情况。如向客户的原设备供应商、合作单位等核实。

在对客户进行信用评估时，节能服务公司内部负责相关项目的人员应回避，因为他们的评估意见可能不够客观。

2. 客户筛选

在对客户进行详细的评价基础上，尽可能地选择优良的客户。这类客户应是真正有节能潜力，而且真诚地愿意与节能服务公司合作，而不是由于急需使用资金或出于其他目的。

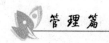

3. 签订完善的合同

目前来看，这方面的风险还是比较高的。要力争将风险控制在合同上，通过合同的约束来保障项目的正常执行，以保证节能服务公司正常地收回应得的收益。

4. 分散风险

为避免项目风险都集中在节能服务公司身上，应尽可能分散风险。如由客户投入部分项目所需资金，以减少节能服务公司资金投入量；邀请设备制造商共同参与实施节能项目，用节能效益分期偿还设备费用等方式。

5. 降低建设风险

如果项目不能按质按时完成，导致工期延误，一方面会给客户造成巨大的停产损失；另一方面，节能服务公司的贷款利息就会增加，其他费用也可能会增加。降低这种风险的方法有：①在制定施工进度表之前确定各有关设备的交付日期；②仔细地计划施工步骤，让客户方面相关的管理人员和操作人员介入这一过程，以便他们能指出潜在的施工问题；③让节能服务公司的项目经理对项目施工全面负责；④在施工进度表中留有一定的时间余量，以防可能发生的工期延迟。

6. 降低设备和技术风险

节能服务公司要掌握节能设备和技术的性能，确保使用技术成熟、性能可靠、有成功实用案例的产品，降低设备和技术风险。

7. 降低财务风险

节能服务公司应成为项目成本分析的专家，这是取得项目利润的重要前提。降低财务风险的方法是：不要忽视项目中发生的各种杂费，它们累计起来很可观。明确可能的"附加"成本，应让客户清楚地理解这些都是项目的额外成本。

8. 降低节能量风险

这是节能服务公司容易犯错误的地方，降低这种风险的方法有：

（1）对项目改造前能耗进行实地测量，避免主观假定。为节能量的计算误差留出余地，确定合理的误差幅度。

（2）对项目的节能量进行连续地监测，密切注视项目实施后未达到预期节能量的早期迹象，以便及时采取补救措施。

9. 降低投资回报风险

这部分风险影响因素很多，而且难以意料，需要全面认真考虑。在项目开始前，节能服务公司应结合客户的详细状况制定详尽可行的风险管理方案，确保按计划收回项目投资和应分享的效益。

第六节　合同能源管理财政资金奖励

为了支持推行合同能源管理，促进节能服务产业发展，财政部专门制定了《合同能源管理财政奖励资金管理暂行办法》对合同能源管理项目给予适当的奖励。办法对合同能源管理项目财政奖励的对象和范围、奖励条件、奖励方式和标准以及资金监督管理和处罚作出了明确规定。

一、总则

第一条　根据《国务院办公厅转发发展改革委等部门关于加快推行合同能源管理促进节能服务产业发展意见的通知》（国办发〔2010〕25号），中央财政安排资金，对合同能源管理项目给予适当奖励（以下简称"财政奖励资金"）。为规范和加强财政奖励资金管理，提高资金使用效益，特制定本办法。

第二条　本办法所称合同能源管理，是指节能服务公司与用能单位以契约形式约定节能目标，节能服务公司提供必要的服务，用能单位以节能效益支付节能服务公司投入及其合理利润。本办法支持的主要是节能效益分享型合同能源管理。

节能服务公司，是指提供用能状况诊断和节能项目设计、融资、改造、运行管理等服务的专业化公司。

第三条　财政奖励资金由中央财政预算安排，实行公开、公正管理办法，接受社会监督。

二、支持对象和范围

第四条　支持对象。财政奖励资金支持的对象是实施节能效益分享型合同能源管理项目的节能服务公司。

第五条　支持范围。财政奖励资金用于支持采用合同能源管理方式实施的工业、建筑、交通等领域以及公共机构节能改造项目。已享受国家其他相关补助政策的合同能源管理项目，不纳入本办法支持范围。

第六条　符合支持条件的节能服务公司实行审核备案、动态管理制度。节能服务公司向公司注册所在地省级节能主管部门提出申请，省级节能主管部门会同财政部门进行初审，汇总上报国家发展改革委、财政部。国家发展改革委会同财政部组织专家评审后，对外公布节能服务公司名单及业务范围。

三、支持条件

第七条　申请财政奖励资金的合同能源管理项目须符合下述条件：

（一）节能服务公司投资 70% 以上，并在合同中约定节能效益分享方式；

（二）单个项目年节能量（指节能能力）在 10 000 吨标准煤以下、100 吨标准煤以上（含），其中工业项目年节能量在 500 吨标准煤以上（含）；

（三）用能计量装置齐备，具备完善的能源统计和管理制度，节能量可计量、可监测、可核查。

第八条 申请财政奖励资金的节能服务公司须符合下述条件：

（一）具有独立法人资格，以节能诊断、设计、改造、运营等节能服务为主营业务，并通过国家发展改革委、财政部审核备案；

（二）注册资金 500 万元以上（含），具有较强的融资能力；

（三）经营状况和信用记录良好，财务管理制度健全；

（四）拥有匹配的专职技术人员和合同能源管理人才，具有保障项目顺利实施和稳定运行的能力。

四、支持方式和奖励标准

第九条 支持方式。财政对合同能源管理项目按年节能量和规定标准给予一次性奖励。奖励资金主要用于合同能源管理项目及节能服务产业发展相关支出。

第十条 奖励标准及负担办法。奖励资金由中央财政和省级财政共同负担，其中：中央财政奖励标准为 240 元/吨标准煤，省级财政奖励标准不低于 60 元/吨标准煤。有条件的地方，可视情况适当提高奖励标准。

第十一条 财政部安排一定的工作经费，支持地方有关部门及中央有关单位开展与合同能源管理有关的项目评审、审核备案、监督检查等工作。

五、资金申请和拨付

第十二条 财政部会同国家发展改革委综合考虑各地节能潜力、合同能源管理项目实施情况、资金需求以及中央财政预算规模等因素，统筹核定各省（区、市）财政奖励资金年度规模。财政部将中央财政应负担的奖励资金按一定比例下达给地方。

第十三条 合同能源管理项目完工后，节能服务公司向项目所在地省级财政部门、节能主管部门提出财政奖励资金申请。具体申报格式及要求由地方确定。

第十四条 省级节能主管部门会同财政部门组织对申报项目和合同进行审核，并确认项目年节能量。

第十五条 省级财政部门根据审核结果，据实将中央财政奖励资金和省级财政配套奖励资金拨付给节能服务公司，并在季后 10 日内填制《合同能源管理财政奖励资金安排使用情况季度统计表》（格式见附1），报财政部、国家发展改革委。

第十六条 国家发展改革委会同财政部组织对合同能源管理项目实施情况、节能效果以及合同执行情况等进行检查。

第十七条 每年2月底前，省级财政部门根据上年度本省（区、市）合同能源管理项目实施及节能效果、中央财政奖励资金安排使用及结余、地方财政配套资金等情况，编制《合同能源管理中央财政奖励资金年度清算情况表》（格式见附 2），以文件形式上报财政部。

第十八条 财政部结合地方上报和专项检查情况，据实清算财政奖励资金。地方结余的中央财政奖励资金指标结转下一年度安排使用。

六、监督管理及处罚

第十九条 财政部会同国家发展改革委组织对地方推行合同能源管理情况及资金使用效益进行综合评价，并将评价结果作为下一年度资金安排的依据之一。

第二十条 地方财政部门、节能主管部门要建立健全监管制度，加强对合同能源管理项目和财政奖励资金使用情况的跟踪、核查和监督，确保财政资金安全有效。

第二十一条 节能服务公司对财政奖励资金申报材料的真实性负责。对弄虚作假、骗取财政奖励资金的节能服务公司，除追缴扣回财政奖励资金外，将取消其财政奖励资金申报资格。

第二十二条 财政奖励资金必须专款专用，任何单位不得以任何理由、任何形式截留、挪用。对违反规定的，按照《财政违法行为处罚处分条例》（国务院令第427号）等有关规定进行处理处分。

七、附则

第二十三条 各地要根据本办法规定和本地实际情况，制定具体实施细则，及时报财政部、国家发展改革委备案。

第二十四条 本办法由财政部会同国家发展改革委负责解释。

第二十五条 本办法自印发之日起实施。

节 能 量 测 量 与 验 证

第一节 概　　述

合同能源管理投资收益来自"节能量"，能源服务公司、设备销售商、项目开发商以及金融机构均需依靠其所实施或投资的技术和设备创造的"节能量"来取得投资收益。节能服务行业的蓬勃发展迫切地需要一个公认的标准来衡量节能项目的实施效果，在这种背景下，能效测量与验证服务逐渐兴起。

节能量审核机构是专门测试和评估节能项目的节能量的机构，由国家指定具备相关资质的单位承担。一般，节能量审核机构必须是具有独立承担法律责任能力的法人主体，具有政府计量认证（CMA）或国家实验室认可（CNAS）的节能检测资质。一般要求其具备节能量审核相关项目的检测能力，并具有丰富的节能检测经验。

节能量审核工作一般按照以下基本程序进行：首先，被改造单位或节能服务公司与选定的节能量审核机构签订委托协议；其次，节能量审核机构依据相关标准制定审核方案，开展节能量检测、审核工作；最后，节能量审核机构出具节能量审核报告。

关于节能量测试工作，一般有以下常用基本概念：

（1）节能量（Energy Savings），指节能措施实施后，用能单位或用能设备、环节能源消耗减少的数量。

（2）基期（Baseline Period），指项目实施节能措施前，用于确定改造项目能耗基准的时间段。

（3）统计报告期（Report Period），指用于确定改造项目节能量的实施节能措施后的时间段。

（4）能耗基准（Energy Consumption Baseline），指基期内，用能单位或用能设备、环节的能源消耗数量。

（5）校准后能耗基准（Adjusted Energy Consumption Baseline），指统计报告期内，根据能耗基准及设定条件预测得到的、不采用节能措施时可能发生的能源消耗。

（6）统计报告期能耗（Reported Energy Consumption），指统计报告期内，用能单位或用能设备、环节的能源消耗数量。

（7）项目边界（Boundaries of Project），指确定项目节能措施影响的用能设备或系统的范围和地理位置界限。

第二节　节能量测量与验证一般原则

节能量测量与验证是一个利用测量方法来证明能源管理项目在设施单位内达到实际节能量的过程。节能量不能直接测量，因为它们是通过减少能耗的形式表现出来的。因此，节能量只能通过比较某个节能项目执行前后的能耗量，并根据不同条件的变化，作适度的调整而确定。

节能量测量审核工作应当遵循客观独立、公平公正、诚实守信、实事求是的原则，采用现场测量和数据统计相结合的审核方法。一般具有以下特点。

（1）精确度。节能量测量报告应该尽可能的精确。并且要求节能量测量的成本，与节能量的估值相比，是很小的一部分。

（2）完整度。节能量报告应考虑项目的所有影响，应以测量手段来量化显著的影响，其余的影响可作估量。

（3）保留性。对不确定数据的判断，测量程序应对节能量作较保守的处理。

（4）相关性。对于节能量的确定，应该测量比较重要的影响参数，而估量参数。

项目节能量只限于通过技术改造、改进生产工艺、更换高效设备等方式，提高设备能源利用效率、降低能源消耗等途径实现的能源节约，不包括扩大生产能力、调整产品结构等途径产生的节能效果。

对除技术改造以外影响系统能源消耗的因素应加以分析计算，并根据其影响大小相应地修正节能量。如原材料构成、产品种类与品种构成、产品产量、质量、气候变化、环境控制及用户需求改变等因素对系统能源消耗的影响。

项目实际使用能源应以用能单位实际购入能源的实测发热量为依据并折算为标准煤，不能实测的可参考附表中推荐的平均发热量进行折算。

对利用废弃能源资源的节能项目（如余热余压利用项目）的节能量，由最终转化形成的可用能源量确定。

第三节　节能量测量与验证过程

节能量测量的对象一般是一个复杂用能系统的一部分经过技术改造后的节能效果，由于涉及与原有生产工艺以及各个工序之间的相互影响及联系，其过程是比较复杂的，因此，科学组织检测程序必将事半功倍。

一般地，节能量检测按照以下程序进行。

（1）划定项目边界及条件。项目边界应包括所有影响项目能源消耗状况的设备和设施（包括附属设备、设施）。

（2）选择测量和验证方法。

（3）确定基期及统计报告期长度。项目基期、统计报告期应覆盖项目的典型工况，统计报告期单元长度应与基期对应。

（4）收集、测量能耗基准数据，并加以记录分析，合理确定进行节能技术改造前的平均能耗水平。

（5）编制测量和验证方案。测试方案要根据现场实际情况指定，具有较强的可操作性。

（6）安装、调试测量方案所需的专门仪器设备。

（7）测量统计报告期能耗、运行状况等有关数据，并加以记录分析。

（8）根据测量和验证方案计算和验证节能量，分析节能量的不确定性，必要时对项目的能耗基准进行调整。

（9）编写节能量评测报告，最终确认节能量。

第四节　节能量确定和监测方法及其报告

一、节能量确定和监测方法

为了对节能项目产生的节能量进行量化和统计，国家发展改革委和国家财政部联合下发了《节能项目节能量审核指南》（发改环资〔2008〕704号），其中专门制定了《节能量确定和监测方法》，并提供了《节能量测量报告样式》，可以作为计算项目节能量的指导。

节能量确定和监测方法

（一）适用范围

本方法适用于节能项目（简称项目）节能量的计算和监测。

（二）节能量确定原则

（1）本方法所称的节能量是指项目正常稳定运行后，因用能系统的能源利用效率提高而形成的年能源节约量，不包括扩大生产能力、调整产品结构等途径产生的节能效果。若无特殊约定，比较期间为一年。

（2）节能量确定过程中应考虑节能措施对项目范围以外能耗产生的正面或负面影响，必要时还应考虑技术以外影响能耗的因素，并对节能量加以修正。

（3）项目实际使用能源应以受审核方实际购入能源的测试数据为依据折算为标准煤，不能实测的可参考附表中推荐的折标系数进行折算。

（4）对利用废弃能源资源的节能项目（工程）（如余热余压利用项目等）的节能量，根据最终转化形成的可用能源量确定。

（三）节能量确定方法

项目节能量等于项目范围内各产品（工序）实现的节能量之和扣除能耗泄漏。单个产品（工序）的节能量可通过计量监测直接获得，不能直接获得时，可以通过单位产量能耗的变化进行计算确定，步骤如下：

1. 确定单个产品（工序）节能量计算的范围

与此产品（工序）直接相关联的所有用能环节,即是单个产品（工序）节能量计算的范围。

2. 确定单个产品（工序）的基准综合能耗

项目实施前一年单个产品（工序）范围内的所有用能环节消耗的各种能源的总和（按规定方法折算为标准煤），即为此产品（工序）的基准综合能耗。如果前一年能耗不能准确反映该产品（工序）的正常能耗状况，则采用前三年的算术平均值。

3. 确定单个产品（工序）的基准产量

项目实施前一年内，单个产品（工序）范围内相关生产系统产出产品数量为此产品（工序）的基准产量。全部制成品、半成品和在制品均应依据国家统计局（行业）规定的产品产量统计计算方法，进行分类汇总。如果前一年产量不能准确反映该产品（工序）的正常产量，则采用前三年的算术平均值。

4. 计算单个产品（工序）的基准单耗

用项目实施前单个产品（工序）的基准综合能耗除以基准产量，计算出基准单耗。

5. 确定项目完成后单个产品（工序）的综合能耗、产量和单耗按照相同方法，统计计算出项目完成后一年的单个产品（工序）的综合能耗、产量和单耗。

6. 计算单个产品（工序）节能量

项目实施前后单个产品（工序）单耗的差值与基准产量的乘积，为单个产品（工序）节能量。

7. 估算能耗泄漏

综合考虑其他因素对项目能消耗的影响及项目实施对项目范围以外的影响，估算出能耗泄漏（扣减或增加）。

8. 确定项目节能量

项目范围内各产品（工序）的节能量之和扣除能耗泄漏，得到项目所实现的节能量。

（四）节能量监测方法

受审核方应建立与项目相适应的节能量监测体系、监测方法和计量统计的档案管理制度，以确保项目实施过程中和建成后，可以持续性地获取所有必要数据，且相关的数据计量统计能够被核查。

其中监测方法应符合 GB/T 15316《节能监测技术通则》的要求，监测设备应符合 GB 17167《用能单位能源计量器具配备与管理通则》的要求。

二、节能量测量报告样式

××项目节能量测量报告

（一）受测量方及项目简介

1. 受测量方基本情况（性质、主要产品、生产流程、产值、用能情况等）

2. 受测量项目的工艺流程及其重点耗能设备在生产中的作用

3. 受测量项目拟投资情况

（二）测量过程描述

1. 测量的部门及活动

2. 测量的时间安排

3. 测量实施

（三）项目实施前（后）的能源利用情况

1. 项目实施前（后）的生产情况

2. 项目实施前（后）的能源消费情况

3. 重点用能工艺设备情况

4. 项目实施前（后）能量平衡表

（四）节能技术措施描述

1. 技术原理或工艺特点

2. 技术指标

3. 节能效果

（五）项目节能量监测

1. 能源计量器具配备与管理

2. 能源统计与上报制度

3. 重点用能工艺设备运行监测

（六）预期（实际）节能量

1. 确定方法选用

2. 节能量确定

（七）报告附件

1. 项目节能量测量委托材料

2. 项目节能量测量计划____页

3. 项目节能量测量人员名单

项目节能量测量简表

测量项目	名称		所属单位	
	地址		电话	
测量组组成	组长		所在机构	
	成员		所在机构	
	成员		所在机构	
测量日期	年　　月　　日			
测量目的	（1）评价项目实施前能源利用情况和预期节能量。 （2）评价项目实施后实际节能量。			

续表

测量技术指标	名　称	项目实施前	项目实施后
	综合能耗		
	产品产量		
	单位产品能耗		
	项目年节能量		
测量结论	受测量方提出的项目实施前（后）的能源消耗为　　　　t 标准煤，预期（实际）节能量为　　　t 标准煤。 经测量,××项目实施前（后）的能源消耗为　　　t 标准煤，预期（实际）节能量为　　　t 标准煤。 项目预期目标与实际效果之间产生差距的原因是： 受测量方法人代表：＿＿＿＿＿＿＿＿＿＿＿＿＿ 受测量方公章：＿＿＿＿＿＿＿＿＿＿＿＿＿＿＿ 测量组长:＿＿＿＿＿＿＿＿＿＿＿＿＿＿＿＿＿ 测量员:＿＿＿＿＿＿＿＿＿＿＿＿＿＿＿＿＿＿		
测量报告 发放范围			

第五节　能效测试仪器

能效服务产业的服务对象主要为工矿企业、住宅建筑、公共设施等的用能环节，一般现场工作环节和设施条件较为恶劣，因此用于现场能效诊断咨询的测试设备要求便于携带、适合户外运输安装、示数清晰易读、供电方便。本章主要介绍常用测试设备。

一、电气参数测量

电气参数的测量首要条件是确保安全，不产生人身伤害、不损坏设备。

电气参数主要有电压、电流、功率、电量等。主要设备有智能电表、电能质量分析仪、功率分析仪及万用表等其他日常常用的仪表。

测量电功率及电能量前，首先需要确保接线正确，可使用带矢量分析功能的测量仪器检查电压导线和电流钳夹是否正确连接。在矢量图中，当依照图 6-1 所示实例顺时针观察时，各相的电压和电流相位关系应依次出现。如果矢量图显示接线不正确，检查电压导线和电流钳夹接线，找出原因更改接线，并再次用矢量图查看接线是否正确。

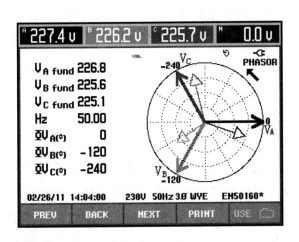

图 6-1   正确接线方式下的三相矢量图

（一）智能电能表

电参数测量最经济最普遍的测试设备为电能表，电能表分为感应式和电子式两大类。

感应式电能表采用电磁感应的原理把电压、电流、相位转变为磁力矩，推动铝制圆盘转动，圆盘的轴（蜗杆）带动齿轮驱动计度器的鼓轮转动，转动的过程即是时间量累积的过程。因此感应式电能表的好处就是直观、动态连续、停电不丢数据。

电子式电能表运用模拟或数字电路得到电压和电流向量的乘积，然后通过模拟或数字电路实现电能计量功能。由于应用了数字技术，分时计费电能表、预付费电能表、多功能电能表以及智能电表等已经在各生产领域得到普遍应用，满足了社会各界科学用电、合理用电的需求。

智能电能表和多功能电能表可以满足实施峰谷分时电价的需要，可按预定的峰、谷、平时段的划分，分别计量高峰、低谷、平段的用电量，从而对不同时段的用电量采用不同的电价，发挥电价的调节作用，鼓励用电客户调整用电负荷，移峰填谷，合理使用电力资源，充分挖掘发、供、用电设备的潜力。

智能电能表和多功能电能表一般具有通信功能，可通过远程自动集中抄表系统采集电量等诸多电参数。

电能表的准确度等级一般划分为 0.5 级、1 级和 2 级。0.5 级表示电能表的误差不超过±0.5%；1 级表示电能表的误差不超过±1%；2 级表示电能表的误差不超过±2%。

使用电能表时要注意，在低电压（不超过 500V）和小电流（几十安培）的情况下，电能表可直接接入电路进行测量。在高电压或大电流的情况下，电能表不能直接接入线路，需配合电压互感器或电流互感器使用。对于直接接入线路的电能表，要根据负载电压和电流选择合适规格的，使电能表的额定电压和额定电流，等于或稍大于负载的电压或电流。

（二）电能质量分析仪

目前市场上有多款电能质量分析仪，主要型号 Fluke435、CA8335、H3197、EG4000、MI2492 等。这里以 Fluke435 型电能质量分析仪为例介绍其主要功能。Fluke435 型电能质量分析仪能够测量交流三相系统或单相系统的电压、电流、频率、功率、电能量、不平衡和闪变、谐波和间谐波、捕捉象骤升骤降这些事件、瞬变、中断和快速电压变化等项目。基于这些测量监测功能用户可更快、更安全、精确判定电能质量问题，预测、防止和排障三相和单相配电系统故障。设备体积小巧便于携带，安全等级达到 600V CAT IV/1000V CAT III标准，其外观图和测量界面见图 6-2。

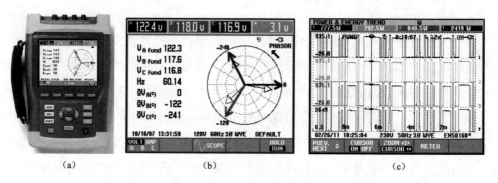

（a）　　　　　　　（b）　　　　　　　（c）

图 6-2　Fluke435 型电能质量分析仪外观图和测量界面
（a）外观图；（b）、（c）测量界面

Fluke435 型电能质量分析仪电压测量范围为交流 0～1000V（电压峰值 6kV）；电流测量范围为交流 0～3000A；4 通道同步采样，最高采样速度 200kS/s。测量电流时可配备不同量程等级的电流钳，提高测量准确度。目前 Fluke 公司开发的可与其配套的电流钳主要型号有 i5s、i200s、i400 和 i430 flex。i5s 型电流钳主要测量电流互感器二次电流或 5A 以下小电流，为开口钳式结构；i430 flex 型电流钳主要测量30～3000A 的大电流，俗称柔性电流钳，为开口式结构，见图6-3。

（a） （b）

图 6-3 电流钳

（a）i5s 型；（b）i430 flex 型

Fluke435 型电能质量分析仪的主要功能见表 6-1。

表 6-1 Fluke435 型电能质量分析仪主要功能

测量模式	屏幕类型	测量结果表示方法
SCOPE 模式		
示波器波形	波形	示波器显示电压/电流及数值
示波器相量	矢量图	电压/电流相位关系及数值
Menu 测量菜单		
V/A/Hz	计量屏幕	数值：电压、电流、频率及波形因数
	趋势图	计量屏幕中的数值相对于时间的趋势
骤升与骤降	趋势图	相对于时间的快速更新趋势图：电压/电流
	事件表	记录违反极限值的事件：标准/详细表格可用
谐波	条形图	电压/电流/功率谐波、谐间波、总谐波失真（THD）、DC
	计量屏幕	一组谐（间）波的数值
功率与能量	计量屏幕	数值：有功功率/视在功率/无功功率/功率因数/位移功率因数/电压/电流/能量使用量，能量计输出脉冲计数
	趋势图	计量屏幕中的数值相对于时间的趋势
闪变	计量屏幕	数值：短时间/长时间闪变，Dc，Dmax，TD
	趋势图	计量屏幕中的数值相对于时间的趋势
不平衡	计量屏幕	数值：电压/电流不平衡（相对读数 %，绝对读数）、基相电压/电流、相角
	趋势图	表格中的数值相对于时间的趋势
	矢量图	电压/电流相位关系及数值

测量模式	屏幕类型	测量结果表示方法
瞬态	波形	电压/电流波形及数值
浪涌电流	趋势图	记录超出可调整极限值的事件
电力线发信	趋势图	频率
	事件表	记录日期、时间、类型、电平及事件持续时间
记录器	趋势图	所选读数（最小值、最大值和平均值）相对于时间的趋势
	计量屏幕	数值：所有选定读数
	事件表	记录违反极限值的事件：常规/详细表格可用
MONITOR 电力质量监测		
主屏幕	条形图	通过开始菜单：主要电力质量量度。详细信息见功能键 F1（V rms），F2（谐波），F3（闪变），F4（骤降，干扰，快速电压变化，骤升）及 F5（不平衡，频率，电力线发信）
F1…F5	事件表 趋势图 条形图	记录违反极限值的事件：标准/详细表格可用 用 F1 选择的数据组相对于时间的趋势 F5 谐波详细条形图

（三）功率分析仪

当涉及高精度的电功率测量时，例如涉及装置转换效率、高频功率、小功率等的测量，需要使用功率分析仪。目前功率分析仪主要用来测量发动机、马达、电机、变压器等功率转换装置的电动机效率和总效率。常用的功率分析仪型号主要有 WT3000、Hioki3390、LEMD6000、PM6000 等。以 WT3000 为例介绍功率分析仪的主要功能。

WT3000 型功率分析仪是 YOKOGAWA 公司生产的产品。它有 4 个功率输入单元，具有谐波测量、电压波动闪变测量、波形运算、FFT 分析、保存波形采样数据等高级运算功能。WT3000 型功率分析仪应用示例包括鉴定电动机变频器、光伏并网逆变器等非线性功率转化单元的功率、效率、谐波等。其基本特点如下：

（1）电压量程：15～1000V。

（2）基本功率精度：读数的 0.02%+量程的 0.04%。

（3）电流量程：5mA～2A 或 1～30A，精度为 0.01%。

（4）带宽：1MHz。

（5）采样率：约 200kS/s。

（6）效率计算：4 个通道功率可同步测量，任意设置效率计算公式。

二、热工参数测量

热工参数主要有温度、压力、流量等，分别对应各种测量设备。热工参数不同于电参数，测量时受安装方式、接触面、流体介质材料等物理特性影响因素较多。

（一）温度测量

根据感温元件的不同，目前温度测量的主要方法可分为热电阻法、热电偶法、红外测温法、光导纤维测温法。

（1）热电阻和热电偶是使用最广泛最普及的接触式测量温度的温度传感器。热电阻法是根据温度敏感电阻在不同温度下阻值的不同实现温度测量。热电偶法是根据热电偶的两极金属材料接触面在不同温度下电动势的不同，实现温度测量。每种温度传感器的分度值是固定的，有现成的分度表，目前有研究人员已经把分度表做成软件供人们查询，见图6-4。常用的测试仪表型号有 TESTO435、Hioki8421 等，每种仪表配置不同的温度传感器实现不同范围的温度测量。

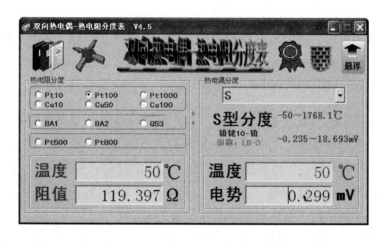

图 6-4　热电阻和热电偶分度表查询软件

（2）红外测温法是采用红外技术快速方便地测量物体的表面温度。检查钢铁、玻璃、塑料、水泥、造纸、食品及饮料工艺过程中的变压器、配电盘、连接器、开关装置、旋转设备、炉子、加热或冷却系统、供风/回风风门性能。目前 Fluke 公司推出的 Ti32 型仪器在业界应用广泛。

自然界任何物体都向周围环境辐射红外能量，均具有反射、透射和辐射能量，见图 6-5。红外测温仪或热热像仪测量表面温度时，会感受全部三种能量，因而所有测温仪均必须调节以只读出辐射的能量。测量误差通常由反射光源的能量造成。

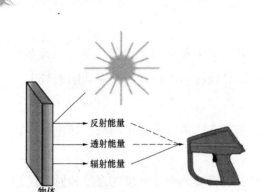

图 6-5　物体的反射、透射和辐射能量及其测量

红外测温仪和热热像仪允许更改仪器的辐射系数。一般预定的辐射系数0.95,该辐射系数适用于大多数有机材料和油漆或氧化处理的表面。如果使用有固定辐射系数的测温仪或热热像仪测量光亮物体的表面温度,可用遮盖胶带或哑光黑漆将待测表面盖住予以补偿。花些时间等待胶带或油漆达到与下面的材料相同的温度。测量盖有胶带或油漆的表面温度。这才是真实的温度。

红外测温仪只测量表面温度,不能测量内部温度。不能通过玻璃进行温度测量。玻璃、亮或抛光金属表面的反射和透射对红外温度测量影响很大,建议不要用红外测温仪测量。

(3)虽然热电偶、热电阻及辐射温度计等的技术已经成熟,但是只能应用于传统的场合。当处在复杂电磁环境中时,这些测温传感器就会受到干扰、无法工作。光导纤维(简称光纤)自 20 世纪 70 年代问世以来,随着激光技术的发展,从理论和实践上都已证明它具有一系列的优越性,光纤在传感技术领域中的应用也日益受到广泛重视。光纤传感器是一种将被测量的状态转变为可测的光信号的装置。它是由光耦合器、传输光纤及光电转换器等三部分组成。目前已有用来测量压力、位移、应变、液面、角速度、线速度、温度、磁场、电流、电压等物理量的光纤传感器问世,解决了传统方式难以解决的测量技术问题。

利用光纤光栅技术发展起来的光纤光栅传感网络具有很多独特的技术和应用优势,具体包括:

1)全光测量及远距离测量(可超过 45km),不受电磁干扰。

2)准分布式测量:单根光纤可以串接几十个光纤光栅传感器,只需占用解调设备(传感网络分析仪)的一个通道。

3)可以与光纤通信网络融合,适合在广阔的地域组网。

4)测量精度高:测温精度±0.5℃,测温分辨率 0.1℃;测量应变分辨率 1με。

5)实时性好:在大规模网络中,所有监测点的单次测量时间最快小于 10ms。

6)传感器检出量是波长信息,属于"数字"量,因此不受接头损失、光缆弯曲损耗等因素的影响,对环境干扰不敏感。

迅捷光通、蔚蓝仕、Micron Optics、安捷伦，NI 等公司都推出了光纤测温仪。Micron Optics 公司提出的光纤测温系统解决方案见图 6-6，其应用领域宽广。

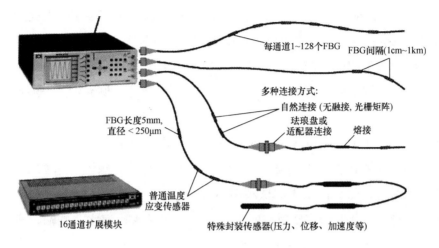

图 6-6　光纤测温（传感）系统

（二）流量测量

在能效咨询及诊断过程中，各种流体的流量一直是一个很重要的参数。例如，为了测试供暖或制冷系统的经济运行水平及系统运行状态，需要检测各供回水管道及循环泵的流量。流量检测仪表室节约能源、提高经济效益的重要工具。下面主要介绍流量测量基本知识和常用流量仪表。

流量是指单位时间内流体（气体、液体或固体颗粒）流经管道或设备某处横截面的数量，又称瞬时流量。当流体以体积表示时称为体积流量，当流体以质量表示时称为质量流量。另外，把流量按时间累积后可得累积流量。

流量测量方法可以归纳为以下几类：①利用伯努利方程原理，通过测量流体差压信号来反映流量的差压式流量测量法；②通过直接测量流体流速来得出流量的速度式流量测量方法；③利用标准小容积来连续测量流体的容积式流量；④以测量流体质量流量为目的的质量流量测量方法。

一般工业企业、住宅建筑、公共设施等的流量测量元件多以差压式流量计为主，在流体管路上固定安装。能效测量仪表如果用于长期监测，建议采用测量元件固定式安装的方案，测量准确、成本低；如果只是短期安装测试，可以选用便携式超声波流量计，携带方便、安装简单。

超声波测量流量的原理有传播速度法、多普勒法、波束偏移法、噪声法、相关法、流速-液面法等多种方法。便携式超声波流量计一般基于多普勒效应测量流量。

113

根据多普勒效应，当声源和观察者直接有相对运动时，观察者所感受到的声频率将不同于声源所发出的频率。这个频率的变化与两者之间的相对速度成正比。超声波流量计由超声波换能器、电子线路及流量显示系统组成。超声波换能器通常由锆钛酸铅陶瓷等压电材料制成，通过电致伸缩效应和压电效应，发射和接收超声波。

实际应用较多的超声波流量计主要有美国康创公司的流量计和英国梅克罗尼公司的流量计。这里以梅克罗尼公司的 PF300 型流量计为例介绍超声波流量计的应用。

PF300 型流量计以便携式仪表的方式实现夹装式测量气体流量、累计流量和标况流量，不需要在管线上切割或钻孔，安装过程简单。耐温可达 220℃。标准配置 A，B 两组传感头，基本测试精度为 1%，可以测量管径 13～1000mm 的管道。适合测量各种不超过 3%微粒的液体流量，包括水、海水、柴油、机油、饮料、化学药水、工业废水等多种液体。适合测量各种水管、油管、空调管道、化学液体管道、腐蚀性或放射性液体管道的流量。适合各种材质的管道，包括水泥、不锈钢、铁、塑胶、铜等材质的管道。适合特殊管道，例如有内衬、内外壁生锈沉淀以及外壁覆盖有水泥等功能强大。具有 53 000 个数据存储功能，带有计算机接口，数据导出方便。具有 4～20mA 标准输出。体积小，美观，外形符合人体力学,使用方便,操作简单,使用者只需要知道管道的尺寸和材质,PT300型流量计就可以检测出流速、流量、当前液体温度、当前信号强度。大屏幕液晶显示器，可同时显示当前电池电量、日期、时间等各项参数。

（三）压力测量

在现场的能效咨询测试过程中经常涉及压力系统的经济运行，因此需要现场压力测试。压力是指作用在单位面积上的力，物理学中称为压强，工程中习惯称为压力。测量压力和测力的基本方法是一样的，都是测量作用力和作用面积，或根据弹性材料的形变得到。根据压力仪表的精度、测量范围、应用场所的不同主要有：

（1）微压计。适用于差压的固定测量。

（2）差压式压力计。便携式仪表，适用于绝对压力和差压测量。

（3）压力计。便携式仪表，可以直接对压力进行读数。

（4）波纹管式、膜盒式压力计。

能效咨询测试过程中常涉及泵、风机、压缩空气系统的在线测量，被测系统不需要停机，这里以 PV350 型压力测量模块为例进行介绍。PV350 型使用一个模块可进行数字式压力和真空测量，测量 HVAC/R，液压和气体压力可达 2413kPa，测量低至 76cm Hg 的真空。通过压力管路上的压力测点接入 PV350，二次信号接入压力仪表表头（例如 F744 型过程认证校准器）。

（四）照明测量

能效咨询测试过程中照明系统的测试检查也是一项重要的内容。照明一般约占公共建筑用电负荷的 30%，节能空间与照明设备的运行时间、设备数量、有人无人状态等有关。照明系统的测量相对简单，一方面需要测量各个照明场所的照度情况，另一方面需要测量整个照明系统的电能消耗情况。电能消耗情况同电参数的测量，本节不再累述。照度测量主要采用多个照度测试仪分别对不同的照明场所进行监测，推荐使用 TES1330A，方便携带。照明系统测量的主要工作在于数据的测量和分析方面，因为照明系统中照明设备量大而且分散，一般在配电方面没有独立安装配电线路和控制系统。

（五）湿度测量

能效咨询测试过程中湿度的测量一般与温度、照度等参数一同测量，湿度测量的传统仪表主要有通风干湿表、毛发湿度计、氯化锂电阻湿度计等，TESTO435 型仪表可以同时进行温度、湿度、二氧化碳浓度的测试，且携带方便。另外 Hioki8421 型仪表也可同时进行温度、湿度的测量并且具有记录功能。

（六）空气流速测量

测量室外风速一般使用机械传动方式的转杯风速计、翼型风速计等，借助风力推动转杯或翼片转动，转动记录机构按一定时间累积求取平均值。室内空气流速较小，一般在 0.5m/s 左右，属微风速的测量。测量仪表主要有卡他温度计、热球微风仪、风量罩等。

热球微风仪仪表能够测量 30m/s 以内的风速，在建筑节能中应用较为常见。

风量罩主要用于室内集中空调的新风口、出风口等风量的测试。风量罩的设计应用了不同的传感技术，包括热电偶风力计，机械式旋转叶片风力计和微分压力计、皮托管、温度/湿度计、16 点测试速度矩阵等。风量罩的构造轻巧，尺寸符合通用标准，在其基部安装有测量汇流管。风量罩的精度一般为 5%，量程 0.125～40m/s，风量 42～4250m³/h。风量罩及其应用见图 6-7。

（七）风管漏风测量

风管漏风测试是测试通风空调中漏风量的专用设备，适用于宾馆、饭店及公用工程通风空调系统中风管、空调机、防火阀、调节阀等严密性质量的测试。目前国内已开发出专用的风管漏风测试仪。风管漏风测试仪应用文氏管的测试原理，系统集成了高速风机、变频调速系统、流量管及倾斜式微压计、杯型压力计等部分。风管漏风测试仪为通风空调风管系统的密封质量提供了有效的检测手段，能够提高空调安装质量，节约能源。

图 6-7　风量罩及其应用

（八）数据记录仪

在能效咨询测试过程中会遇到长期监测某对象的情况，因此需要使用带记录功能的测试设备，并且测试设备的记录间隔可根据测试需要进行调节。本章描述的设备一般都具有记录功能：

（1）电参数测试记录方面：Fluke435、智能电能表、Hioki3390 等。

（2）温湿度测试记录方面：Hioki8421、TESTO435。

（3）流量测试记录方面：PF300、SITRANS1010P。

（4）压力测试记录方面：PV350+F744。

三、其他参数测量

在能效咨询及诊断过程中，还会涉及一些物理环境等的测量。

（一）太阳辐射测量

太阳辐射主要分直接辐射和散射辐射。太阳的总辐射强度等于直接辐射强度与散射辐射强度之和。

直接辐射测量仪表主要有光阑、准直筒、方位调节装置、热电堆和显示仪表组成。测量时通过调节方位装置使阳光由准直管射入热电堆，产生热电动势，热电动势与太阳直射辐射强度成正比。

测量太阳散射辐射强度和总辐射强度的仪器称为总辐射表。仪器的感应主体有透光罩和感应器。感应器由多对康铜片和锰铜片组成的热电堆，其表面划分成黑白相间的棋盘式格子。太阳射入热电堆时，黑白表面产生温差，使热电堆产生热电势并与日辐射强度成正比，通过测量热电势计算太阳辐射强度。

（二）建筑围护结构热工性能测量

建筑围护结构热工性能关系到建筑是否节能，目前大多采用建筑热工法现场测量，其中最关键的一项指标是建筑围护结构的传热系数 K 值，传热系数 K 值越小，则保温性能越好。

热流计是建筑能耗测定中的常用仪表，该方法采用热流计及温度传感器测量通过构件的热流值和表面温度，通过计算得出其热阻和传热系数。当热流通过建筑物围护结构时，由于其热阻存在，在其厚度方向的温度梯度为衰减过程，使该围护结构内、外表面具有温度差，利用温差与热流量之间的对应关系进行热流量测定。

热流计法受季节限制，一般室内外温差愈大（要求必须大于 20℃），其测量误差相对越小，测试结果越准确。国际标准和美国 ASTM 标准都对热流计法作了较为详细的规定。

（三）距离测量

常用的距离测量工具主要有卷尺、皮尺、激光测距仪等工具。激光测距仪主要激光发射器、激光传感器、发射镜和接收镜等部分组成。在进行测量工作时，激光测距仪由发射镜射出一束红外线，红外线碰到目标物反射回接收镜，激光测距仪以红外线短脉冲飞逝的时间计算确定距离值。激光测距仪的量程一般为 0～2500m，精度 0.01m。

技 术 篇

第七章

供配电系统节能

第一节 概 述

一、电力节能与电量节能

《电力法》第四十一条规定："国家实行分类电价和分时电价。"另外，《供电营业规则》第四章第四十一条也提到"无功电力应就地平衡"和"功率因数调整电费办法按国家规定执行。"加之对于较大型用户执行的"两部制电价"（基本容量或需量电费和电量电费），我国两部制电费及功率因数调整电费见图7-1。

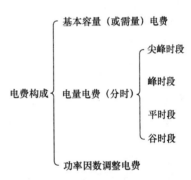

图 7-1 我国两部制电费及功率因数调整电费

供配电系统的节能实际上包括了两个方面，即电力节能和电量节能，见图7-2。图7-2中，峰值负荷的降低表示电力的减少量（单位 kW），而负荷曲线下方减小的面积（黑色部分）表示电量的减少量。一般来说，用户对减少电量的措施兴趣较大；而电力企业则更关注用户需量的降低，这样可以使电力企业不必额外投资增容来满足不断增长的负荷。而分时电费的政策，其意义是引导用户尽量利用低谷期的电力，而使负荷曲线在不同时段上尽量均衡化，这样，一方面可以减少发电和输电容量，另一方面也可以降低电网的损耗。同样，对于功率因数调整奖惩电费的意义，更多的在于促使用户对于无功负荷进行就地补偿，减少电网中的无功流动，从而降低电网的损耗，并提高负荷点的电压质量。

所以，无论是从电能成本，还是国家的相关电费电价政策上看，节能降损工作对于供用电双方都是有利的，是"正和关系"。

121

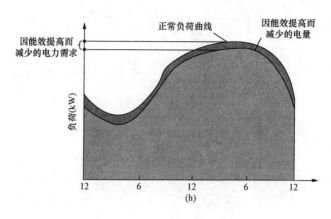

图 7-2　节能降损示意图

二、电力负荷的时段曲线

不同的负荷采样率和采样方法，对于负荷曲线的形状、精确程度及在不同规划目的下是否适用，都会有很大的影响。采样率是指测量的频率，即每小时内负荷数据记录的次数；而采样方法是指测量的是什么量，是瞬时负荷还是采样周期内的总电量。

电力系统的负荷，是指用电设备为了完成某种工作而在运行时需要同电力系统连接并从电力系统获取的电力。对用户来说，这些电力将电能转化成为他们最终可以使用的产品。实际上，用户自身需要的不是电能，而是电能所提供的产品，如压缩机压缩的空气、生产线的自动控制、需要的热水、化工行业的电解作用等。电能只不过是为实现这些终端用途而提供的手段。从供配电系统的角度来看，用电设备运行时所需的功率就是供配电系统需要满足的负荷；而用电设备的运行时间是随用户的计划和需求变化的。

用电设备的负荷一般是指标称电压下的额定功率，但用电设备的负荷一般会随着供电电压的变化而变化。通常，负荷根据用电需求变化时，功率与运行电压的关系分为三类：即恒功率、恒电流（需求与电压成正比）或者恒阻抗（电力需求与电压的平方成正比）。对某一特定用户而言，负荷可能是这三者的混合体。白炽灯、电阻型热水器、电炉和烤箱等都是恒阻抗负荷。电动机、稳压电源等是恒功率负荷，即当电压下降时，这些设备会通过引入更多的电流来补偿压降损耗，这样电压与电流的乘积仍然保持不变。除了这些真正的恒功率负荷之外，所有接在有载调压变压器上的电力系统负荷都可视为恒功率负荷。有较少的工业部门具有一类需要使用电流来驱动化学反应的设备，这类设备属于恒电流负荷，如电镀、电解等。

任何一种因终端用途而产生的电力负荷，通常都会随运行时间发生变化。不同的终端用途产生不同的需求变化，是随运行时间变化的函数，将此表述出来就是负荷曲线。电力负荷的最大值为峰荷，是电网必须输送的最大负荷。负荷曲线可以直接或间接地确定对设备容量的要求、最大负荷及其发生的时间、总电量（负荷曲线下的积分面积）以及系统峰荷时的负荷值。电力企业通常根据用户的生产活动来划分用户类型，即居民用户、商业用户、工业用户，如图 7-3 所示。

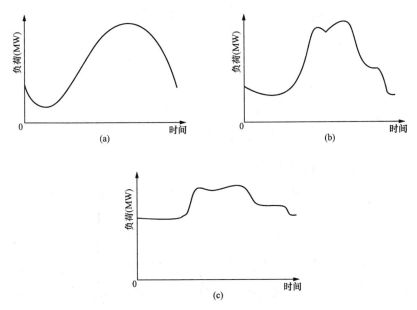

图 7-3　不同用户类型典型日负荷曲线
（a）居民；（b）商业；（c）工业

将时序的负荷曲线从最大到最小排序提取需求样本，就会得到持续负荷曲线，见图 7-4。两种负荷曲线的峰荷、最小负荷、总电量都相同，只是负荷数值以不同的序列出现在这两种负荷曲线中。持续负荷曲线通常以年度为基础绘制。记录了一年 8760h 的所有需求。

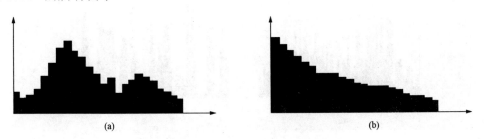

图 7-4　日负荷曲线和日持续负荷曲线
（a）日负荷曲线；（b）日持续负荷曲线

三、负荷曲线的测量和建模

负荷曲线数据的不同的收集、记录、分析及表达方式各有不同，对负荷曲线的形状、峰荷值及同时性也会产生很大的影响。给出的负荷曲线的形状也会由于负荷数据的测量方法和测量周期的不同而改变。电力负荷分析中的"需求"一般是指一段时间内电力负荷的平均值，这段时间被称为采样周期。如图 7-5 所示，需求经常在每小时的基础上进行测量，这个需求测量间隔的平均功率是通过测量间隔累积的电量值（kWh）除以采样周期得到的。

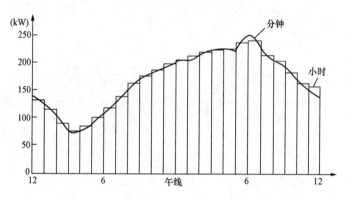

图 7-5　某动力支路典型日负荷曲线

绝大多数负荷计量表计所测量的是在各个采样周期中使用的电量，这种测量方法实际上就是积分采样。而如果采样的负荷曲线只是每个采样周期只采 1s 的数据，这样的测量不可能测到这个小时内的总电量（即平均电量），而只能测到每小时的某个瞬时值。离散瞬时采样经常会得到不规律的采样数据，从而在很大程度上造成对负荷曲线的曲解。以 15min 为采样周期，将离散瞬时采样方法应用于一开始单户家庭的负荷情况，就会得到图 7-6（b）显示的负荷曲线。自动负荷计量装置很少采用

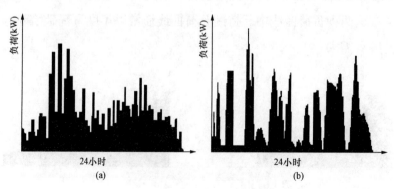

图 7-6　同一用电终端负荷的不同采样方式
（a）积分量采样；（b）瞬时量采样

离散瞬时采样，几乎所有的负荷测量装置都采用需量采样（周期积分）。但是，许多负荷数据的来源却的确是来自离散瞬时采样的，人们在收集数据时通常采取这种方法。例如，工厂电气运行人员每小时读一次电流表计后记下数据，或从记录各小时负荷的条状图中获得每小时的负荷值，都是使用这种采样方法。

第二节　供配电系统主要节能技术

一、供配电系统的损耗分析

由于供配电系统的负荷分布是实时变化的，功率损耗 ΔP 实际上是时间的函数量，所以，电网的电能损耗 ΔW 是电网功率损耗 ΔP 在某个时间周期 T 上的积分，即

$$\Delta W = \int_T \Delta P(t)\, \mathrm{d}(t)$$

供配电的功率损耗 ΔP 的主要包括变电损耗 ΔP_T 和线路损耗 ΔP_L 两部分。由于供配电系统直接为企业的终端用电设备供电，不同类型企业的主要耗能设备的用电部分也是节能降损的重点。

（一）供配电系统变压器模型

供配电系统变压器模型中，变压器总功率损耗 ΔP_T 包括铁耗 P_{Fe} 和铜损 P_{Cu} 两部分，即

$$\Delta P_T = P_{Fe} + P_{Cu}\left(\frac{U}{U_N}\right)^2 P_0 + \left(\frac{P}{S_N \lambda}\right)^2 P_k \tag{7-1}$$

式中　P_{Fe} ——励磁支路的涡流损耗；

　　　P_{Cu} ——变压器绕组的电阻损耗。

从式（7-1）中可以看出，影响能耗的各因子的影响关系及在供配电系统规划建设的不同阶段示例见表 7-1。

表 7-1　　　供配电系统变压器各能耗因子的影响关系及降损示例

阶　段	影响因子	关　系	节能降损示例
设备制造	空载损耗 P_0	固定损耗	卷铁芯、非晶合金等高型号变压器的应用
	负载损耗 P_k	正比	原低型号铝线变压器改造为铜线变压器

续表

阶 段	影响因子	关 系	节能降损示例
规划设计	额定容量 S_N	铜损为平方反比，铁损基本为正比关系	变压器规划时使其运行在经济负载率区间
运行维护	载荷 P	平方正比	变电站各主变压器的负荷均衡，削峰填谷等需求侧管理以均衡各时段负荷，尽量使变压器负载率运行于经济区间
	功率因数 λ	平方反比	电容器组投切

（二）供配电系统线路模型

供配电系统线路模型中，总功率损耗 ΔP_L 包括对地电导损耗 P_G 和线路载荷损耗 P_R 两部分，由于线路对地电导损耗主要是由于绝缘子泄漏和电晕引起，而一般的内部采用电压在 110kV 及以下，可作忽略处理；线路损耗一般就是指线路载荷损耗，其与载流量、运行电压、线路型号、传输距离以及负荷沿线分布情况有关，数学表达式为

$$\Delta P_L = 3I^2 R = \frac{P^2}{U^2 \lambda^2} \rho l / A \tag{7-2}$$

从式（7-2）中可以看出，其中影响能耗的各因子的影响关系以及在供配电系统规划建设的不同阶段示例见表 7-2。

表 7-2　　　　　供配电系统线路各能耗因子的影响关系及降损示例

阶 段	影响因子	关 系	节能降损示例
设备制造	线路电阻率 ρ	正比	铝导线换为铜导线
规划设计	线路长度 l	正比	企业变电站、变压器规划于负荷中心，减少线路曲折系数
	线路截面 A	反比	不同线径导线对应的经济电流，扩大线径
	电压 U	平方反比	高压电机 6kV 升压改造为 10kV
运行维护	载荷 P	平方正比	三相负载平衡，电器互锁削峰填谷等需求侧管理以均衡各时段负荷
	功率因数 λ	平方反比	线路无功补偿设备投切

二、变电部分节能

在变压器选型时，主要应考虑变压器的容量选择：如果变压器容量过小，造成

了过多的铜损；反之，如果容量过大，则相应增加了铁损。由此，根据变压器需要供电的载荷，根据变压器的经济负载率来反推额定容量；是供配电系统变电规划部分节能降损的重要内容。

（一）变压器经济运行

根据负荷增长情况，确定变压器容量，进行扩容。在扩容时，依据 DL/T 985—2005《变压器能效技术经济评价导则》，根据变压器的技术参数、经济参数、运行参数对其进行技术经济分析，合理选择变压器容量。

变压器总功率损耗 ΔP_T 中的铁耗 P_{Fe} 和运行电压 U 的平方成正比，铜损 P_{Cu} 和运行载荷 S 的平方成正比；由于运行电压 U 在额定电压 U_N 附近，变压器铁耗 P_{Fe} 近似等于变压器的空载损耗 P_0，也称为"不变损耗"；相应地，铜损随着变压器负载率的变化而变化，也称为"可变损耗"。铁耗 P_{Fe} 和铜损 P_{Cu} 两部分，即

$$\Delta P_T = P_{Fe} + P_{Cu} = \left(\frac{U}{U_N}\right)^2 P_0 + \left(\frac{S}{S_N}\right)^2 P_k$$

将变压器的总损耗和变压器载荷相比，可得到变压器运行中的损耗率

$$\frac{\Delta P_T}{P} = \frac{(U/U_N)^2 P_0 + (S/S_N)^2 P_k}{S\lambda} = \frac{1}{\lambda}\left[\frac{(U/U_N)^2 P_0}{S} + \frac{SP_k}{S_N^2}\right]$$

当且仅当变压器运行中的不变损耗和可变损耗相等时，变压器的损耗率最低。此时变压器的经济负载率为

$$\beta = U/U_N\sqrt{P_0/P_k}$$

计算结果见表 7-3。

表 7-3   变压器损耗及经济负载率

变压器（kV）	型号	空载损耗（kW）	负载损耗（kW）	经济负载率（%）
110/10	S11/50MVA	36.3	184	44.4
10/0.4	SC-500kVA	1.20	5.60	46.3

注 1. 该处为在额定电压下求出的经济负载率。

    2. 经济负载率还应考虑变压器台数以及"N−1"的安全校核。

（二）单台变压器经济运行区的确定

变压器综合功率损耗 ΔP_Z 可以表示为

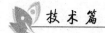

$$\Delta P_Z = P_{0Z} \left(\frac{U_{av}}{U_t} \right)^2 + \frac{P^2 + Q^2}{S_N^2} P_{kZ}$$

式中　　P、Q——实际运行状态下的有功功率、无功功率;

　　　　U_{av}——一段时间内变压器的平均电压;

　　　　U_t——变压器的档位电压;

　　　　P_{0Z}——变压器的空载损耗,即铁耗;

　　　　P_{kZ}——变压器的负载损耗,即铜耗。

因变压器实际负载总是在一定范围内变动,不能用某一个量值来评价其运行工况优劣,需要用运行区来评价。

变压器综合功率损耗率为

$$\Delta P_Z(\%) = \frac{\Delta P_Z}{P} \times 100\% = \frac{P_{0Z} + \beta^2 P_{kZ}}{\beta S_N \cos\varphi_2 + P_{0Z} + \beta^2 P_{kZ}} \times 100\% \qquad (7\text{-}3)$$

式中　　P——变压器一次侧输入的有功功率。

根据式(7-3)可得变压器综合功率损耗率的特性曲线,见图7-7。

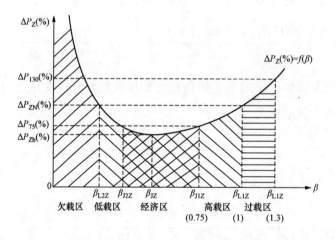

图 7-7　变压器最佳经济运行区与负载系数的关系曲线

负载系数 β 在 $0 \leqslant \beta \leqslant \beta_{JZ}$ 范围内时,$\Delta P_Z(\%)$ 为递减函数;在 $\beta_{JZ} \leqslant \beta \leqslant 1$ 范围内时,$\Delta P_Z(\%)$ 是递增函数,但其曲率比递减时小得多(变化比较平稳)。变压器长期满载运行应视为安全合理的,因此,变压器经济运行区的确定原则应为:变压器在额定负载条件下运行作为经济运行区的上限值,故得出 $\beta_{L1} = 1$。经济运行区的下限对应的损耗率与额定损耗率相等,其值为 $\beta_{L2} = \beta_{JZ}^2$。变压器经济运行区包括了变压器额定负载在内的较大负载范围,在这个范围的边缘,其损耗率与最低损耗率相比仍较高，有必要在经济运行区内确定优选运行段。

经过论证分析，根据 GB/T 13462—1992《工矿企业电力变压器经济运行导则》，对变压器最佳经济运行区的上限负载率定为 $\beta_{\text{J1Z}}=0.75$。与上面推导经济运行区下限值的方法相同，根据变压器综合功率损耗率特性曲线，可以找到与 $\beta_{\text{J1Z}}=0.75$ 时的对应点 $\beta_{\text{J2Z}}=1.33\beta_{\text{JZ}}^2$，综合得出如下结论：

经济运行区间（含低载区和高载区）为 $\left[\beta_{\text{JZ}}^2-1\right]$；

最佳经济区间为 $\left[1.33\beta_{\text{JZ}}^2-0.75\right]$；

欠载区（"大马拉小车"）为 $\left[0,\ \beta_{\text{JZ}}^2\right]$；

过载区为 $\left[1.0,\ 1.3\right]$。

（三）两台变压器组合临界值的确定

经济运行方式的确定是指相同负载条件下，优选功率损耗最小的运行方式。按此原则，在多种变压器运行方式中，按负载从小到大次序选出各种变压器经济运行方式的经济运行区间。

假设有两台变压器 A 和 B，图 7-8 中的三条曲线分别为 A、B 单独运行和 AB 并列运行。

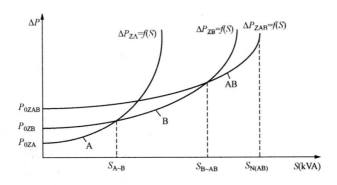

图 7-8 两台变压器的负载—损耗曲线

可见，负荷小于 $S_{\text{A}\sim\text{B}}$ 时由 A 单独运行最为经济，负荷大于 $S_{\text{A}\sim\text{B}}$ 且小于 $S_{\text{B}\sim\text{AB}}$ 时由 B 单独运行最为经济，负荷大于 $S_{\text{B}\sim\text{AB}}$ 时由 A 和 B 并联运行最为经济。

其中临界负载 $S_{\text{A}\sim\text{B}}$、$S_{\text{B}\sim\text{AB}}$ 为

$$S_{\text{LZ}}^{\text{A}\sim\text{B}}=\sqrt{\dfrac{P_{0\text{ZA}}\left(\dfrac{U_{\text{avA}}}{U_{\text{tA}}}\right)^2-P_{0\text{ZB}}\left(\dfrac{U_{\text{avB}}}{U_{\text{tB}}}\right)^2}{\dfrac{P_{\text{KZB}}}{S_{\text{NB}}^2}-\dfrac{P_{\text{KZA}}}{S_{\text{NA}}^2}}}$$

$$S_{LZ}^{B\sim AB} = \sqrt{\dfrac{P_{0ZA}\left(\dfrac{U_{avA}}{U_{tA}}\right)^2}{\dfrac{P_{KZB}}{S_{NB}^2} - \dfrac{P_{KZA+}P_{KZB}}{(S_{NA}+S_{NB})^2}}}$$

三、线路部分节能

线路的损耗可表示为

$$\Delta P_L = 3I^2 R \times 10^{-3} = 3I^2 \rho \dfrac{l}{S}$$

合理选择导线截面、材质等可以有效降低线路的损耗。加大导线截面或使用电阻率低的导线会降低导线电阻，减少电能损耗和线路压降。在负荷不变的情况下，大截面、短距离的导线相对于小截面、长距离的导线，导线的电阻减小，可降低线路的损耗。不同导线的功率损耗之差为

$$\Delta\Delta P_L = \Delta P_{L2} - \Delta P_{L1} = 3I^2\left(\rho_2\dfrac{l_2}{S_2} - \rho_1\dfrac{l_1}{S_1}\right)\times 10^{-3}$$

若选用相同材料的大截面导线替换原有导线，其功率损耗减小量为

$$\Delta\Delta P_L = \Delta P_{L2} - \Delta P_{L1} = 3I^2\left(\rho\dfrac{l}{S_2} - \rho\dfrac{l}{S_1}\right)\times 10^{-3} = 3I^2\dfrac{\rho l(S_1 - S_2)}{S_1 S_2}\times 10^{-3}$$

若截面积不变，更换导线材料，其功率损耗减小量为

$$\Delta\Delta P_L = \Delta P_{L2} - \Delta P_{L1} = 3I^2\left(\rho_2\dfrac{l}{S} - \rho_1\dfrac{l}{S}\right)\times 10^{-3} = 3I^2(\rho_2 - \rho_1)\dfrac{l}{S}\times 10^{-3}$$

（一）导线截面积与经济载荷密度

供配电系统的节能降损应考虑投资回报的经济效益，按照线路的全寿命周期成本对配电线路的载荷作经济评价。线路截面积与成本的关系曲线见图 7-9。电力线路全寿命周期总成本 C_L 包括建设成本 C_{Con}、运行维护费用 $C_{O\&M}$ 及电能损耗费用 C_{Loss} 三部分。

建设成本和线路截面、长度的关系函数可表示为

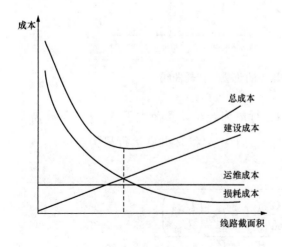

图 7-9 线路截面积与成本的关系曲线

$$C_{\mathrm{Con}} = a + bAl$$

式中　a——杆塔、绝缘子、金具等固定成本；

$\quad\quad b$——线芯的金属价格；

$\quad\quad A$——线路截面积；

$\quad\quad l$——线路长度。

线路的运维成本和线路长度成正比，关系函数可表示为

$$C_{\mathrm{O\&M}} = kl$$

供配电系统线路的电能损耗费用可以表示为

$$C_{\mathrm{Loss}} = \Delta P_{\mathrm{L}} Tf = \frac{I^2 \rho l Tf}{A}$$

式中　ΔP_{L}——平均功率损耗；

$\quad\quad T$——运行时间；

$\quad\quad f$——电价。

以上三类成本求和，得到供配电系统线路全寿命周期的总成本，即

$$C_{\mathrm{L}} = C_{\mathrm{Con}} + C_{\mathrm{O\&M}} + C_{\mathrm{Loss}} = a + blA + kl + \frac{I^2 \rho l Tf}{A}$$

当且仅当线路建设和电能损耗的边际成本相等时，供配电系统线路总成本最低。此时，线路的经济电流密度为

$$\frac{I}{A} = \sqrt{\frac{b}{\rho Tf}}$$

$$b = 10p\rho_1$$

$$T = ta$$

式中　b——线芯金属价格；

$\quad\quad p$——有色金属价格，万元/t；

$\quad\quad \rho_1$——线芯密度，t/m³；

$\quad\quad \rho$——电阻率，（Ω·mm²）/m；

$\quad\quad T$——总运行时间，h；

$\quad\quad t$——年运行时间，h；

$\quad\quad a$——年限，a；

$\quad\quad f$——电价，元/kWh。

以铝芯和铜芯导线为例，其参数和优化结果见表7-4。

表 7-4   导线参数和优化结果

导线材质	价格 （万元/t）	密度 （t/m³）	电阻率 $[(\Omega \cdot mm^2)/m]$	年运行时间 （h）	年限 （a）	经济电流密度 （A/mm²）
铝芯	1.6	2.7	0.0294	3000	10	0.40
铜芯	6.5	8.9	0.018 51	3000	15	1.5

注 1. 平均电价取 0.5 元/kWh。
　　2. 由于不同敷设方式（架空、直埋、管道）及环境温度的影响，不同线径导线的优化经济电流还
　　　应校核热稳定安全电流。

（二）不同线径线路的经济载荷范围

当未考虑线径标准化的线路截面优化时，不同载荷的最优截面见图 7-10。

当考虑到产品制造、运行维护、备品备件等各种因素，线路的型号已标准化、系列化。根据推导的供配电系统线路全寿命周期的总成本，即

$$C_{\mathrm{L}} = C_{\mathrm{Con}} + C_{\mathrm{O\&M}} + C_{\mathrm{Loss}} = a + blA + kl + \frac{I^2 \rho l T f}{A}$$

在给定线路截面后，线路单位长度的总成本 C_{L}/l 为线路载流 I 的二次函数，其中，截距 $a/l + bA + k$ 为不变成本，二次系数 $\rho T f/A$ 为可变成本。各标准化线径对应的优化载荷范围及线路型号的标准化，给出各种型号导线的适用负荷。

设 A_{i}、A_{j} 为线路两种型号的线径，当且仅当 $C_{\mathrm{L}}(A_{\mathrm{i}}) = C_{\mathrm{L}}(A_{\mathrm{j}})$ 时，两种型号的经济电流的临界值为

$$I_{\mathrm{ij}} = \sqrt{\frac{bA_{\mathrm{i}}A_{\mathrm{j}}}{\rho T f}}$$

式中　A_{i}、A_{j}——两种型号导线的截面积。

以 JKLYJ-185mm² 型架空绝缘铝绞线为例，其相邻型号 150、240mm² 导线的经济电流上、下临界分别为 66.6、84.3A，见图 7-11。

（三）供配电系统典型线径型号导线不同载荷范围的线损率计算

根据导线的载荷量和线损率的相关关系

$$\eta_{\mathrm{L}} = \frac{\Delta P_{\mathrm{L}}}{P_{\mathrm{L}}} = \frac{3I^2 R}{\sqrt{3}UI\lambda} = \frac{\sqrt{3}I}{U\lambda} \times \rho \frac{l}{A} = \frac{\sqrt{3}\rho l \beta I_{\mathrm{s}}/A}{U\lambda} = \frac{\sqrt{3}\rho l \beta K}{U\lambda}$$

$$\beta = I/I_{\mathrm{s}}$$

$$K = I_{\mathrm{s}}/A$$

式中　β——负载率；

K——系数。

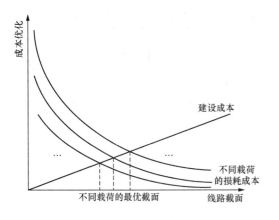

图 7-10 不同载荷的最优截面

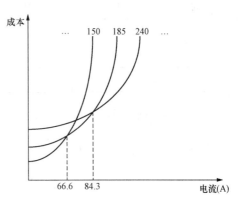

图 7-11 不同导线截面经济电流

导线载荷量和线损率的关系见图 7-12。

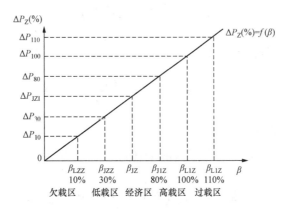

图 7-12 导线载荷量和线损率的关系

四、无功补偿节能

当电网中某一点装置无功补偿容量后，则从该点至电源点所有串接的线路及变压器的无功潮流都将减少，从而使该点以前串接元件中的电能损耗减少。负荷的功率因数越低，则从电源通过线路和供配电系统中的相应元件传递到负荷的无功功率就越大，从而供配电系统损耗也越大，配网在经过无功补偿后，流过线路及变压器的电流减小，相应地就减小了线路及变压器的无功损耗，见表 7-5。

表 7-5　　　　　　　不同功率因数下对应有功功率、无功功率比值

功率因数调整标准	相应无功功率占比	有功功率/无功功率比
0.80	0.60	1.3

续表

功率因数调整标准	相应无功功率占比	有功功率/无功功率比
0.85	0.53	1.6
0.90	0.44	2.1
0.95	0.31	3.0

（一）线路降损量

对于线路而言，无功补偿前功率损耗为

$$\Delta P_{\mathrm{L}} = 3I^2 R \times 10^{-3} = \frac{P^2 + Q^2}{U^2} R$$

在负荷和元件电阻不变条件下，若减小无功功率，线路的损耗也随之减小。若补偿的无功为 Q_{C}，不计补偿前后电网电压的变化，则补偿后线路的损耗为

$$\Delta P_{\mathrm{L}}' = \frac{P^2 + (Q - Q_{\mathrm{C}})^2}{U^2} R$$

补偿前后线路损耗减少量为

$$\Delta\Delta P_{\mathrm{L}} = \Delta P_{\mathrm{L}} - \Delta P_{\mathrm{L}}' = \frac{2QQ_{\mathrm{C}} - Q_{\mathrm{C}}^2}{U^2} R$$

（二）变压器降损量

对于变压器而言，补偿前变压器的损耗可以表示为

$$\Delta P_{\mathrm{T}} = \beta^2 P_{\mathrm{k}} + P_0 = \frac{P^2 + Q^2}{S_{\mathrm{N}}^2} P_{\mathrm{k}} + P_0$$

在负荷不变条件下，若减小无功功率，变压器的损耗也随之减小。若补偿的无功为 Q_{C}，不计补偿前后电网电压的变化，则补偿后变压器的损耗为

$$\Delta P_{\mathrm{T}}' = \beta^2 P_{\mathrm{k}} + P_0 = \frac{P^2 + (Q - Q_{\mathrm{C}})^2}{S_{\mathrm{n}}^2} P_{\mathrm{k}} + P_0$$

补偿前后变压器损耗减少量为

$$\Delta\Delta P_{\mathrm{T}} = \frac{2QQ_{\mathrm{C}} - Q_{\mathrm{C}}^2}{S_{\mathrm{n}}^2} P_{\mathrm{k}}$$

五、电能质量与节能

（一）供配电系统相间平衡调整

使三相总负荷保持不变，单、三相承担相同的有功功率和无功功率，则在三相

平衡的条件下，功率损耗为（此时中性点电流为零）

$$I_A = I_B = I_C = \sqrt{P^2 + Q^2}\Big/3U_p$$
$$= \sqrt{{I_A}^2 + {I_B}^2 + {I_C}^2 + 2I_A I_B \cos(\varphi_A - \varphi_B) + 2I_B I_C \cos(\varphi_B - \varphi_B) + 2I_C I_A \cos(\varphi_C - \varphi_A)}\Big/3$$

由此，三相四线低压不平衡供配电系统的理论降损最大值为

$$\max \quad \Delta\Delta P_L = \Delta P_{unbalance} - \Delta P_{balance}$$
$$= ({I_A}^2 + {I_B}^2 + {I_C}^2)R_p - \frac{1}{3}[{I_A}^2 + {I_B}^2 + {I_C}^2 + 2I_A I_B \cos(\varphi_A - \varphi_B)$$
$$+ 2I_B I_C \cos(\varphi_B - \varphi_C) + 2I_C I_A \cos(\varphi_B - \varphi_C)]R$$
$$= \frac{2}{3}[{I_A}^2 + {I_B}^2 + {I_C}^2 - I_A I_B \cos(\varphi_A - \varphi_B) - I_B I_C \cos(\varphi_B - \varphi_C)$$
$$- I_C I_A \cos(\varphi_C - \varphi_A)]R_p + {I_N}^2 R_N$$

同样，当三相平衡的条件下，变压器高压侧无零序电流环流，功率损耗可降低为

$$\Delta P_{Tbalance} = 3I^2 R_k + P_0$$
$$= \frac{1}{3}[{I_A}^2 + {I_B}^2 + {I_C}^2 + 2I_A I_B \cos(\varphi_A - \varphi_B) + 2I_B I_C \cos(\varphi_B - \varphi_C)$$
$$+ 2I_C I_A \cos(\varphi_C - \varphi_A)]R_k + P_0$$

由此，对于变压器而言，由于不平衡度调整其理论降损最大值为

$$\max \quad \Delta\Delta P_T = \Delta P_{Tunbalance} - \Delta P_{Tbalance}$$
$$= ({I_A}^2 + {I_B}^2 + {I_C}^2)\frac{P_k}{3{I_n}^2} + {I_0}^2 R_0$$
$$- \frac{1}{3}[{I_A}^2 + {I_B}^2 + {I_C}^2 + 2I_A I_B \cos(\varphi_A - \varphi_B) + 2I_B I_C \cos(\varphi_B - \varphi_C)$$
$$+ 2I_C I_A \cos(\varphi_C - \varphi_A)]\frac{P_k}{3{I_N}^2}$$
$$= \frac{2P_k}{9{I_N}^2}[{I_A}^2 + {I_B}^2 + {I_C}^2 - I_A I_B \cos(\varphi_A - \varphi_B) - I_B I_C \cos(\varphi_B - \varphi_C)$$
$$- I_C I_A \cos(\varphi_C - \varphi_A)] + {I_0}^2 R_0$$

（二）供配电系统谐波治理降损技术

（1）高压供配电系统。高压供配电系统为三相三线系统，而且中性点一般采用小电流接地方式（一般为角形接线，不接地；或采用接地变经消弧线圈接地），零序次谐波电流较小，谐波对线路损耗的影响公式可表示为

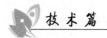

$$\Delta P_{\mathrm{h}} = \sum_{n=1}^{50} (I_{\mathrm{An}}{}^2 + I_{\mathrm{Bn}}{}^2 + I_{\mathrm{Cn}}{}^2) R_n$$

根据线路电阻由于集肤效应的修正值，在谐波条件下线路的总损耗可表示为

$$\Delta P_{\mathrm{h}} = \sum_{n=1}^{50} (I_{\mathrm{An}}{}^2 + I_{\mathrm{Bn}}{}^2 + I_{\mathrm{Cn}}{}^2) R_n = \sum_{n=1}^{50} (I_{\mathrm{An}}{}^2 + I_{\mathrm{Bn}}{}^2 + I_{\mathrm{Cn}}{}^2) \sqrt{n} R_1$$

由此，在三相三线中压系统中对谐波进行治理后线路降损损耗值为

$$
\begin{aligned}
\Delta\Delta P_{\mathrm{L}} \\
&= \Delta P_{\mathrm{h}} - \Delta P \\
&= \sum_{n=1}^{50} (I_{\mathrm{An}}{}^2 + I_{\mathrm{Bn}}{}^2 + I_{\mathrm{Cn}}{}^2) \sqrt{n} R_1 - (I_{\mathrm{A}}{}^2 + I_{\mathrm{B}}{}^2 + I_{\mathrm{C}}{}^2) R_1 \\
&= \sum_{n=2}^{50} (I_{\mathrm{An}}{}^2 + I_{\mathrm{Bn}}{}^2 + I_{\mathrm{Cn}}{}^2) \sqrt{n} R_1
\end{aligned}
$$

（2）变压器。变压器损耗由空载损耗 P_0 和负载损耗 P_{k} 组成，空载损耗与谐波电压成正比，然而由于一般情况下电压畸变率较小，而且空载损耗在变压器的总损耗中所占比例很小，故可认为在谐波条件下变压器的空载损耗不变。变压器的负载损耗由绕组电阻损耗 P_{R}、绕组涡流损耗 P_{EC} 及金属件杂散损耗 P_{ST} 组成。在谐波条件下，涡流损耗及杂散损耗与频率成一定的正比关系。所以在谐波的条件下变压器损耗可表示为

$$\Delta P_{\mathrm{Th}} = P_0 + \sum_{n=1}^{50} [P_{\mathrm{Rn}} + P_{\mathrm{ECn}} + P_{\mathrm{STn}}]$$

其中绕组电阻损耗 P_{R} 同线路分析模型

$$P_{\mathrm{R}} = \sum_{n=1}^{50} I_n{}^2 R = \sum_{n=1}^{50} I_n{}^2 \frac{P_{\mathrm{k}}}{I^2}$$

总的涡流损耗 P_{EC} 为基波涡流损耗与各次谐波下涡流损耗的叠加，各次谐波下的涡流损耗与谐波电流平方成正比，与谐波次数平方成正比，即

$$P_{\mathrm{EC}} = \sum_{n=1}^{50} P_{\mathrm{EC1}} \left(\frac{I_n}{I} \right)^2 n^2$$

总的杂散损耗 P_{ST} 为基波杂散损耗与各次谐波下涡流损耗的叠加，各次谐波下的杂散损耗与谐波电流平方成正比，与谐波次数的 0.8 次方成正比，即

$$P_{\mathrm{ST}} = \sum_{n=1}^{50} P_{\mathrm{ST1}} \left(\frac{I_n}{I} \right)^2 n^{0.8}$$

综上，变压器损耗可表示为

$$\Delta P_{Th} = P_0 + \sum_{n=1}^{50} \left[I_n^2 \frac{P_k}{I^2} + P_{EC1}\left(\frac{I_n}{I}\right)^2 n^2 + P_{ST1}\left(\frac{I_n}{I}\right)^2 n^{0.8} \right]$$

谐波治理后，变压器损耗减小，其功率损耗减小的量为

$$\Delta\Delta P_T = \Delta P_{Th} - \Delta P_T$$

$$= P_0 + \sum_{n=1}^{50} \left[I_n^2 \frac{P_k}{I^2} + P_{EC1}\left(\frac{I_n}{I}\right)^2 n^2 + P_{ST1}\left(\frac{I_n}{I}\right)^2 n^{0.8} \right] - P_0 - \left[I_1^2 \frac{P_k}{I^2} + P_{EC1}\left(\frac{I_1}{I}\right)^2 + P_{ST1}\left(\frac{I_1}{I}\right)^2 \right]$$

$$= \sum_{n=2}^{50} \left[I_n^2 \frac{P_k}{I^2} + P_{EC1}\left(\frac{I_n}{I}\right)^2 n^2 + P_{ST1}\left(\frac{I_n}{I}\right)^2 n^{0.8} \right]$$

（3）低压三相四线供配电系统。由于低压为三相四线系统，中性线在谐波的条件下有叠加电流，零序次谐波电流阻抗较小，故同时需要考虑中性线的损耗。由于基波的正、负序电流在中性线上叠加后为零，仅为由于负载不平衡引起零序电流。因此，三相四线系统线路谐波损耗为

$$\Delta P_h + \Delta P_N = \sum_{n=1}^{50} (I_{An}^2 + I_{Bn}^2 + I_{Cn}^2) R_n + \sum_{n=1}^{50} I_{Nn}^2 R_{Nn}$$

进行谐波治理后，线路可减少的功率损耗为

$$\Delta\Delta P_L = \Delta P_h + \Delta P_N - \Delta P$$

$$= \sum_{n=1}^{50} (I_{An}^2 + I_{Bn}^2 + I_{Cn}^2) \sqrt{n} R_1 + \sum_{n=1}^{50} I_{Nn}^2 \sqrt{n} R_{N1} - (I_A^2 + I_B^2 + I_C^2) R_1$$

$$= \sum_{n=2}^{50} (I_{An}^2 + I_{Bn}^2 + I_{Cn}^2) \sqrt{n} R_1 + \sum_{n=1}^{50} I_{Nn}^2 \sqrt{n} R_{N1}$$

第三节 能效评估流程

对于供配电系统部分的能效评估方法，主要包括收集资料、静态指标统计、动态指标分析及供配电系统节能降损技术经济分析几个步骤。供配电系统能效评估流程见图 7-13。

一、收集拓扑结构资料

收集拓扑结构资料包括收集节点、支路线路、变压器和无功补偿装置参数及用户参数。按照的评估边界作以下划分。

（1）变电部分。主要包括基础信息：电气主接线，变压器型号及相应的铜损、铁损、短路电压百分比、空载电流百分比、无功补偿容量配置；计量装置配置；变压器计量方式（高压侧或低压侧）、互感器变比、计量表计精度。

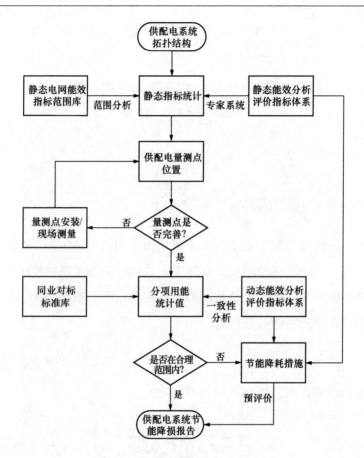

图 7-13　供配电系统能效评估流程

（2）线路部分。主要包括不同电压等级供配电线路的拓扑信息：线路型号（阻抗）、长度、挂接变压器、柱上断路器，非全相设备（如单相变）的相别；负荷量测数据：采集周期至少为 1h，典型日（工作周期）要求细化为 15min；采集的电参数包括电能量、电功率、电压、电流、力率等。

（3）主要用电负荷。主要包括主要负荷点的信息：位置以及连接相别，容量，工作特性。负荷量测数据：采集周期为 1h，典型日典型负荷点细化为 15min 或 1min。

二、静态指标统计

对的静态信息进行统计，包括三层：

（1）元件层：包括线长、线径和变压器型号。

（2）运行层：变压器负载率、线路负载率、线路接入变压器总容量和功补容量。

（3）综合指标层：历史逐月用电量、线损率、电压合格率和可靠性。

将上述供配电系统的静态信息与静态指标库进行对比，依据专家规则按照权值给出对于评估电网一个评估的分值；并且对于供配电系统中影响能效水平的重点静态指标（变压器、较细线径导线、较长导线等）进行筛选。

三、动态指标分析

对于评估供配电系统一定周期的负荷数据进行采集，包括各负荷点的电压、电流、有功功率、无功功率、力率、三相平衡度和谐波数据，根据变压器的运行能效进行经济区间的划分，包括经济区、高载区、低载区、过载区和欠载区。线路也根据其相应截面的经济载荷和安全载荷进行划分。统计 5 个区间的不同占比，根据不同的结果给出不同的供配电系统能效评价结果和相应的节能改造措施。根据线路负荷实测的电压、电流和功率三相电气参量，对于重点电力谐波源的用户进行实测分析，分别给出负荷不平衡度和谐波损耗影响的分析及节能改造方案。

四、节能降损的技术经济分析

给出不同型号的线路、变压器和补偿电容的运行年限以及综合成本、年运行维护成本，分别给出基于精确量测负荷数据有针对性的节能改造方案，给出预期的节能降损效果及技术经济分析；对于评价工企业的供配电系统的综合能效水平、短期内发展方向和负荷增长情况、供配电建设改造的推荐项目及其技术经济评价依据全寿命周期技术经济评价标准进行评价。当降损措施实施后，进行效果后评估。

第四节　民用（中低压）供配电系统典型案例

一、项目背景

本案例以某高校为例，对于其校本部和北一校区各变、配电室及供配电系统节能分析如下。

该高校本部配电室共有 5 座，其中总配电室 1 座，分配电室 1 座，9 号楼分配电室 1 座，西配电室 1 座，3 号教学楼供压配电间 1 座；供配电总容量为 10 500kVA。北一校区配电室分为 5 座，其中总配电室 1 座，综合楼分配电室 1 座，图书馆分配电室 1 座，南配电室 1 座，外语楼供压配电间 1 座；供配电总容量为 7600kVA。某高校本部及北一区供配电系统布局见图 7-14，配电室电气主接线图见图 7-15。

（一）本部各变、配电室

（1）总配电室。本部总配电室位于校区东北角，电源由 2 路 10kV 进线引入，各个分配电室电源进线分别取自本部总配电室 4 号、5 号母线出线。本部总配有 KYN28A 型高压柜 16 面，变压器 2 台。

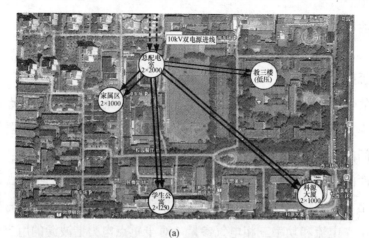

(a)

(b)

图 7-14　某高校本部及北一区供配电系统布局（单位：kVA）

（a）本部；（b）北一区

　　其中 1 号、2 号变压器容量为 2000kVA，型号为 SCB10-2000/10。根据现场调研了解到，两台变压器均投入使用，共给全部负荷用电。1 号变压器负荷率为 10%，2 号变压器负荷率为 15%，变压器低压出线侧无功补偿，功率因数显为 0.95，此时无功补偿电容装置投入 2 组运行。

　　（2）9 号楼分配电室（学生宿舍）。9 号楼分配电室 2 路进线电源来自本部总配电室的 10kV 214、224 出线断路器.配电室有 2 台变压器,型号为 SCB10-1250/10。

　　（3）分配电室（科源大厦）。分配电室 2 路进线电源来自本部总配电室的 10kV 213、223 出线断路器。配电室有 2 台变压器，型号为 SCB10-1000/10。

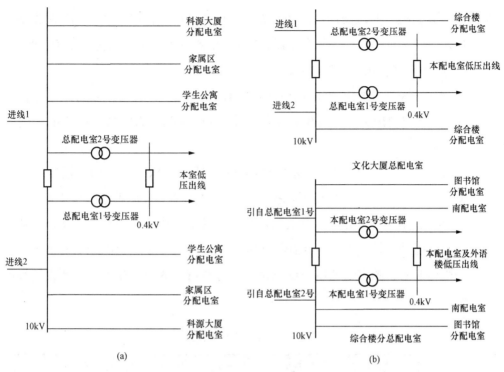

图 7-15　某高校本部及北一区配电室电气主接线图

（a）本部；（b）北一区

（4）西配电室（家属区）。西配电室 2 路进线电源来自本部总配电室的 10kV 212、222 出线断路器。配电室有 2 台变压器，型号为 SCB10-1000/10。

（二）北一校区各配电室

（1）总配电室。北一校区总配电室供电电源由 2 路 10kV 进线引入，两路电源均引自同一变电站，经电缆敷设室北一校区总配电室。总配有高压柜 14 面，变压器 2 台。其中本室 1 号变压器、2 号变压器容量为 2000kVA，型号为 SCB10-2000/10。根据现场调研了解到，1 号、2 号变压器均投入使用，共给全部负荷用电。1 号、2 号变压器负荷率均为 10%，变压器低压出线侧无功补偿，功率因数显为 0.99，此时无功补偿电容装置未投入运行。

（2）综合楼配电室。综合楼配电室供电电源由 2 路 10kV 进线引入，分别取自北一校区总配电室 4 号、5 号母线 212、222 出线，综合楼配电室有 GG-1A 型高压柜 14 面，变压器 2 台。

其中本室 1 号变压器、2 号变压器容量为 500kVA，型号为 SC3-500/10。根据现场调研了解到，1 号、2 号变压器均投入使用，共给全部负荷用电。1 号、2 号变压器负荷率均为 10%，变压器低压出线侧无功补偿，功率因数显为 0.95，此时无功补偿电容投入 2 组运行。本室 1 号变压器、2 号变压器所供给主要负荷为 2 个宿舍楼、1 个综合楼、1 个体育馆、1 个热力站。

（3）南配电室。南配电室供电电源由 2 路 10kV 进线引入，分别取自综合楼分配电室的 10kV 212、222 出线断路器。南配电室有 HXGN 高压柜 6 面，变压器 2 台。

其中 1 号、2 号变压器容量均为 500kVA，型号为 SC3-500/10。根据现场调研了解到，本室 1 号、2 号变压器均投入使用，共给全部负荷用电。1 号变压器负荷率为 15%，2 号变压器负荷率为 15%，变压器低压出线侧无功补偿，功率因数显为 0.99，此时无功补偿电容投入 1 组。本室 1 号变压器、2 号变压器主要供给食堂动力、外语楼照明、图书馆照明、图书馆动力等负荷。两校区配电室主要设备参数见表 7-6。

表 7-6 两校区配电室主要设备参数

校区	配电室	配电变压器型号	制造时间	额定容量（kVA）	台数（台）	空载损耗（kW）	负载损耗
本部	总配电室	SCB10-2000/10	2004 年 4 月	2000	2	2.84	14.77
	科源大厦	SCB10-1000/10	2004 年 4 月	1000	2	1.78	8.05
	学生公寓	SCB10-1250/10	2004 年 4 月	1250	2	1.78	8.05
	家属区	S9-M-1000/10	1999 年 5 月	1000	2	1.71	10.32
北一区	综合楼	SC3-500/10	1998 年 6 月	500	2	1.62	4.83
	南配电室	SC3-500/10	1998 年 6 月	500	2	1.62	4.83
北一区	图书馆	SCB9-800/10	2003 年 10 月	800	2	1.50	6.88
	文化大厦	SCB10-2000/10	2004 年 4 月	2000	2	2.84	14.77

（三）各校区典型建筑物供配电系统

3 号教学楼配电间电源由本部总配低压出线供给。配电间设有低压柜 2 面，2 路主进柜分别安装有功计量表，2 路进线电源由本部总配低压出线供给，经 380V/220V 电缆敷设至低压配电室，主要供给教学楼照明用电、消防、应急照明、生活水泵等负荷。本地无无功补偿装置，由上级配电室补偿。

外语楼配电间电源由北一校区综合楼配电室低压出线供给。设有低压柜 7 面，其中 2 路主进柜分别安装有功计量表，3 路进线电源由北一校区综合楼配电室低压出线供给，经 380V/220V 电缆敷设至低压配电室，主要供给负荷为：外语楼照明用电、电梯、消防、应急照明、生活水泵等负荷。本地无无功补偿装置，由上级配电室补偿。

北二宿舍楼配电间电源由北二校区总配电室低压出线供给。楼内设总进线配电箱，每层设层箱，公共区用电由层箱引出，各个楼层设置电表箱由表箱配出 2 路支路（照明、插座）。设有低压柜 4 面，其中 2 路主进柜分别安装有功计量表，2 路进线电源由北二校区总配电室低压出线供给，经 380V/220V 电缆敷设至低压配电室，主要供给负荷为：宿舍楼照明用电、电梯、消防、应及照明、生活水泵等负荷。本地无无功补偿装置，由上级配电室补偿。

（四）某年各校区用电量逐月统计表

学校在用电方面一级和二级计量比较齐全，除了学校高压总计量外，各单体建筑大部分配备了二级计量，同时各学院或各部门按照区域和系统不同程度的设置了二级计量。三级电计量还不健全，只是在部分餐厅、学生宿舍和实验室等安装了电计量表，因此还不具备实现能源统计与定额考核管理的条件，还应继续完善用电三级计量。

学校变配电室制定有良好的管理制度和统计记录制度，学校目前仍存在能源计量不足的问题，虽然安装了二级电表，但是只能收集各建筑总的用电量或各院系的用电量，各用电设备的用电量如何，则无法统计。

学校配电系统在本部总配电室和北一区总配电室高压柜均设有专用高压计量柜，执行中小学教学用电电价，不执行分时电价和力率调整电价。

另外，本部科源楼用电执行商业电价，执行力率调整电价，宿舍区执行居民生活电价，作为两子表从总表扣减。高压柜每个出线未安装计量表，0.4kV 出线部分区域负荷安装有自用分计量装置，低压配电回路或末端配电箱处根据使用要求及现状均设置了有功电能表。

高压柜每个出线未安装计量表，0.4kV 出线部分区域负荷安装有自用分计量装置，低压配电回路或末端配电箱处根据使用要求及现状均设置了有功电能表。

某年某高校本部及北一区月度电量统计见表 7-7。

表 7-7　　　　　　　某年某高校本部及北一区月度电量统计　　　　　　　万 kWh

月　份	本　部				北一区	总　计
	教学大厦	科源楼	学生公寓	合计		
1	75.6	20.1	6.3	102.0	103.9	205.9
2	84.2	18.6	5.9	108.7	57.0	165.7
3	96.5	19.1	3.5	119.1	64.8	183.9

143

续表

月 份	本 部				北一区	总 计
	教学大厦	科源楼	学生公寓	合计		
4	100.1	17.5	6.5	124.2	58.8	183.0
5	94.5	16.4	4.8	115.7	52.2	167.9
6	101.5	22.4	7.0	130.9	70.2	201.1
7	150.4	35.4	7.8	193.6	96.6	290.2
8	122.2	40.7	5.5	168.4	80.4	248.8
9	104.5	33.5	5.0	143.0	78.0	221.0
10	86.5	23.3	5.2	115.1	69.6	184.7
11	89.8	16.0	5.5	111.4	61.6	173.0
12	124.3	22.1	5.1	151.5	83.2	234.7
年 总 计	1230.2	285.2	68.3	1583.7	876.2	2459.9

注 科源楼1月份电量原电费计入北一区,后续月份计入了本部;学生公寓部分为单独电费计量。

由图 7-16 可见,本部主教学区负荷主要集中于 7、8、12 月空调负荷,7 月份最大用电量为 150.4 万 kWh,其余月份较低,1 月最低用电量为 75.6 万 kWh。

本部科源楼负荷主要集中于 7~9 月商业空调照明负荷,8 月最大用电量为 40.7 万 kWh,其余月份较低,11 月最低用电量为 16.0 万 kWh;负荷季节差较其余用电区域更大,而且两台变压器负载不够均衡,1 号变压器载荷较 2 号变压器偏高。

本部学生公寓负荷主要为寝室照明负荷,全年相对平稳;7 月最大用电量为 7.8 万 kWh,3 月最低用电量为 3.5 万 kWh。

北一区总配电室负荷主要集中于 7、8、9、12、1 月空调类负荷,1 月最大用电量为 103.9 万 kWh,其余月份较低,5 月用电量最低,为 52.2 万 kWh。

(五)高、低压供电系统运行方式

学校配电系统在本部和北校区 10kV 总配电室均采用单母线分段方式供电,两段母线分列运行,当进线 1 电源检修或故障时,母联断路器手动投入运行,以满足供电需求。各配电室 0.4kV 低压侧母线为单母线系统,母联断路器运行只有手动投切运行方式。当其中一路电源故障或检修时,母联断路器手动投入,保证全部负荷设备的供电,电源恢复时,母联手动分段运行。低压母联断路器需与进线断路器闭锁,防止两路电源并列运行。低压配电系统采用 220V/380V 放射式与树干式相结合的方式,对于单台容量较大的负荷或重要负荷采用放射式供电;对于照明及一般负荷采用树干式与放射式相结合的供电方式。

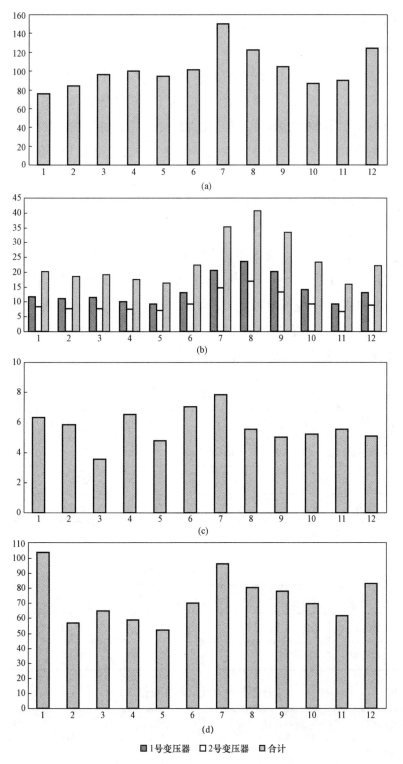

■1号变压器 □2号变压器 ■合计

图 7-16 某高校 2010 年各主要负荷区域月度用电量
（a）本部教学区；（b）科源大厦；（c）学生公寓；（d）北一区

二、技术方案

（一）线路改造技术经济评价

该用户目前采用 10kV LGJ—90 型钢芯铝绞线专线进线（计量点在变电站侧，线损由用户承担），而后来由于负荷增长，远高于线路经济负载区间，而且两条线路长度共计 10km。建议将该线路改造为 JKLYJ—185 型绝缘导线，截面扩大 1 倍，可使其线损率降低 50%。按照线路线损率由 4% 降为 2% 计，该用户年用电量约为 2000 万 kWh，降损电量为 40 万 kWh，年降损节约电费 20 万元。以 12 万元/km 投资计，共需 120 万元；静态回收期为 6 年。

（二）变压器换型改造

该用户仍然有老旧配电变压器，有的还是铝圈（SLJ）变压器，以其中某台架变压器（S7—400 型）为例，当变压器在 80% 负载率下的负载损耗、空载损耗及总损耗的降损见表 7-8。变压器可变损耗可由 1.8% 降为 1.3%，可降低 0.5 个百分点。将本部和北一区的共计 6 台老旧变压器更换，年降损量可达 2.85 万 kWh，合标准煤 10t。变压器更换方案见表 7-9，损耗对比见表 7-10。

表 7-8 老 旧 变 压 器 参 数

校区	配电室	变压器型号	台数	空载损耗（%）	负载损耗（%）
本部	西区家属院	S9—M—1000/10	2	1.71	10.32
北一区	综合楼	SC3—500/10	2	1.62	4.83
	南配电室	SC3—500/10	2	1.62	4.83

注 预计更换为 SCB11 型变压器。

表 7-9 变 压 器 更 换 方 案

变压器型号	台数	空载损耗（%）	负载损耗（%）	年最大运行小时（h）	降损值
SCB11—1000/10	2	1.62	8.33	1000	5500
SCB11—500/10	4	1.05	4.05	1000	23 000

表 7-10 变 压 器 损 耗 对 比（80% 负载率）

变压器型号	负载损耗（kW）	空载损耗（kW）	总损耗（kW）
S11—400/10	4.3	0.57	3.322
S7—400/10	5.8	0.92	4.632

续表

变压器型号	负载损耗（kW）	空载损耗（kW）	总损耗（kW）
降损	1.5	0.35	1.31
降损率（%）	25.9	38.0	28.3

以该变压器年运行小时为 4500h 计，年节电量近 6000kWh，节约电费 3000 元。以该变压器投资为 4 万元计，静态回收期约 13 年。

（三）配电室变压器经济运行

各配电室不同型号变压器最佳负载率见表 7-11。

表 7-11　　　　　　　各配电室不同型号变压器最佳负载率　　　　　　　　　%

变压器型号	空载损耗	负载损耗	单台最佳负载率	双台最佳负载率
SC3—500/10	1.62	4.83	57.7	40.8
S9—M—1000/10	1.71	10.32	40.6	28.7
SCB9—800/10	1.50	6.88	46.7	33.0
SCB9—1000/10	1.78	8.05	47.0	33.3
SCB10—1250/10	1.78	8.05	47.0	33.3
SCB10—2000/10	2.84	14.77	43.8	31.0

（四）无功补偿装置

北一区的无功补偿装置老化严重，而空调类、照明类的自然功率因数较低，建议投入资金更换新型无功补偿装置。根据负荷波动季节、时段的特点自动投切，提高各时段的无功补偿效果，降低变压器损耗。经初步估算，年降损耗可达 0.5 万 kWh，合标准煤 1.75 万 t。

仍以 S7—400 型变压器为例，由于其低压侧无无功补偿设备，其负荷自然功率因数为 0.8，其无功缺额为 200kvar，采用带补偿式箱式变压器后，当其功率因数由 0.8 提高至 0.95 后，可降低变压器铜损及 10kV 线路损耗 1.34kW，按照该变压器年运行小时为 4500h 计，同样可使变压器降损 0.5 个百分点，年节约电费 3000 元，以电容器投资 50 元/kvar 计，共需投资 1 万元，静态回收期约 3.3 年。

（五）负载的相别调整

根据前面的动态分析，某教学楼变压器典型日三相实测负荷数据曲线见图 7-17，低压负荷 C 相较 B 相一直偏低约 10kW（50A），建议将 B 相负荷所带部分用户进行相间切改至 C 相。可降低低压线损约 2kW，降低线损率 1 个百分点。按照年运行

4000h 计，共计可节约电费 4000 元。

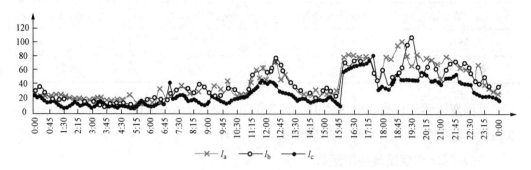

图 7-17　某教学楼变压器典型日三相实测负荷数据曲线

三、效益分析

由于配电室运行值班人员目前的收入状况和用能单位的电费支出没有直接关系，所以值班人员在供配电系统的经济运行上没有动力，而由于高校的电力负荷季节差又特别大，建议后勤管理人员考虑将变电经济运行的倒闸操作（每年 2 次、或者 4 次）和运行值班人员的经济收入挂钩，提高现场人员的积极性。该方式在高校等负荷季节差别大的电力用户中有一定的推广价值。

另外，对于学校类的电力负荷，由于原来主要为照明负荷，所以一直以来也没有收取功率因数调整电费，但是目前的实际情况高校的空调类负荷在总电力负荷中的比例越来越大，为了调动用户对于无功补偿装置的投入，建议供电公司以及项目管理部门可以考虑增加对于高等院校参照商业照明类的负荷进行力率电费的奖惩。使用户和电网企业在降低供配电损耗上达到双赢。某高校供配电系统节能改造内容见表 7-12。

表 7-12　　　　　　　　　　某高校供配电系统节能改造内容

项目名称	项目节能改造措施及建设内容	投资金额（万元）	项目时间安排	节能效果以及静态投资回收期
高压线路增容	该用户目前采用 10kV LGJ—120 型钢芯铝绞线专线进线（计量点在变电站侧，线损由用户承担），而后来由于负荷增长，远高于线路经济负载区间	120	在春、秋季后负荷低谷时进行实施，双电源分路扩容	6 年
变压器换型改造	将本部和北一区的共计 6 台老旧变压器更换，年降损量可达 2.85 万 kWh，合标准煤 10t	4 万元/台	由于北一区除总配（文化大厦）外，其余几个配电室总体配电设备均老化严重，结合学校统一配电设施更新计划进行	13 年

续表

项目名称	项目节能改造措施及建设内容	投资金额（万元）	项目时间安排	节能效果以及静态投资回收期
变压器经济运行	每年空调负荷高峰期过后（9月）切除1台变压器，次年空调负荷高峰期来前（6月）再投入，对于部分低压母联断路器需要进行改造	20（低压母联断路器改造费用）	每年9月、6月各配电室倒闸操作两次	4年。每年可节约用电量20万kWh，合标准煤70t
北一区无功补偿	北一区的无功补偿设备老化严重，而空调类、照明类的自然功率因数较低，建议投入资金更换新型无功补偿装置。根据负荷波动季节、时段的特点自动投切，提高各时段的无功补偿效果，降低变压器损耗	5	随时可更换	3.3年。经初步估算，下图书馆、综合楼、南配电室年降损耗达0.5万kWh，合标准煤1.75t
负载的相别调整	某动力变典型日三相负载低压负荷C相较B相一直偏低约10kW（50A），建议将B相负荷所带部分用户进行相间切改至C相。可降低低压线损约2kW，降低线损率1个百分点	500元（工人工资）	夜间负荷低谷时更换	年节约电费4000元

第五节　工业（高压）供配电系统典型案例

一、项目背景

本案例以西北地区某铁合金生产企业为例，对工业供配电系统（110、35kV供电）进行了分析，总结了该铁合金企业在供配电领域的典型节能措施，其中主要对企业现有的数据及现状作出了简单描述，在此基础上对节能潜力作出初步估计。其中铁合金冶炼用矿热炉系是一种耗电量巨大的工业电炉，又称电弧电炉，它主要用以从矿石中将主要元素还原，主要由炉壳，炉盖、炉衬、短网，水冷系统，排烟系统，除尘系统，电极壳，电极压放及升降系统，上下料系统，把持器，烧穿器，液压系统，矿热炉变压器及各种电器设备等组成。矿热炉用变压器的低压侧为典型的"低电压、大电流"短网供电，短网节能是该类企业的降损重点。

该铁合金企业共有三个冶金分厂，其中第三冶金分厂为新上110kV生产矿热炉，能效情况较好，本次主要对其老旧第一冶金分厂、第二冶金分厂（简称一冶厂、二冶厂）的供电系统进行诊断分析。另外，用于全厂供水系统、空气压缩机系统的动力厂（1号站）及硅粉厂也属于本次诊断内容。2009年全厂及能效诊断车间的能源采购及成本情况见表7-13。可以看出，本次诊断能源成本占全厂大概50%；而无论是在四个分厂，还是在全厂的能源消耗中，电耗均占全部能耗和水耗总成本的77%。

表7-13　　　　　　　2009年全厂及能效诊断车间的能源采购及成本情况

能源形式（单价）	全厂能源情况		诊断车间能源情况		成本占比（%）
电 （0.4 元/kWh）	149 396 万 kWh	59 758 万元 （77%）	76 260 万 kWh	30 504 万元 （77%）	51.0
煤（325 元/t）	1694t	55 万元	1694t	55 万元	100.0
柴油（453 元/t）	226t	121 万元	0	0	0.0
焦炭（122 元/t）	182 380t	17 540 万元	92 019t	8820 万元	50.3
水（0.1 元/m³）	1148 万 m³	172 万元	1148 万 m³	172 万元	100.0
合　　计	77 646 万元		39 551 万元		50.9

二、技术方案

根据第三节提到的供配电系统评估流程，首先，应明确能效诊断的供配电系统边界，对于分析评价的部分给出电气主接线图，见图7-18。

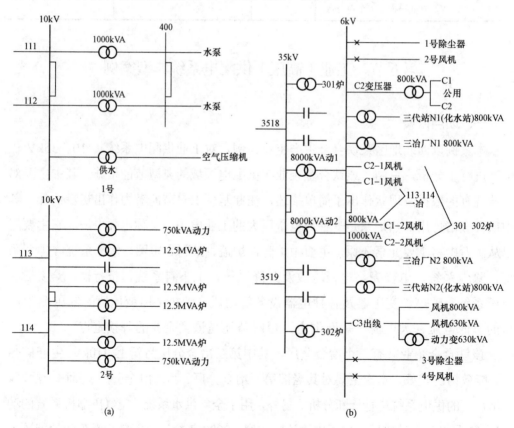

图7-18　评估车间电力主接线图
（a）一冶厂供电一次系统；（b）二冶厂供电一次系统

然后，查看各计量点表计的情况，厘清不同用电类型的对应表计，并分析各自的静态指标占比。2009 年度能源数据基础上推算出诊断车间总能耗量在各能耗点的分布见图 7-19，图中显示了电能在参与诊断车间的分布情况。其中，主要能耗设备为 1 号、2 号熔炼炉，共占总耗电的 97.9%。动力厂包括供水的耗电只占 1.1%，硅粉厂的耗电占总量的 1.0%。

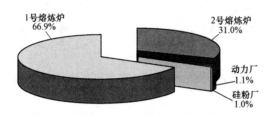

图 7-19 诊断车间总能耗量在各能耗点的分布

最后，根据给出的静态单耗值，对比其节能降损的潜力，给出具体的降损措施和简单的经济评价。

（一）降低二冶厂矿热炉的短网损耗

二冶厂的矿热炉的供电线路由于在一些接触点上电阻较高，造成很高的电量损失。在一些过热的连接点上甚至测到了 80℃的高温。

通过扩大连接点的截面积，并对接触点进行抛光及镀锡，每年可节约耗电 17 500 万 kWh，相当于每年节约人民币 700 万元。

电能采购减少：1750 万 kWh/年；

节约耗电成本：700 万元/年。

（二）降低一冶厂矿热炉的短网损耗

一冶厂的矿热炉由一个集中的三相变压器供电。因此二次供电侧的电线很长，导致很高的电量损失。一冶厂矿热炉的变压器布局及短网压降实测值见图 7-20。

通过将三相变压器供电改为分散的单相变压器，可以缩短供电线路的长度，以此每年可以减少 2000 万 kWh 的电量损失。这样每年可节约耗电成本 800 万元。

减少电能采购：2000 万 kWh/年；

节约耗电成本：800 万元/年。

类似的供电结构已在二冶厂实施。

（三）二冶厂的无功补偿装置改造

二冶厂的电炉变压器的二次出口侧已有无功补偿设备。采用标准低压无功补偿

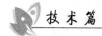
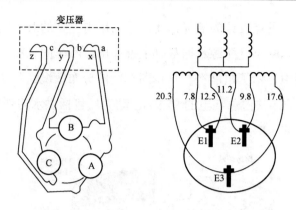

图 7-20　一冶厂矿热炉的变压器布局及短网压降实测值

设备（额定电压 230V，单只铭牌容量 20kvar），但是运行电压只有 190V 下，所以无功补偿严重不足，出力仅 13.6kvar。补偿后功率因数为 0.80 左右，所以为了满足力率调整电费要求，只能在高压进线侧进行重复补偿，造成很高的电量损失及变压器不必要的高负载。

建议对单台电炉变压器对无功补偿装置进行升级改造，功率因数由 0.8 升为 1.0，需增大补偿容量 0.75 万 kvar，铭牌容量为 1.1 万 kvar。无功补偿后变压器负载率可降至 80%，降低变压器损耗约 300 万 kWh，节约电费约 120 万元；共需投资 220 万元，静态回收期为 2 年。另外，建议无功补偿点可向设备侧后移 360mm，可降低无功电流电阻 0.6μΩ，降低短网损耗 3 万 kWh，节约电费 1.2 万元。

减少电量采购：303 万 kWh/年；

减少电量采购：121 万元/年。

（四）一冶厂加装无功补偿装置

目前一冶厂的 113、114 及 3520 供电线路上没有采取无功补偿装置。功率因数仅为 0.7，造成供电线路及电炉变压器不必要的高负载，损失电量。

通过加装无功补偿装置，每年可节电 1 万 MWh，折合人民币 400 万元。

减少电量采购：1000 万 kWh/年；

节约耗电成本：400 万元/年。

（五）优化供电电压

113、114 线路的供电电压目前为 10kV，通过提高供电电压可以将一次侧母线的线损降低到原来的 10% 左右。因为目前已有 110kV 的母线及变电站，所以可以用很少的投资将上述两条母线升级。通过电压升级每年可节约 80 万 kWh 电能，节约人民币 32 万元。

减少电量采购：80 万 kWh/年；

节约耗电成本：32 万元/年。

（六）更新变压器

因为电炉变压器的额定电压为 39kV，所以虽然 3518、3519 线路的额定电压为 35kV，但是他们实际运行电压为 40kV。这导致了很高的功率损失和过高的二次电压，配电线的实际电压高达 420V。由于配电线及所有相连的耗电设备的额定电压均为 380V，因此会严重缩短设备（如灯泡及电动机）的使用寿命。而且长期超出额定电压运行会引发很多安全问题。

如果更换为额定电压较低的电炉变压器，可以将母线的电压降到额定电压。

通过降低损耗，节约成本 84 万元。

减少电量采购：210 万 kWh/年；

节约耗电成本：84 万元/年。

三、效益分析

经过初步分析，通过实施以上优化措施，该企业每年可节约将近 4970 万元人民币，相当于目前一冶厂、二冶厂、粉尘厂及动力厂所有能源及水的消耗的 12.6%。

某企业供配电系统节能改造内容及效果见表 7-14。

表 7-14　　　　　某企业供配电系统节能改造内容及效果

项目名称	节能改造措施及建设内容	投资金额（万元）	项目时间安排	节能效果及静态投资回收期
降低矿热炉短网损耗	二冶厂短网接触电阻较高，并提高短网截面	200	提前根据计算的铜短网截面做好，在矿热炉大修时进行改造	3.5 个月，年节电量 1750 万 kWh
	将三相变压器供电改为 3 台单相变压器供电，使 6 条短网供电距离相当，尽量缩短短网距离	1860	提前和矿热炉变压器生产厂家联系，结合本厂的供电系统规划改造进行，新上炉体全部按照单相变压器设计	约 2.5 年，年节电量 2000 万 kWh
无功补偿	无功补偿装置铭牌容量受运行电压影响出力不足，补偿不够，增加无功补偿容量，并对位置进行优化	220	提前预订补偿装置，修改无功控制器，结合炉体大修进行	2 年，年节电量 303 万 kWh
	增加无功补偿装置	540		1.5 年，年节电量 1000 万 kWh

项目名称	节能改造措施及建设内容	投资金额（万元）	项目时间安排	节能效果及静态投资回收期
优化供电电压	113、114 线路的供电电压目前为 10kV，通过提高供电电压可以将一次侧母线的线损降低到原来的 10%左右	较大	结合厂区供电规划进行	年节电量 80 万 kWh
更新变压器	电炉变压器的额定电压为 39kV，3518 线和 3519 线的实际运行电压为 40kV，这导致了很高的功率损失和过高的二次电压，会严重缩短设备的使用寿命，并引发安全问题	500	尽快进行，更换后并报请供电公司调整供电变电站分接头	2.5 年，年节电量 210 万 kWh

电机系统节能

第一节 概 述

电机系统节能是指整个系统效率的提高，它不仅追求电动机效率、拖动装置效率的最优化，而且要求系统各单元相互匹配及系统整体效率的最优化。目前，我国电机系统存在的主要问题如下。

（1）电动机及被拖动设备效率低，电动机、风机、泵及空气压缩机等设备陈旧落后，效率比国外先进水平低 2%～5%。

（2）电动机产品设计水平与国外先进水平相当，但制造技术和工艺有差距。

（3）系统匹配不合理，"大马拉小车"现象严重，设备长期低负荷运行。

（4）系统调节方式落后，大部分风机、泵类采用机械节流方式调节，效率比调速方式约低 30%。

（5）电机系统节能技术与装备水平较落后，电动机传动调速及系统控制技术与国外相比差距较大，电力电子变频调速技术与国际先进水平相差 5～10 年，国外变频调速技术和产品主导我国电机系统市场，采用 IGBT/IGCT 电力电子器件的高压变频器及技术主要靠国外进口，价格较贵，而且安全可靠性方面还有待进一步提高，企业不愿承担经济和技术风险，因此采用变频调速的电机系统仍为少数，不到总量的 10%。

目前，我国电机系统的能源利用率约比国际先进水平低 10%～30%，运行效率比国外先进水平低 10%～20%，风机系统的节电潜力为 20%～60%，水泵系统为 20%～40%，压缩机系统为 20%～40%。

我国电机系统节能潜力巨大，据测算，若实现电机系统运行效率提高 2%将可在全国范围内节电 200 亿 kWh。

一、电机系统的定义

电机拖动是以电动机作为原动机拖动生产机械运动的一种拖动方式，又名电气传动或电气拖动。利用电机拖动，可以实现电能与机械能之间的转换，并能按照生产工艺要求方便地控制电动机输出轴的转矩、角加速度、转速、角位移及被拖动机械或机械组合的多种多样的起动、运行、变速、制动等。电机系统是以电机拖动方式运行，由电源装置、电动机、负载子系统、调节子系统等有机组成的机电系统。

二、电机系统的组成

电机系统是由电源装置、电动机、机械传递机构、工作机械组成的机电系统。如图 8-1 所示，电动机的输入端经过功率开关和控制元件由电网供电，其输出端通过传递机构以一定的传递比与工作机械相连接。按电动机供电电流的制式不同，可分为直流电机系统和交流电机系统。

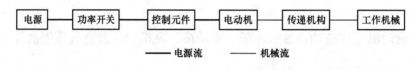

图 8-1　电机系统的能量传递

电动机：电动机是一种依靠电磁感应原理而运行的电磁机械，它从电系统吸收电功率，向机械系统输出机械功率，实现机电能量的转换。

电源装置：电动机的电源装置分母线供电装置、机组变流装置和电力电子变流装置三大类。母线供电装置按母线电流类型可分为交流母线和直流母线供电装置。机组变流装置可分为直流发电机组和变频机组。随着电力电子技术和电力电子变流装置的飞速发展，机组变流装置已经或正在被电力电子变流装置取代。

第二节　主要节能技术

一、电动机节能技术

（一）电动机的分类

电动机的分类方法多种多样，常用的有以下三种。

1. 按馈电电源和工作原理分类

一般可分为直流电动机和交流电动机。前者可分为并励、串励、复励、他励和永磁直流电动机。后者可分为异步电动机（又分笼型和绕线型异步电动机）和同步电动机（又分普通同步、永磁同步、无换向器和开关磁阻电动机）。

2. **按功率大小或电压等级进行分类**

一般分为微特电动机、小功率电动机、小型电动机、中型电动机和大型电动机等。

（1）微特电动机。主要用于自动控制和计算机控制系统中的检测、放大、执行和解算元件。

（2）小功率电动机。功率范围：不大于 2.2kW；额定电压：大多数为 220、380V 的常用电压。

（3）小型电动机。功率范围：0.12～315kW；额定电压：大多数为 220、380V 的常用电压。

（4）中型电动机。功率范围：315～3000kW；额定电压：常用的电压等级为 6kV 和 10kV，少量为 3kV。

（5）大型电动机。功率范围：2000kW；额定电压：目前常用的电压等级为 6.3、10.5、13.8kV 等。

3. **按工作机构的工作特点和工艺要求进行分类**

一般可大致分为风机和泵类、球磨机和磨类、稳速类、简单调速类、高速度、多单元速度协调类、快速正反转类、提升机械类、张力控制类和随动（伺服）类等电机系统。

（二）高效电动机

三相异步电动机的主要损耗包括定子铜耗、转子铜耗、铁芯损耗、风摩损耗和杂散损耗等部分。提高电动机效率主要应从降低定子和转子损耗、改进风扇等方面入手。

1. **降低发热损耗**

（1）优化电机内电与磁的合理匹配。

（2）选用优质的绕组材料。

（3）选用损耗与磁性能匹配合理的铁芯材料。

（4）有效增大铜面积。

2. **降低杂散损耗**

（1）合理设计齿槽关系和气隙。

（2）可靠的制造工艺减少磁场畸变。

3. **降低风摩损耗**

（1）合理的轴承结构和滑差设计。

（2）提高自然对流散热能力，减小通风量需求。

（3）提高冷却的热交换效率。

（4）提高冷却风扇的效率。

高效电动机（Y2-E、YX 等系列）通常指高效率三相异步电动机。效率水平达到或超过电动机能效国家标准（GB 18613—2006）所规定的节能评价值的电动机，与普通 Y 系列电动机相比，虽然制造的耗铜量、耗铝量、铁芯的硅钢片消耗量相应增多，费用有所增加，但效率高出 0.58%～1.7%。

（三）电动机功率损耗分析

1. 电动机的功率损耗

电动机的损耗主要包括铜耗、铁耗、风摩损耗和杂散损耗，其分析示意图详见图 8-2。其中铁耗和风摩损耗为恒定损耗，与负载无关。铜耗和杂散损耗为可变损耗，随负载的变化而变化。铜耗包括定子和转子线圈绕组的铜损，它与电动机负载电流的平方成正比。

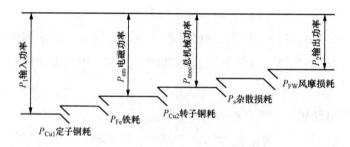

图 8-2　电动机损耗分析示意图

铁耗包括定子、转子铁芯中的铁损，由磁滞和涡流引起，并随磁通密度和频率变化。风摩损耗主要是由轴承的摩擦损耗，通风冷却的风阻损耗而引起。杂散损耗由漏磁、不均匀的电流分布、气隙中的机械缺陷和不规则的气隙磁通而引起。

2. 电动机效率测试方法

中国电力科学研究院的电动机能效测试系统参考 GB 18613—2006《中小型三相异步电动机能效限定值及能效等级》，具体测试方法如下。

（1）铭牌数据法。铭牌数据法是一种较为简单的效率计算方法，即根据铭牌上的数据，采用损耗分析法进行效率的分析和计算。

额定输入功率：$P_1^* = \sqrt{3} U^* I^* \cos\varphi^*$

总机械功率：$P_{mec} = P_2^* + P_{FW} + P_s \approx P_2^* + P_s$（这里假设 $P_{FW} = 0$）

杂散损耗：$P_s = 0.5\% \times P_1^*$

则电磁功率为：$P_{em} = \dfrac{P_{mec}}{1-s^*} = \dfrac{P_2^* + P_s}{1-s^*}$

定子铜耗：$P_{Cu1} = 1.5 \times I^{*2} R_t$

转子铜耗：$P_{Cu2} = P_{em} \times s^*$

则铁耗和风摩耗之和为：$P_{Fe} + P_{FW} = P_1^* - P_{Cu1} - P_{Cu2} - P_s - P_2^*$

则实测的输出功率为：
$$P_{2mea} = P_{1mea} - P_{Cu1mea} - P_{Cu2mea} - P_s - (P_{Fe} + P_{FW})$$
$$= P_{1mea} - 1.5 \times I_{mea}^2 \times R_t - P_{em} \times s_{mea} - P_s - (P_{Fe} + P_{FW})$$

则实测效率为：$\eta = \dfrac{P_{2mea}}{P_{1mea}}$

公式中，上标为*的参数来自于铭牌数据，下标为 mea 的参数为实验室实测数据。R_t 为折算到基准温度下的绕组电阻。

（2）单一电压点空载试验法。在电动机能效测试中，为保证测试的准确度，应尽可能做空载试验。如果没有调压电源，应作固定电压下的空载试验；如果有调压电压，应根据 GB/T 1032—2005《三相异步电动机试验方法》要求，做多点电压下空载试验。在某一固定电压下做空载试验时，可得以下公式。

铁耗和风摩损耗：$P_{Fe} + P_{FW} = P_{10} - 1.5 \times I_0^2 \times R_t$

上式中 P_{10} 为空载输入功率，I_0 为空载输入电流。

空载运行试验完毕后，应连接负载，使电机带载运行，测试并记录数据。

这时假设铁耗和风摩损耗全部在定子侧，这时输出功率达到最大值，则有

电磁功率：$P_{em1} = P_1 - P_{Cu1} - (P_{Fe} + P_{FW})$

转子铜耗：$P_{Cu2} = s \times P_{em1}$

输出功率：$P_{2max} = P_1 - P_{Cu1} - P_{Cu2} - (P_{Fe} + P_{FW}) - P_s$

假设铁耗和风摩损耗全部在转子侧，这时输出功率达到最小值，则有

电磁功率：$P_{em2} = P_1 - P_{Cu1}$

转子铜耗：$P_{Cu2} = s \times P_{em2}$

输出功率：$P_{2min} = P_1 - P_{Cu1} - P_{Cu2} - (P_{Fe} + P_{FW}) - P_s$

综合以上两种输出功率的计算公式，实际 P_2 取两种情况下输出功率的平均值，则可得出电动机的效率：$\eta = \dfrac{P_2}{P_1} = \dfrac{P_{2max} + P_{2min}}{2P_1}$。

（3）多点电压空载试验法。如果在实验室有条件进行调压，应根据 GB/T 1032—2005《三相异步电动机试验方法》的要求，在多点电压下做空载试验，即施于定子

绕组上的电压从 1.1～1.3 倍额定电压开始，逐步降低到可能达到的最低电压值即电流开始回升时为止，其间测取 7～9 点读数，根据国家标准计算要求分解得出铁耗和风摩损耗，求出铁耗 P_{FE} 和风摩损耗 P_{FW} 后，即可根据下式得出电动机的效率。

电磁功率：$P_{em} = P_1 - P_{Cu1} - P_{Fe}$

转子铜耗：$P_{Cu2} = s \times P_{em}$

则输出功率：$P_2 = P_1 - P_{Cu1} - P_{Cu2} - (P_{Fe} + P_{FW}) - P_s$

从而得出电动机得效率为 $\eta = \dfrac{P_2}{P_1}$。

（四）电动机运行

（1）电源质量对电动机效率的影响。电动机空载损耗约与电压的平方成正比，可变损耗与电压的平方成反比，因此电动机的效率与电压的关系，在不同负载率时，空载损耗和可变损耗的比例有关。当电动机空载损耗大于可变损耗时，降低电动机的输入电压；空载损耗小于可变损耗时，升高电动机的输入电压。从而使电动机运行于最高效率。一般情况下，对于运行负载率为 0.6～1 之间的电动机，应注意尽量避免在过低的电源电压下运行。

（2）负载特性对电动机效率的影响。在选用电动机时，应注意负载特性对电动机能耗的影响。对于一般恒定负载连续运行的场合，电气损耗不随时间而变，因此可选用在恒定负载时损耗低、效率高的电动机。对于负载特性为周期性工作制、短时工作制或包含启动、制动等过程的工作制，应考虑整个工作周期的效率最低。如果启动损耗较大时，选用电动机就应使用高启动转矩的电动机，以缩短启动时间，减少启动损耗，从而使整个工作周期的损耗降低。由于高起动转矩的转子电阻较大，因此这种电动机在恒定负载时效率就相对较低，但是由于启动损耗较大幅度的下降，电动机的总损耗得到下降，如图 8-3 所示。

（3）负载率对电动机效率的影响。

电动机的效率可表达如下

$$\eta = \frac{P_2}{P_1} = \frac{P_2}{P_2 + \sum P} = \frac{1}{1 + \dfrac{\sum P}{P_2}} = \frac{1}{1 + \dfrac{P_0 + P_L}{P_2}} = \frac{1}{1 + \dfrac{P_0 + P_L}{\beta P_N}}$$

总损耗 $$\sum P = P_0 + P_L$$

式中　P_0——空载损耗，包括铁耗和风摩损耗；

P_L——可变损耗，包括定子、转子绕组电流损耗和负载杂耗；

P_N——电动机额定功率；

β——负载率，$\beta = P_2 / P_N$。

由上式可得电动机运行时，效率最大值 η^* 发生在负载率 β^* 处，后者的表达式为

$$\beta^* = \sqrt{\frac{P_0}{P_{LN}}}$$

式中　P_{LN}——电动机额定功率时的可变损耗。

效率最大值 η^* 的表达式为

$$\eta^* = \frac{1}{1 + 2 \times \dfrac{\sqrt{P_0 P_{LN}}}{P_N}}$$

由以上公式可知，只要已知电动机的空载损耗和额定功率时的可变损耗，即可求得电动机的最大效率和相应的负载率。

不论何种设计，当负载率低于 0.5 以后，电动机的效率急剧下降，因此选用电动机时负载率不能过低。

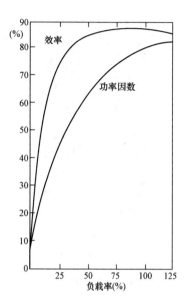

图 8-3　电动机效率、功率因数与
负载率的关系

（五）电动机系统节能的途径和措施

1. 更新淘汰低效电动机及高耗电设备

推广高效节能电动机、稀土永磁电动机，高效风机、泵、压缩机，高效传动系统等。更新淘汰低效电动机及高耗电设备；对新装电动机系统，采用相关节电设备。逐步限制并禁止落后低效产品的生产、销售和使用。对老旧设备更新改造，重点是高耗电中小型电机及风机、泵类系统的更新改造及定流量系统的合理匹配。

下列情况下应该考虑选用高效电动机：

（1）在新上项目需要新的电动机时。

（2）旧电动机损坏或电动机需要进行重绕时。

（3）在电动机长期运行于低负载或过负载状态下需要更新电动机时。

在工业行业，一台异步电动机每年可以消耗的能源费用相当于购置成本的 5～10 倍，其使用年限为 12～20 年，其可能消耗的能源费用相当于购置成本的 60～200 倍，如图 8-4 所示。

2. 提高电动机系统效率

推广变频调速、永磁调速等先进电动机调速技术，改善风机、泵类电动机系统调节方式，逐步淘汰闸板、阀门等机械节流调节方式。重点对大中型变工况电动机系统进行调速改造，合理匹配电机系统，消除"大马拉小车"现象。

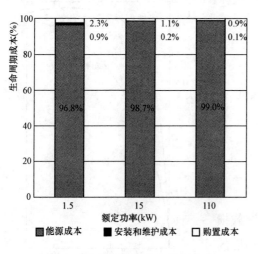

图 8-4 异步电动机生命周期成本

3. 被拖动装置控制和设备改造

以先进的电力电子技术传动方式改造传统的机械传动方式。

4. 优化系统的运行和控制

推广软启动装置、无功补偿装置、计算机自动控制系统等，通过过程控制合理配置能量，实现系统经济运行。

5. 电动机维修

对于投入运行后系统运行效率大大降低的风机和泵系统，应该首选找出造成这种现象的若干因素，然后针对这些因素，采取有效措施加以排除或改进。电动机零部件磨损、腐蚀或毁坏，可以采取修复或更换新零部件的办法。

表 8-1 列出了各类节能措施的节能潜力。

表 8-1　　　　　　　　　　　各类节能措施的节能潜力

措　　施	节能潜力（%）	措　　施	节能潜力（%）
使用高能效电动机	2～6	改间接传动为直接传动	1～2
采用正确的型号和规格设计	1～3	高效变速箱	2～10
采用转速调节技术	10～50	润滑、调整和微调	1～5
改三角皮带为齿形皮带	0.5～2		

二、电动机调速节能

（一）调速节能概述

1. 调速节能的条件

要实施调速节能，前提是具有变化的工况。所谓变化的工况，系指风机、水泵在工作运行时，其输出的压力和流量需要经常性地调节，以此满足生产的实际需求。传统的改变风机、水泵输出压力和流量的方法是节流，就是通过改变挡板或阀门的开度，来实现压力和流量的调节。分析表明，节流调节由于挡板或阀门阻力增大，将在挡板或阀门产生大量能耗，因此这种方法虽然简单、经济，但是功率损耗甚大，要付出巨大的耗能代价。

调速节能，就是通过改变原传动电动机的速度，来取代挡板或阀门调节，节约了节流所损耗的能量。因此，变化的工况是调速节能的必要条件。

2. 调速节能的原理

调速节能，指在达到同样工况条件下，调速方法与节流方法所付出能量代价的差值。风机、泵类的流量、压力和功率都与其转速密切相关，其数学表达式为

$$\frac{Q_2}{Q_1} = \frac{n_2}{n_1}$$

$$\frac{H_2}{H_1} = \left(\frac{n_2}{n_1}\right)^2$$

$$\frac{P_2}{P_1} = \left(\frac{n_2}{n_1}\right)^3$$

式中　Q——流量；

　　　H——压力；

　　　P——功率；

　　　n——转速。

由此可见，要调节风机、水泵的输出，可以通过改变转速的方法得以实现。调速法在改变主机输出流量或压力时，管路特性不发生变化。不会像节流阀那样，调节时将增大管路阻力。因此调速法较节流法具有显著的节能特性。

调速节能完全是由主机的特性所决定的，对主机而言，无论采用什么调速方法都能取得同样的节能效果。但是实现原动机调速会产生一定的能量损耗。所以实际的节能应该为

节能=（节流阀的能耗-主机调速的能耗）-调速的能耗

因此，风机、水泵调速节能的关键就归结为调速方法的效率了。

（二）电动机调速系统分类

电动机调速技术是电机系统节电的重要手段。对风机和泵系统来说，因为没有用直流电动机拖动的风机和泵，所以只涉及交流调速技术和交流调速方式。交流调速方式已有 20 多种，当前用得比较普遍的有以下几种，现分述如下。

（1）转子串电阻调速：通过改变串接在绕线型转子电路中的电阻值来改变电动机转速。它的优点是调速简单、不需要复杂的控制设备、维护保养方便、对电网无干扰、初始投资低。其缺点是转子电耗大、效率低、机械特性软、动态响应能力差、调速范围为100%～50%，不易做到无级调速，调速平滑性差。

（2）定子调压调速：通过改变定子输入电压值来改变电动机转速。它的主要优点是技术成熟，动态响应速度快、调压装置简单、初始投资较低、维修方便。其缺点是低速运转时损耗大、效率低、调速特性软。它适用于调速范围要求不宽（100%～80%），调速精度要求不高，长期在高速区运转的小容量异步电动机。

（3）电磁离合器调速：通过改变电磁离合器的励磁电流来改变电动机转速。它的优点是装置结构简单、维护方便、初始投资不大、对电网无干扰，其缺点是低速运行时效率比较低，高速运行时调速特性软，有速度损失，不能全速运行。它的调速范围为97%～20%。适用于长期高速运行和短期低速运行的中小容量笼型电动机。

（4）液力耦合器调速：液力耦合器是一种利用液体介质传递转速的机械设备，其主动输入轴端与原传动机相连接，从动输出轴端与负载轴端连接，通过调节液体介质的压力，使输出轴的转速得以改变。理想状态下，当压力趋于无穷大时，输出转速与输入转速相等，相当于钢性联轴器。当压力减小时，输出转速相应降低，连续改变介质压力，输出转速可以得到低于输入转速的无级调节。通过改变耦合器的供油量来改变电动机转速。它的优点是技术成熟、功率因数高、对电网无干扰、初始投资不高。它的缺点是调速率低、不能全速运行、体积和占地面积大、动态响应速度慢、有共振问题、出现故障时无法切换运行，需停车处理。其调速范围为97%～30%，适用于长期高速运行、短期低速运行的高压中大容量笼型电动机。

（5）液粘离合器调速：通过改变离合器工作腔中平板间间隙值来改变电动机转速。液粘离合器调速的许多性能与液力耦合器相近，与后者相比，其调速效率高、体积小、初始投资低、可全速运行、调速范围较宽（100%～20%），也适用于长期高速运行、短期低速运行的中大容量笼型电动机和同步电动机。

（6）变极调速：通过改变电动机极对数来改变电动机转速。它的优点是运行可靠、动态响应速度快、节能效果好、对电网无干扰、控制装置简单、维护方便、可分段启动和减速、初始投资低，其缺点是属于有级调速，仅适用于按二、三、四档固定速度变化的场合，使用范围窄。为了弥补有级调速的缺点，有时与定子调压调速或电磁离合器调速配合使用。

（7）串级调速：通过改变绕线转子电路中逆变器的逆变角的数值来改变电动机转速。它的优点是调速效率高，且调速装置的初始投资比变频调速装置低得多，调速范围小时可以做到平滑无级调速。其缺点是控制装置比较复杂，功率因数低，调整范围比较窄，为100%～50%。只适用于调速范围要求不大，对动态性能要求不高，只需单象限运行的绕线型异步电动机。

（8）双馈调速（超同步串级调速）的优点是调速范围广，可在次同步转速区运转，也可在超同步转速区运转，其调速范围比串级调速大一倍，其初始投资远低于变频调速，功率因数可调、节电效果好。其缺点是控制装置比较复杂，应用范围较窄，只能用于绕线型异步电动机，适用于大型风机、水泵和轧机等传动。

（9）变频调速：通过改变电源频率来改变电动机转速。它的类型很多，主要优点是无调速转差损耗、效率高、功率因数高、有优异的启动和制动性能、动态响应速度最快、调速精度最好、调速范围宽（接近100%～0%）。其缺点是变频器制造技术复杂，且启停频繁，适用于速度变化范围大、长期低速运行或调速精度要求高的场合下运行的交流电动机。

（10）内馈调速：与变频调速同属于电磁功率控制原理，两者的调速效率、机械特性等主要性能是一致的。有区别的是控制对象不同，内馈调速控制的是异步机的转子，而变频调速控制的是异步机的定子。因此，在高压应用时，由于内馈调速没有附加的变压器，因此较变频调速具有更高的调速效率，同时可靠性高、价格低廉，是高压大功率风机、水泵重点选择的新技术。

上述液力耦合器和液粘离合器调速属机械调速，其他属于电气调速，变极、变频、串级和双馈调速属于高效调速，其他属于低效调速。这些调速方式，各有长处和不足，各有一定的使用范围和场合。综合比较，变频调速优点最多，被国内外公认为最理想和最有发展前途的交流调速方式。表8-2比较了异步电动机常用调速方法。

表8-2　　　　　　　　　　异步电动机常用调速方式比较

性能	液力耦合器	内馈调速	变频调速
调速原理	损耗功率控制	转子控制　改变电磁功率	定子控制　改变电磁功率
可靠性	停车　不安全	低压控制　可靠性高	高压控制　可靠性较高
调速范围	较高	大　可根据需求设计	大
调速精度	低	高	很高
响应速度	慢	快	很快

续表

性能	液力耦合器	内馈调速	变频调速
效率与节能	技术要求较低	系统90%	系统95%
额定功率因数	小	较高（0.9）	较高（0.9）
谐波	国产低 进口约为国产4～8倍	最小 无须滤波	较大 可能需要滤波
故障处理	较高（0.8～0.85）	转全速 旁路调速控制	停车 旁路变频器重新启动
启动	损耗功率控制 损耗大	电流2.0～3.0 转矩1.0～1.8	电流0.5～1.0 转矩0.2～0.8

（三）变频调速

1. 变频器原理

变频器是一种用来调控三相电动机转速的设备，变频器不但改变电流频率，而且还改变电动机的电压。变频器分不同的等级（几千瓦至几兆瓦不等），效率一般为96%～98%。可安装在原有的设备上。

调速的基本原理是基于以下公式

$$n_1 = \frac{60f_1}{P}$$

式中　　n_1——同步转速，r/min；

f_1——定子供电电源频率，Hz；

P——磁极对数。

一般异步电动机转速 n 与同步转速 n_1 存在一个滑差关系

$$n = n_1(1-S) = \frac{60f_1}{P}(1-S)$$

式中　　n——异步电机转速，r/min；

S——异步电动机转差率。

由转速公式可知，可以通过改变极对数、转差率和频率的方法实现对异步电机的调速。前两种方法转差损耗大，效率低，对电动机特性都有一定的局限性。变频调速是通过改变定子电源频率来改变同步频率从而实现电动机调速的。在调速的整个过程中，从高速到低速可以保持有限的转差率，因而具有高效、调速范围宽和精度高等性能。

实际上仅仅改变电动机的频率并不能获得良好的变频特性。因为由异步电机的电势公式可知，外加电压近似与频率和磁通乘积成正比，即

$$E_1 = 4.44f_1N_1\Phi_m$$

式中　　E_1——定子每相电动势有效值；

f_1——定子供电电源频率；

N_1——定子绕组有效匝数；

Φ_m——定子磁通。

由上式可知，若外加电压不变，则磁通 Φ 随频率而改变，如频率 f 下降，磁通 Φ 会增加，造成磁路过饱和，励磁电流增加，功率因数下降，铁芯和线圈过热，显然这是不允许的。为此，要在降频的同时还要降压，这就要求频率与电压协调控制。此外，在许多场合，为了保持在调速时，电动机产生最大转矩不变，需要维持磁通不变，这可由频率和电压协调控制来实现，故称为可变频率可变电压调速（VVVF），简称变频调速。从结构上看，静止变频调速装置可分为交—直—交变频和交—交变频两种方式。前者适用于高速小容量电动机，后者适用于低速大容量拖动系统。只要设法改变三相交流电动机的供电频率 f，就可以十分方便地改变电动机的转速 n，比改变极对数 P 和转差率 S 两个参数简单得多。目前，应用最多的变频器就是交—直—交变频器。

通用变频器的基本电路结构如图 8-5 所示，主要包括以下几部分。

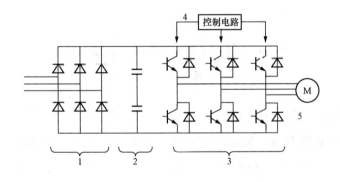

图 8-5　通用变频器基本电路结构

1—整流部分；2—滤波部分；3—逆变部分；4—控制部分；5—负载

（1）整流部分：把交流电压变为直流电压。

（2）滤波部分：把脉动较大的交流电进行滤波变成比较平滑的直流电。

（3）逆变部分：把直流电转化为三相交流电，这种逆变电路一般是利用功率开关元件按照控制电路的驱动、输出脉冲宽度被调制的 PWM 波，或者正弦脉宽调制的 SPWM 波，当这种波形电压加到负载上时，由于负载电感的作用，使电流输出连续化，变成接近正弦波的电流波形。

（4）控制电路：用来产生输出逆变桥所需要的各种驱动信号，这些信号受外部

指令决定，由频率、频率上升下降速率、外部通断控制及变频器内部各种各样的保护和反馈信号等综合控制。

某泵系统加装变频器后与原有系统使用节流阀相比，系统功率损失对比见图8-6。

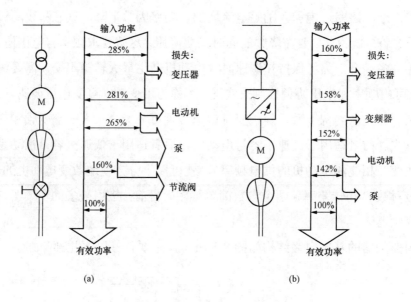

图 8-6　泵系统加装变频器前后功率损失对比

（a）无变频器；（b）加装变频器

2. 变频器的适用范围和优点

（1）适用于负荷和转速波动较大的设备上（泵、风机、空气压缩机、搅拌机、输送机械等）；不适合用在转速和负荷固定的设备上（变频器的自损为2%~4%，应予以考虑）。

（2）可节电性高（特别是泵和风机系统可节电高达50%）。

（3）改装方便。

（4）维护简便。

（5）使用得当回收期很短（例如取代节流装置等）。

（6）空载时可减少设备振荡（减少磨损）。

（四）调速方案的选择

调速节能应该遵循以下三条原则。

1. 节能性

关键在于调速效率，应该选择效率高、损耗小的调速，例如变频调速等；尽量避免转差消耗型的调速，特别是行将被淘汰的技术和产品。例如转子串电阻调速及液力耦合器等。

2.　可靠性

可靠性是设备运行的最重要技术指标之一，在选择调速节能设备时，应该特别引起重视。考察设备和技术的可靠性应该注意以下三点。

（1）技术原理可靠：调速符合科学原理，主要控制电路尽量避免元件的串、并联，电路发生意外故障时，能够顺利转入全速运行，避免停车。

（2）工艺可靠：应选择历史悠久、经验丰富的专业生产厂商（至少具有 3～5 年的生产历史）。

（3）器件可靠：主要控制器件必须经过筛选和老化，生产厂商具有 ISO9000 认证资质。

3.　廉价性

在同样技术水平的条件下，尽量选择价格低廉的产品。

三、风机系统节能技术

（一）风机的主要结构

1.　风机的分类和原理

风机类型很多，一般分为叶片式风机和容积式风机。叶片式风机分为离心风机和轴流风机；容积式风机分为往复风机和回转风机。

风机中最常用的是离心风机和轴流风机，见图 8-7、图 8-8。

图 8-7　离心风机　　　　　　　　　　图 8-8　轴流风机

离心风机的工作原理是，叶轮高速旋转时产生的离心力使流体获得能量，压力和动能都得到提高，从而能够输送到高处或远处。

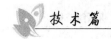

轴流风机的工作原理是，旋转叶片的挤压推进使流体获得能量，升高其压力和动能。风机的主要性能参数有流量、全压、功率、效率、转速。

2. 离心风机的主要部件

离心风机主要由叶轮、机壳、导流器、集流器、进气箱以及扩散器等组成。

（1）叶轮：叶轮是风机的主要部件，其作用是转换能量，产生全压。叶轮分封闭式和开式两种。

（2）机壳：风机的机壳由螺形室、蜗舌和进出风口组成。螺形室的作用是收集从叶轮出来的气体引导至出口，并将气体的部分动能转化为压能。通常在螺形室出口附近的"舍状"结构形成蜗舌，其作用是防止部分气流在蜗舌内循环流动。

（3）导流器：导流器又称为进口风量调节器。在风机的集流器之前，一般装有导流器。运行时，通过改变导流器叶片的角度来改变风机的性能，扩大工作范围和提高调节的经济性。

（4）集流器及进气箱：集流器的作用是在损失最小的情况下引导气流均匀的充满叶轮进口。

（5）扩散器：扩散器又称扩压器，因蜗壳出口断面的气流速度很大，末端装扩散器的作用是降低气流速度，使部分动能转化为压能。

3. 轴流风机的主要部件

轴流风机的主要部件有叶轮、集风器、整流罩和导流体、导叶和扩散筒等。大型轴流风机还装有性能稳定装置和调节装置。

（1）叶轮：叶轮由轮毂和叶片组成，其作用和离心机一样，是实现能量转化的主要部件。

（2）集风器：集风器的作用是使气流获得加速，在压力损失最小的情况下保证进气速度均匀、平稳。

（3）整流罩和导流体：叶轮前装置与集风器相适应的整流罩，构成轴流风机进口气流通道，以获得良好的平稳进气条件。

（4）导叶：轴流风机设置导叶有几种情况：叶轮前设置导叶，叶轮后设置导叶，叶轮前后均设置导叶。前导叶的作用是使进入风机前的气流发生偏转，把气流由轴向引为旋向进入。后导叶在轴流风机中应用最广，气体轴向进入叶轮，从叶轮出去的气体绝对速度有一定旋向，经后导叶扩散并引导后，气体以轴向流出。

（5）扩散筒：扩散筒的作用是将从后导叶出来的气流动压进一步转化为静压，以提高风机静压。

（6）性能稳定装置：大型轴流风机一般加装性能稳定装置，又称 KSE 装置，主要是保证轴流风机在流量减小时风机的稳定运行。

（7）调节装置：调节装置是大型轴流风机的主要组成部分。调节装置有机械调节和液压调节两类，大型轴流风机一般采用液压调节。

（二）风机的运行

1. 风机的运行工况

风机的运行工况由风机的特性曲线和管道的特性曲线决定。管道的特性曲线是指空气流量与管道阻力之间的关系。

气体流经通风系统管道所产生的阻力损失与其流速的平方成正比，而流速又与流量成正比。因此，管道阻力与流量的平方成正比，即

$$H = KQ^2$$

式中　H——风道系统的总阻力；

Q——流经风道的气体流量，即送、吸风机的流量，m^3/h；

K——管道特性系数。

2. 风机的并列运行

为了提高锅炉运行的灵活性和可靠性，以及使风机的体积能够适应布置的要求，对于大中型锅炉，通常都设有两台送风机和两台吸风机。当采用两台风机时，每台风机的出力应能满足锅炉额定蒸发量的 70% 的需要。

风机并联运行时的工作特点是压力相同，流量为两台风机流量之和，然而并联运行时每台风机又比单台运行时流量要小。这是因为并联运行时，总的流量增加，管道系统的阻力也相应增加，所以并联的总流量受到限制。

3. 风机的调节

在锅炉运行中，应根据外界负荷需要改变风机出力，在特定的管道系统中，风机的出力可通过某些调节手段来达到。目前，送吸风机的调节方法有节流调节、导向器调节、变速调节和动叶调节等。

（1）节流调节。节流调节是调节风机出口风门、挡板的开度，即人为地增加系统阻力的办法来控制风机的流量。节流调节的方法最简单可靠，但很不经济。因为风门、挡板关小时，风机所产生的压头并非全部有效地克服原来管道的阻力，而是部分压降被风门、挡板关小后额外增加的阻力消耗，如图 8-9 所示。

（2）导向器调节。导向器调节是改变装在风机入口处导向叶片的角度来变更风机流量。这种调节方式虽然增加涡流损失，使风机效率有所降低，但是足以抵消风

机效率降低所造成的损失，因此比节流调节经济。

（3）变速调节。变速调节是通过改变风机转速来改变风机的风量。改变转速调节是调节范围最大、经济性最佳的方法。它适应于用蒸汽轮机及燃气轮机驱动的，或带有流体联轴器的大型鼓风机、压缩机。风机本体不需要增设调节机构。

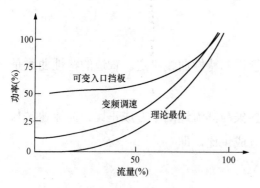

图8-9　节流调节与变频调速的功耗曲线

（4）动叶调节。轴流风机的动叶调节是通过改变叶轮上叶片的安装角度来调节流量。动叶调节角度越大，撞击与涡流的能量损失也越大，对效率的影响也越大。其调节范围及经济性均较理想，尽管调节复杂，目前仍广泛应用。

（三）风机系统节能的措施和途径

1. 减少风机本身损耗

要减少风机本身的功耗，需采取以下措施。

（1）除湿。

（2）提高风机的绝热效率。

（3）降低进气温度。

（4）尽力防止进气压力降低。

（5）出口压力，余量不应太大。

（6）减少迷宫密封的泄漏。

（7）防止叶轮磨损、积灰和腐蚀。

（8）采用高效率大型机组代替几台小型机组并联。

2. 合理选型

选用风机时，力求风机的额定流量、额定压力接近工艺要求的流量和压力，从而使风机运行在高效区。然而实际生产中由于风机与电动机配套不一致，很多情况下选用的风机流量、压力过于富裕。为了使原有风机高效运行，可以对其进行改造。

（1）车削叶轮：对于单级风机，当流量和压力均偏大时，可以通过车削叶轮外缘来降低风量和风压。

（2）减少级数：减少多级鼓风机的级数，可以改变气流量和压力的大小，但要注意，取下末级叶轮，仅降低压力；取下首级叶轮，压力、流量均会减少。

（3）更换叶轮：如果流量或压力需要减少20%以上，车削叶轮就不经济了，这时需要更换小流量、低压头叶轮。在大流量领域中，可以把效率低的一元流叶轮，换成效率高的三元流叶轮。

3. 通风系统节电潜力

（1）管网布局与密封性。

（2）各阻力部件的压降是否合理。

（3）系统阻力能否降低。

（4）调节方式是否合理。

（四）风机系统节能评估

以下两条原则可供优化风机系统性能时考虑：

（1）风机的选择应能为一种给定的工况提供最大效率。

（2）对风机系统进行复查，以确保峰值运行时损失最小。

表 8-3 列出了风机系统中存在优化可能性之处。

表 8-3　　　　　　　　　　　　风机系统中存在优化可能性之处

低效风机系统	同应用场合不匹配	以前基于最低价格考虑而添置的风机可以升级或替换为效率更高的型号； 冶炼技术和风机设计的改进使现在的高效风机可以用于范围更广的场合中
	控制方式	采用出口阻尼的方法是一种低效率的流量控制方式； 靠近风机入口处的蝶形挡板会产生端流，从而降低系统性能
	导向叶片	可变入口导向叶片被用于控制流量，通常在 85%～100% 的流量范围内最有效，而不适用于苛刻的工况
维护	系统阻力高	风机必须克服由入口导向叶片或叶轮处的堵塞物导致的阻力； 系统阻力高的原因包括不清洁的油网、过滤器和蛇形管等
	流量泄漏	由于泄漏而导致的流量损失即是能量浪费； 在连接松弛、法兰松懈或扭曲以及由于垫圈损坏的情况下，风机系统出现泄漏； 另一种泄漏的原因是由于管路的腐蚀和侵蚀
系统影响因素	入口和出口的设计	进入风机的空气流动在不受限制、通路均匀时，效率最高； 直接处在风机入口处的弯管会增加损失，应该加以避免； 在风机入口和出口处的障碍物会扰乱流动，导致湍流出现； 松弛的连接经常导致恶劣的流动动态特性，破坏流动的稳定性
	风机的朝向	风机的朝向应确保平稳的空气流动，因为如果流体流动方向与风机或泵的旋转方向一致，湍流即减至最小
	导向装置	应该安装导向装置，以纠正不良的入口和出口状况。例如，当一弯管离风机入口太近时，应装导向装置
	弯管	圆形弯管比方形弯管的阻力要小

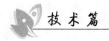

四、泵系统节能技术

（一）泵系统的基本知识

1. 泵系统的组成

一个典型的泵系统由五个基本部分组成：泵、原动机、管道、阀门和终端设备。

（1）泵：从广义上泵可以分为两类：容积式泵和动力式泵，这种分类方法是根据泵将能量加给流体的方式来划分的。容积式泵是通过泵运转时，机械内部工作容积的不断变化来吸入和排除流体的。而动力式泵是通过叶轮的旋转对流体做功，从而使流体获得能量，动力式泵中以离心泵应用最为广泛。

（2）原动机：大多数泵是由电动机驱动的。由于交流电动机成本低和可靠性高，使得交流电动机成为了最为常用的驱动泵的原动机。

（3）管道：对于管道而言，最重要的是尺寸、材料和成本。在流量一定的情况下，流动阻力随管径的增加而降低，但同时管径越大、管道越重，所占空间越大、成本越高。然而小管径的管道阻力大，使得流体高速流动，磨蚀、磨损和阻力扬程都增加，从而使泵消耗的功率增加。

（4）阀门：泵系统中的流量可以通过阀门控制。阀门可以用来隔断设备或调节流量。隔离阀是用来堵住系统的一部分，以达到系统运行或维护的目的。流量调节阀通常用来限值系统分支管路的流量（节流阀）或是允许流体通过（旁通阀）。

（5）终端设备：终端设备各种各样，其对流体的压力需求以及通过设备的压力损失也各不相同。对热交换器而言，流量是关键的性能指标。对于水力机械，压力则是重要的系统需求。因此泵和泵系统的各个组成部分必须根据终端设备的需求进行选型和配置。

2. 泵的主要参数

泵的主要参数有流量、扬程、转速、功率、效率以及气蚀余量等。

气蚀余量是指单位重量的液体从泵吸入口流至叶轮进口压力最低处的压力降低量，它是表征泵抗气蚀好坏的一个重要参数。对于气蚀余量有两个主要的参考指标：有效气蚀余量和必须气蚀余量。

有效气蚀余量指泵吸入口处单位重量的液体所具有的超过饱和蒸汽压力的富裕能量，是系统和流量的函数。

必须气蚀余量是指单位重量的液体从泵吸入口流至叶轮片进口压力最低处的压力降落，是泵及流量的函数。

如果有效气蚀余量大于必须气蚀余量，那么泵不会出现气蚀现象。过度的气蚀不仅会影响泵的效率，还会导致泵的损坏。

（二）泵系统运行

1. 泵的联合运行

（1）并联运行。并联运行就是两台或两台以上的泵同时向同一管路输送液体的运行方式。目的是增加系统流量。并联运行有相同性能的泵并联运行和不同性能的泵并联运行，前一种方式应用广泛。

两台性能相同的泵并联运行时的特点是：两台泵运行时具有同样扬程，与总扬程相同，但并联的总扬程比单台泵运行时提高了，这是因为并联时总流量增加，阻力增加，所需扬程必然增加；流量为两台泵流量之和，但就每台泵而言流量与单独运行时有所减少，并联台数越多，流量增加的比例越小。同时，每台泵并联后功率比单独运行时减小了。这是因为功率曲线是一条随流量增加而上升的曲线，流量较小功率也较小。

（2）串联运行。泵首尾相连在同一管道系统中，依次传送同一流量的方式即为泵的串联。串联的目的主要是提高泵的扬程。

总流量与每台泵的流量相同，总扬程为每台泵扬程之和。与单独一台相比，串联后总扬程增加了，但是每台泵的扬程与其单独运行时的扬程相比减小了。

2. 流量控制

（1）节流阀控制。节流阀控制是泵系统中最常见的流量调节方式，它通过改变系统管路调节阀的开度，可以阻塞流体介质的流通。节流阀通常比旁通阀效率更高，因为节流阀关闭时，泵的扬程更高。

（2）旁通阀控制。旁通阀控制允许流体介质不经过系统部件而从周围管路流过。其缺点是降低系统的效率，旁通流体介质的能量浪费了。

（3）泵转速控制。泵转速控制包括机械和电气的方法使泵的速度和系统的流量/压力要求相匹配。特别对于流体动力摩擦压头起主导作用的系统，变频驱动和多速泵控制通常是最有效的流量控制方法。

（4）泵运行台数控制。多泵并联控制有两种基本类型：大小泵布置或一系列相同的泵并行布置。

（三）泵系统节能的措施和途径

泵系统对能量的高效利用受到下列因素的影响：

（1）泵的配置。

（2）控制方法。

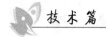

（3）入口和出口的流体流动状态。

（4）泵的选型是否和系统要求相匹配。

（5）泵的效率。

（6）在多台泵并联运行系统中各台泵的运行顺序。

泵系统的高效运行需要关注整个系统，泵系统的优化就是对系统需求和目前的实际运行情况进行分析，用合适的优化方法使系统的供应需求达到动态平衡，保证泵系统运行在最佳效率区。泵系统的优化措施主要有以下几个方面：

1. 优化管路

优化泵系统管路需要考虑几个问题，包括：确定正确的管道尺寸、合理布置管道系统、最大限度减少压力损失以及选用低阻力的零部件。

2. 合理选型

泵选型过大会增加泵的运行成本和维护成本，然而实际中由于设计选型时通常要考虑一些安全裕量，所以泵经常超过实际需要。对于选型过大的泵，可以采用六种措施来降低能源费用。

（1）利用合适扬程和流量的泵替换现有的泵。

（2）用更小的叶轮替换现有的叶轮。

（3）降低现有叶轮的外径。

（4）利用变频驱动。

（5）增加更小型泵来降低现有泵的间歇运行。

（6）适当的使用流量控制阀。

3. 多泵配置

替代单一泵满足系统要求的方法是使用多个小泵组合运行。系统负荷的大范围波动使得单一的泵不能连续运行靠近在最佳效率点处。多台泵具有配置灵活、可靠性高以及在高静压头的系统中能有效的满足流量变化需求等优点。

4. 大小泵配置

大多数泵系统都有流量变化大的特点，许多场合，系统正常运行流量和最高负载下的流量之间存在较大差异，如使用单一泵是根据峰值或最大工况来选，泵会长期运行在低效率状态。系统可以安装小型泵在正常工况下使用，大型泵在最大负载条件下运行，可节约可观的成本。

5. 应用变频驱动

在许多系统中运用变频调速，不仅可以提高泵的运行效率，而且可以使系统的运行效率也明显升高。

（四）泵系统节能评估

泵系统节能情况见表 8-4。

表 8-4   泵系统节能情况

低效率的泵系统	气穴	当吸入管道中的压强降至比液体汽化压强还低时，蒸汽便会形成，这些蒸汽气穴在到达压力较高的区域时，蒸汽气泡在高压作用下，迅速凝结而破裂产生局部气穴，会造成噪声、部件慢蚀及振动等； 气穴能造成叶轮和泵壳点蚀，而这种局部的腐蚀会使泵的输送能力和效率降低，严重时造成设备故障
	叶轮设计	叶轮越宽，泵送的流体的容积也越大。这样，即使流量有变化，泵所提供的排出压力也会更恒定； 增大叶轮的叶片倾角，可以增大泵的扬程能力； 叶轮的叶片越多，泵的扬程能力越恒定； 通过改变径向式叶轮的孔眼大小，泵的泵送能力可以增大或减小； 作为一条通用的原则，封闭式叶轮的效率更高，然而也更昂贵，它们最适合于洁净的应用场合
维护	公差	流经叶轮的流体泄漏量会影响泵的效率； 在叶轮出口处形成的高压可能使液体回流到某一压力较低的区域； 磨粒造成的磨损会影响间隙； 必须保证相对运动的零件间有紧密的配合间隙，一些泵在运动和静止表面间加用了防磨环； 为了泵的高效运转，回流循环必须保持在最小的程度
	密封装置	密封装置应该作周期性的检查，以作正确的调整； 通过检查外溢率来检查密封的紧密性，通常情况下，密封应有泄漏以作润滑和冷却之用； 轴密封过紧会造成过量的磨损，这将导致机械损坏且能量损失
	涂层	可以用特殊涂层来修补孔穴，并且对内表面润滑，从而可以减小摩擦损失
系统影响因素	设计	对泵的吸入口的设计应保证通向该入口的流量均匀且稳定； 建议在紧靠泵吸入口法兰连接前安装的吸入管为直管，长度至少为直径的 8 倍
	弯管	在吸入管处安置弯管会造成汽蚀

五、压缩空气节能技术

（一）压缩空气系统组成

压缩空气系统由供气侧和用气侧构成。供气侧主要包括空气压缩机、存储压缩空气的储气罐、干燥机、过滤器等生产和处理压缩空气的设备。用气侧主要包括管道系统、空气储存系统、现场过滤装置和用气设备。

压缩机有容积型和动力型两大类，见图 8-10。容积型压缩机将一定容积的空气先吸到汽缸里，继而强制压缩其体积，达到一定压力时将其排出。容积型以往复式及螺杆空气压缩机应用最广泛。动机空气压缩机的原理是将气体的动能转化为压

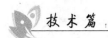

力能，主要有离心式和轴流式，其中离心式比较常见。

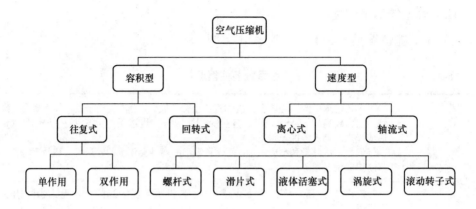

图 8-10 压缩机主要类型

（二）压缩空气系统优化评估

空气压缩机的运行成本能耗占总成本的 75%或是更高，而设备及维护保养只占成本的很小一部分，这就决定了优化整个压缩空气系统来降低空气压缩机能耗的重要性。

空气压缩系统的优化措施主要有以下几种：

1. 消除压缩空气的不正当使用

压缩空气是较为昂贵的能源，在很多情况下，由于其清洁、安全等优点经常会作为首选。所以优化压缩空气的第一步就是消除压缩空气的不正当使用，尽可能选用经济的能源替代。

2. 建立泄漏检测和管理程序

一定要注意泄漏问题，这会造成较严重的能源浪费。泄漏的压缩空气会占用气总量的 20%～30%。

3. 对压缩空气进行正确处理

压缩空气处理的目的是根据系统生产工艺和用气设备对压缩空气露点、含油量和颗粒含量的要求，在合适的位置配备合适类型和容量的干燥剂、过滤器等空气处理设备，以保证生产安全顺利进行。

4. 最小化系统压力降

系统压力降是指系统压力从空压机出口到实际用气点的减小程度。设计比较合理的压缩空气系统，从储气罐到用气点的压力损失不应该超过空压机排气压力的10%。过多的压力损失不但会导致比较差的系统性能，而且会导致过多的能量消耗。最小化压力降可通过采用合理设计选型，正确对系统进行维护和优化管路系统等方法达到。

最小化系统压力降要求采用系统的方法来设计和维护压缩空气系统，并在系统改变后对系统管路进行合理的优化。

（1）合理设计选型。在供气侧，气液分离器、干燥机和过滤器等空气处理设备应按照在最大流量运行条件下压降最低的原则进行选型。在用气侧，调压器、润滑器、软管和接头等部件应选择其在最低压差条件下有最好的性能的产品。

（2）正确对系统进行维护。设备安装后应该定期监测系统各部分的压力降，并且按照供应商建议的程序对其进行定期维护。

（3）优化管路系统。原本设计好的管路由于新的用气设备的增加其压力损失也增加。这时，用户最常用的方法是增加空压机排气压力，其实，只需对供气管路的部分进行改造就可以减少整个系统的能源支出。

5. 合理配置存储系统

在压缩空气系统中的适当位置配置存储系统（一次存储和二次存储），可以减少系统处于峰值负荷时的压力损失值并且延长压力下降的时间，可以保护对压力变化比较敏感的用气设备或工艺免受系统中其他用气工艺的影响。在一些系统中，可以通过控制储气罐的再充满时间来减少系统突然用气对其他用气工艺的影响。许多系统中专门有一台空压机处于调节控制模式用于支持间歇性负荷用气事件，有时策略性的空气存储可以达到停止这台空压机运行的效果。

（1）一次存储系统配置。有效的压缩空气存储是通过压差实现的，可利用气量的多少取决于储气罐的体积和储气罐前后的压差。在大多数压缩空气系统中，空压机的压力设定比系统可以接受的最大压力高许多，储气罐的压力也相应的保持在比较高的水平，以保证在系统需求增加时系统的压力不会下降到低于系统可以接受的水平。系统压力每增加 0.1MPa，系统流量中的人为虚假用气量会增加约 14.2%。

利用压力流量控制系统对一次存储进行控制，当空气储罐压力增加时，中间控制装置对空气进行节流并且防止下游压力上升，防止人为虚假用气量情况的出现，系统负荷和空压机能耗也随之降低。

（2）二次存储系统配置。在许多工厂中，有间歇性高负荷的空气应用，对于这样的系统可以通过在间歇性大负荷用气工艺的附近安装存储罐来解决，而不必增加空压机的排压力或空压机的容量。

6. 稳定系统供气压力

所有压缩空气系统都有保证系统正常运行的最低压力。目前，工厂操作为了保证安全生产，供气压力通常高于系统实际需要的压力值。如果系统的供气压力被降低，将会产生明显的节能效果。对系统的供气压力提高 0.14MPa 将会使系统多消耗 20% 的人为虚假用气量。

稳定系统的供气压力可以控制人为虚假用气量，人为虚假用气量是指在系统实际压力下消耗的空气流量和最佳运行压力下的流量之差。通过系统测试评估可以初步确定系统的目标供气压力。目标压力一旦确定就可以采取措施平衡系统的供给与需求，稳定系统供气压力到系统可以接受的最低供气目标压力，同时根据系统负荷特点调整供气侧压力设定点和空压机控制策略。

稳定系统供气压力有许多好处，压缩机控制响应得到改善的同时，负载循环更平稳而且频率被降低。现有空气储罐可供使用的空气储量通过建立压差而得到改善。存储的能量提供了动态的、短期用气活动和稳定系统所需的供气压力。

7. 选择与系统负荷特点相匹配的控制策略

压缩空气系统控制的目的是将空气压缩系统供气与系统要求相匹配。控制策略的正确对压缩空气系统的效率至关重要。一般情况下，压缩系统会由多个空压机组成，控制策略的目的就是使不必要的空压机停止运行，并且除了正在调整的空压机以外，其他运行的空压机只要运行就要处于满负荷。

8. 热回收

工业空气压缩机电能损耗的 80%～93% 被转化为热能。许多情况下，如果应用设计合理的热回收系统则能够将这些热能的 50%～90% 进行回收，用于空气或水的加热。无论是空冷式空压机还是水冷式空压机都可以进行热回收，典型热回收应用包括空间辅助加热、工业工艺加热、水加热、循环空气加热以及锅炉补充水预热等。但从压缩空气系统回收的热能一般不足以直接产生蒸汽。

第三节　能效评估流程

电机系统节能评估是对现有的电机系统能源利用状况进行评定的一种方法，其目的在于了解该系统目前的电能利用状况，分析存在的问题，寻求可能的改进措施。电机系统节能评估流程见图 8-11。

（1）电动机筛选：首先要总揽现有系统，重点关注能源费用高、长时间运行的大负荷。

（2）现场调查：对选定的目标开展现场调查，了解系统运行情况。首先要熟悉所评估的系统，如画出示意图，标上必要的参数、工艺流向，获得文字资料或记录资料，如设备的参数和工艺要求，目前运行状况的记录数据。进一步需要了解所评估的系统存在什么问题，是否进行处理。

（3）开展测试：通过现场调查，了解系统运行情况后，制定详细的测试方案，方案中应列出测试目的、要求、所需仪表、测点的布置，同时把存在的疑问列入测试方案，以便在测试过程中得到求证。

（4）分析测试数据：测试结束后，分析测试数据和计算结果，归纳测试中发现的现象，这常常要参考泵或风机的特性曲线图，分析出设备处在什么状态下运行，是什么原因造成的。

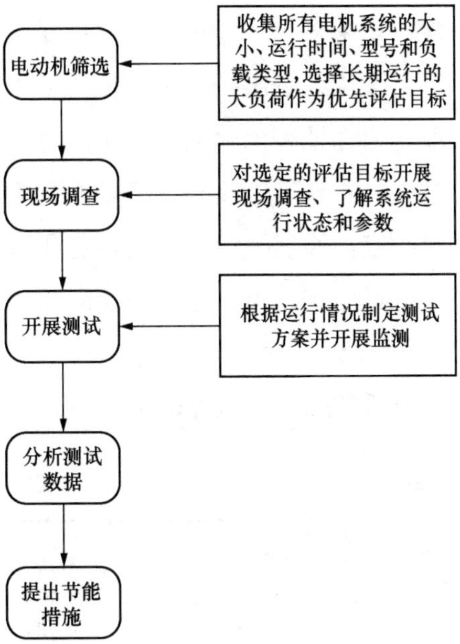

（5）提出节能措施：根据对现场调查的

```
电动机筛选  ←─  收集所有电机系统的大
                小、运行时间、型号和负
                载类型，选择长期运行的
                大负荷作为优先评估目标
   ↓
现场调查  ←─  对选定的评估目标开展
              现场调查、了解系统运
              行状态和参数
   ↓
开展测试  ←─  根据运行情况制定测试
              方案并开展监测
   ↓
分析测试
数据
   ↓
提出节能
措施
```

图 8-11　电机系统节能评估流程

电机系统运行情况以及测试数据的分析结果制定节能措施，如：设备的状态处在不经济运行状态下就应采取措施，如选用高效设备，包括电机及拖动设备与工艺要匹配，减少系统的阻力和不必要的能耗，安装节能节电装置，加强管理，制定更合理的操作规程等。当需要对设备进行较大的资金投入时，应进行技术经济分析。

第四节　典　型　案　例

 高压变频在电弧炉除尘风机上的应用案例

一、项目背景

本项目对某钢铁集团炼钢厂电弧炉炼钢除尘风机应用高压变频改造。电弧炉炼钢是一些钢铁厂造成烟尘污染的主要来源之一。在冶炼过程中，炉口会排出大量棕红色的烟气，烟气温度高、含有易燃气体和金属颗粒，按照 GB 16297—1996《大气污染物综合排放标准》，必须对烟气进行冷却、净化，由引风机将其排至烟囱放散或输送到煤气回收系统中备用。因此，每座电弧炉需配有一套除尘系统。此炼钢厂正是在这种状况下，对电弧炉除尘系统进行高压变频技术改造研究的。

二、技术方案

除尘风机是将烟气吸收排放的主要设备。电源通过母线段网侧高压断路器接入系统，采用多重化移相干式隔离变压器进行电源侧电气隔离，以减小对电网的谐波污染；变压器输出经功率柜逆变输出后直接驱动三相异步电动机，实现除尘风量的控制。为保证整个除尘风机系统可靠性，系统设计中还采用工频旁路，当系统变频运行时，断开隔离开关。在变频运行时，由远程 PLC 启停变频器；转速由微机控制系统给定，实现除尘风机的转速和风量控制。当变频器出现故障时，系统切换至原工频运行方式，由原除尘系统启动风机，入口挡板控制风量。

三、效益分析

电弧炉除尘风机能耗情况见表 8-5。

表 8-5　　　　　　　　　　　电弧炉除尘风机能耗情况

工况＼项目	运行时间（h）	累计耗电量（kWh）	产钢量（t）	吨钢除尘电耗（kWh/t）
工频运行	72	104 727	3780	27.7
变频运行	72	45 460	3854	11.3

（1）除尘系统在变频改造后，功率因数从 0.83 左右提高到 0.973。

（2）吨钢除尘电耗降低了 16.4kWh/t，设备节电率高达 59.3%，节能效果显著。年节电量高达 593 万 kWh，年节电收益高达 225 万元。

案例二　空气压缩机节能改造案例

一、项目背景

北京某水泥厂为大中型工业企业，空气压缩机车间有 5 台拖动系统，在正常生产情况下 2 台同时运行，即 3 备 2 用。生产工艺要求管网气压相对稳定，该系统采用电磁阀门，将风压力控制在 0.55～0.65MPa 之间，以保证生产的需要。压力采用两点式控制（上、下限控制），也就是当空气压缩机气缸内压力达到设定值上限时，空气压缩机通过本身的油压关闭进气阀；当压力下降到设定值下限时，空气压缩机打开进气阀。生产的工作状况决定了用气量的时常变化，这样就导致了空气压缩机频繁的卸载和加载，经常是加载 1min，卸载 2min，对电动机、空气压缩机和电网造成很大的冲击。再者，空气压缩机卸载运行时，不产生压缩空气，电动机处于空载状态，其用电量为满负载的 75% 左右，这部分电能被白白浪费。

二、节能原理

在这种情况下，对该系统进行变频改造是非常必要的。

（1）由于空气压缩机不能排除在满负载状态下长时间运行的可能性，所以只能按最大需求来决定电动机的容量，故设计裕量一般偏大。在实际运行中，轻载运行的时间所占的比例是非常高的。如采用变频调速，可大大提高轻载运行时的工作效率。因此节能潜力是非常大的。

（2）采用电磁阀门来调节用气量的方式，即使在需求量较小的情况下，也不能减少电动机的运行功率。采用变频调速后，当需求量减少时，可降低电机的转速，减少电动机的运行功率，从而进一步实现节能。

（3）从运行质量的角度看，电动机拖动系统一般不能根据负载的轻重连续的进行调整。而采用变频调速后，可以十分方便的进行连续调节，保持压力、流量等参数的稳定，从而大大提高压缩机的工作性能。

三、效益分析

对于空气压缩机采用变频调速后的节能效果，根据功率 P 与转速 n 的三次方成正比的原理进行估算。空气压缩机额定功率为 132kW，从现场运行情况和测试数据可知，大概只有 1/2 的时间运行在 70% 负荷下，电动机输入功率为 105kW；大概 1/2 的时间运行在 20% 负荷下，电动机输入功率为 40kW，空气压缩机连续 24h 运行，全年运行时间 360 天。则每年的用电量 W=（105×12+40×12）×360=626 400kWh。采用变频器后节电率 20%，采用变频调速后节约电量为：626 400×0.2=125 280kWh。电价按 0.5 元/kWh 计算，则每年可节约电费 6.26 万元，采用变频器进行改造，全套费用在 6 万元左右，大概在一年内即可收回全部投资。

案例三　压缩空气系统管网优化和变频控制节能改造

一、项目背景

某烟草材料有限公司压缩空气系统原先配备 5 台英格索兰螺杆式空气压缩机，分为两个系统独立运行。系统一为 20m³/min 的空气压缩机运行，系统二为 10m³/min 的空气压缩机运行，均为 ModuJation 控制方式。

二、技术方案

对系统进行诊断后发现，存在以下节能点：

（1）优化系统管路系统：对两个独立的管路系统进行并网运行，根据系统流量测试结果，在正常生产时，一台 20m³/min 的空气压缩机就能满足其峰值负

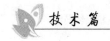

荷需求。

（2）安装高效变频控制系统对英格索兰 EP200 型空气压缩机进行一拖二变频控制，不但减少可开机台数，而且提高了一台空气压缩机运行时的效率。

（3）增加系统储气能力：通过增加储气能力，稳定了系统供气压力，并且延长了压缩机出现故障时操作工程师的反应时间，提高了系统的可靠性。

（4）稳定系统供气压力：通过变频控制稳定系统的供气压力，从而降低了系统的平均供气，进而使系统人为虚假用气量有所降低，空气压缩机能耗也随之减少。

（5）安装报警系统：安装高、低压报警系统，提高系统可靠性。项目首先对系统压缩空气进行并网，并根据系统不同部分对压缩空气露点要求的不同进行了优化，并网后原来运行的容盘为 $10m^3/min$ 的空压机停止了运行，并网后根据系统负荷变化的特点，增加了储能系统，并对两台容量为 $20m^3/min$ 的空压机实施了一拖二变频控制，按照系统负荷情况控制空压机转速，保持系统压力的稳定，提高系统的运行效率。

三、效益分析

系统不同工况下的能耗情况见表 8-6，可以看出，整个项目节电达 77.7kW，综合节电率达 54.8%，一年运行时间按 4000h 计，一年节约电费 20.17 万元（电价按 0.65 元/kWh 计算）。

表 8-6　　　　　　　　　　　　系统不同工况下能耗情况

工　况	空气压缩机 1 平均功率（kW）	空气压缩机 2 平均功率（kW）	总平均功率（kW）	节约功率（kW）	节电率（%）
系统独立工频运行	91.3	50.4	141.7	—	—
并网工频运行	—	—	102.9	38.8	27.3
并网变频运行	—	—	64.0	77.7	54.8

第九章

空调系统节能

第一节 概　述

建筑物根据其功能类型不同，空调系统在建筑能耗中所占的比例有很大差异。以北京地区为例，大型公共建筑的政府机关办公楼空调系统能耗约占建筑能耗的21%，大型商场空调系统能耗约占建筑能耗的50%，写字楼空调系统能耗约占建筑能耗的37%，星级酒店空调系统能耗约占建筑能耗的44%。建筑制冷空调系统常包括：冷热源设备系统、水输送系统、风输送系统、自动控制系统、能量回收系统。五个系统有各自的节能思路，归纳起来主要是通过：①加强运行管理、杜绝"跑冒滴漏"的浪费现象；②提高水泵风机等输配设备的运行效率及应用变频调速技术；③改善过渡季节设备运行方式，避免冷热不均，增加自动控制系统等各项节能措施。空调系统的节能改造技术和手段还应包括：地热与地源热泵、水环热泵、冷却塔供冷、变频变流量一次泵系统、变风量系统、改变风机水泵工作点、热回收、蓄冷等。本章主要详细介绍相关节能技术并提出对空调系统的能效评估流程。

第二节　主要节能技术

一、空调系统运行节能措施

（一）部分区域全时空调解决方案

通过合理划分空调系统和采用不同形式的冷源组合，以满足不同区域使用功能不同和运行时间不同的差异。

（二）多台冷水机组联合运行

冷水机组的运行特性表明，机组的负荷 R 越高，机组的性能系数 COP 越大。对于多台冷水机组联合运行系统，特别是对于具有不同额定制冷量的冷水机组系统，由于每台机组 $COP—R$ 关系的不同，使得在同时运行着的机组之间进行负荷最优分配，从而获取最高冷水机组系统整体性能系数成为关键。

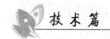

（三）冷冻水出水温度调节

根据冷水机组厂家的技术文献，冷冻水出水温度提高 1℃，冷水机组能耗大约降低 4%。提高冷冻水出水温度通常不会给设备带来任何风险。实施本措施通常无需任何成本或仅需很少的成本。

（四）室外新风免费供冷

利用室外新风免费供冷指在室外空气焓值小于室内空气焓值时，将室外新风通过风道引入室内为建筑物提供空调的做法。

二、空调系统维护节能措施

水冷式冷水机组的冷却水系统污染会引起冷凝器传热管壁结垢，恶化冷凝器的换热条件，进而使冷水机组的冷凝温度升高和 *COP* 下降，带来冷水机组能耗上升的不良后果。定期对冷凝器进行清洗可以降低冷水机组运行能耗。

三、空调系统设计节能措施

（一）冷冻泵冷却泵变频

冷水系统是空调系统的主要组成部分，它一般包括冷水机组、冷却塔、冷水循环泵及冷却水循环泵等几个主要的耗能设备。常规的空调系统设计，大都是按照设计工况来配置管网和循环水泵等设备的。实际上，绝大部分时间空调系统是在40%～80%负荷范围内运行的，为了适应这种情况，负荷侧需要采用变冷水温差或变冷水流量调节来适应空调末端负荷变化的需求。

（二）转轮式全热回收装置在排风热回收中的应用

转轮式全热回收装置适用于集中式空调系统中的排风热回收。转轮固定在空调机组箱体的中心部位，通过减速传动机构传动，以 10r/min 的低转速不断地旋转，在旋转过程中让以相逆方向流过转轮的排风与新风，相互间进行传热、传质，完成能量交换过程。

（三）温湿度独立控制

中央空调消耗的能量中，40%～50%用来除湿。冷冻水供水温度提高1℃，效率可提高 3%左右。采用除湿独立方式，同时结合空调余热回收，中央空调电耗可降低 30%以上。我国已成功开发溶液式独立除湿空调方式的关键技术，以低温热源为动力高效除湿。

（四）冷却塔免费供冷

冷却塔免费供冷是指在原有空调水系统的基础上增设部分管路和设备，当室外空气湿球温度达到一定条件时，可以关闭冷水机组，以流经冷却塔的循环冷却水直接或间接向空调系统供冷，提供建筑空调所需要的冷负荷。目前通常使用的冷却塔免费供冷形式为增加了板式换热器的冷却塔间接供冷形式，其适用于向需全年供冷的区域或是在过渡季节仍有较大冷负荷的建筑区内提供空调。其经济性取决于建筑负荷特性、冷却塔形式和室外气象条件，一般可在 6～12 个月内收回投资，属于低成本节能改造措施。

（五）热回收式冷水机组

水冷式冷水机组通过冷却塔向外界排放大量的热量。从建筑中转移的全部热量和压缩机做功产生的热量全部以这种形式排向外界。回收这些热量用于向建筑供热和供生活热水可以节约大量能源。

（六）蓄冷技术

所谓蓄冷技术，即是在晚间电力谷负荷阶段，利用电动制冷机制冷，把冷量按显热或潜热的形式储存于某种介质中，到白天用电高峰期，把储存的冷量释放出来，以满足建筑物空调等需要，这样制冷系统的大部分耗电发生在夜间用电低谷期，白天只有部分或辅助设备运行，从而实现电网负荷的移峰填谷。目前，蓄能系统按蓄冷介质可分为水蓄冷、冰蓄冷和共晶盐蓄冷。

1. 基本运行模式

根据用户的负荷特点，蓄冷空调一般采用全蓄冷、部分蓄冷及机载主机+蓄冷系统等运行模式。

（1）全蓄冷运行模式：制冷主机在电力低谷期满负荷运行，系统夜间蓄冷，完全满足白天冷负荷需要。该模式能最大限度地起到削峰填谷的作用，适用于那些空调使用期短但冷负荷大的场合，如体育馆、舞厅等。优点是：最大限度地转移了电力高峰期的用电量，运行成本最低，系统简单，便于系统调试和运行管理。缺点是：蓄冷容积及主机容量大，初期投资较大。

（2）部分蓄冷运行模式：这种方式的主要特点是减少制冷机装机容量，一般可减少到峰值冷负荷的 30%～60%。制冷机低谷期蓄冷，白天由蓄冷装置释冷来满足冷负荷的要求，冷量不足部分由制冷机供给。优点是：系统灵活，蓄冷容量和主机容量均较小。缺点是：运行费用较全蓄冷模式高。

（3）机载主机+蓄冷系统运行模式：当建筑物每天 24h 均有冷负荷需要时，基本冷负荷可设置一台小容量主机全天运行来满足，其余冷负荷可由设计蓄冷系统来满足。优点是：机载主机连续运行，效率高。缺点是：运行费用较前两种模式高。

2. 蓄冷空调的主要设备

蓄冷空调的主要设备有电制冷主机、冷却塔、乙二醇泵（冰蓄冷用）、冷却水泵、蓄冷槽、板式换热器等。

3. 蓄冷系统的类型

蓄冷系统的种类较多，常规的蓄冷系统广泛采用水蓄冷和冰蓄冷。

4. 水蓄冷和冰蓄冷的差异

目前常用的蓄冷系统主要是以水蓄冷为代表的显热蓄冷和以冰为代表的潜热蓄冷。

水蓄冷是利用价格低廉、使用方便、热容较大的水作为蓄冷介质，利用水温度变化所具有的显热进行冷（热）量储存，夜间制出 4～7℃ 的低温水供白天使用。

冰蓄冷是利用水的液固变化所具有的凝固热来储存冷量，由于冰蓄冷采用液固相变，所以蓄能密度较高，为水蓄冷的 7～8 倍。

5. 蓄冷量

水的相变温度为 0℃，相变潜热为 335kJ/kg，因此与水相比，冰的单位体积蓄冷量要大得多，故与水蓄冷相比，蓄冷槽体积仅为其 1/5～2/3，其表面的散热损失也相应减少。

6. 运行效率

水蓄冷以水为蓄冷材料，可以使用常规冷水机组，设备的选择性和可用性范围广，机组运行效率高。冰蓄冷为使蓄冷槽中的水结成冰，制冷机必须提供-9～3℃的不冻夜，这比常规空调用的冷冻水的温度要低得多，因此冰蓄冷必须使用特定的双工况制冷机组。所谓双工况，即是可以在常规空调工况下制取冷冻水，也可以在特定的制冰工况下制冰，但空调主机在制冰工况下效率将下降 30% 左右。

7. 投资

水蓄冷适用于常规供冷系统的扩容和改造，可以通过不增加制冷机容量而达到增加制冷量的目的；可利用消防水池、原有的蓄水设施或建筑物地下室作为蓄冷容器来降低初投资；蓄冷水池能实现蓄冷和蓄热的双重功效。在有条件的情况下，蓄冷罐体积越大，单位蓄冷量的投资越低，当蓄冷容积大于 760m³ 时，水蓄冷最为经济。

冰蓄冷由于蓄冷密度高，运行方式灵活，散热损失小，适用于大中城市及地皮昂贵或环境美化要求较高的场合，冰蓄冷与大温差低温送风技术相结合，可提高空调品质，降低空调主设备与附属设备容量及耗材，进一步降低系统初投资费用，达到与常规空调初投资持平甚至较低的水平，目前我国在建与运行的蓄冷空调项目90%是冰蓄冷空调。

第三节　热　泵　技　术

热泵作为环保节能的供热空调系统，仅利用了空气、土壤、地下水和地表水（江、河、湖、海）等作为冷热源，避免了燃料产生的污染，具有良好的综合能效比。热泵技术的不断发展和深入，将使热泵汲取能量方式有所发展，从而使机组的能效比更佳。

一、热泵的发展及建筑节能

1. 热泵概述

随着经济的发展和人们生活水平的提高，公共建筑和住宅的供暖和空调已经成为普遍的要求。如今，人们对室内环境提出了更高的要求：健康、舒适、安全和方便。空调能耗所占全社会的份额节节攀升，成为能耗大户。作为中国传统热源的燃煤锅炉，不仅能源利用率低，而且还会给大气造成严重的污染，因此在一些城市中，燃煤锅炉正在被逐步淘汰，而引进的燃油、燃气锅炉则运行费用很高。与此同时，室外环境污染和自然资源枯竭的问题已经成为全社会关注的焦点。这样，热泵技术就成为一种在技术上和经济上都具有较大优势的解决供热和空调的替代方式。

建筑物的中央空调系统应满足冬季供热和夏季制冷两种相反的要求。传统的空调系统通常分别设置冷源（制冷机）和热源（锅炉），而热泵中央空调系统则可以省去锅炉，去掉冷却塔，从而节省了投资，并减轻了对大气的污染。

2. 热泵的特点

（1）可再生能源。地源热泵是利用了地球表面浅层地热资源（通常小于 400m 深）作为冷热源进行能量转换的供暖空调系统。地表浅层是一个巨大的太阳能集热器，收集了 47%的太阳能量，比人类每年利用能量的 500 倍还多。它不受地域、资源等限制，真正是量大面广、无处不在。这种储存于地表浅层近乎无限的可再生能源，使得地能成为清洁的可再生能源的一种形式。

（2）高效节能。地能或地表浅层的热资源温度一年四季相对稳定，冬季比环境空气温度高，夏季比环境空气温度低，是很好的热泵热源和空调冷源，这种温度特性使得地源热泵比传统空调系统运行效率要高 40%，比空气源热泵系统运行效率要高 60%，因此可节省运行费用 40%～60%。另外，地能温度较恒定的特性，使得热

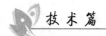

泵机组运行更可靠、更稳定，也保证了系统的高效性和经济性。

（3）环保无污染。地源热泵中的传热介质是在一个完全封闭的循环管道内流动，通过管壁导热与岩土进行热量的转换。地源热泵没有任何污染物排放，噪声低，不影响人们的正常生活和工作，并且系统内装有新风装置，改善了室内的空气环境，使人感到更加的舒适。工程系统的安装不改变原建筑物的外观。

（4）功能多，应用范围广。地源热泵系统可用于供暖、空调，同时还可用于供卫生热水，一机多用，一套系统可以替换原来的锅炉加空调两套装置或系统。此系统可应用于几万平方米的大型宾馆、商场、办公楼、学校等建筑，也适合于小型的别墅住宅的采暖、空调。此外，系统地下部分采用耐腐蚀的材料，免维修，可安全使用 50 年以上，使用寿命长；机组结构紧凑，节省空间；维护费用低；自动控制程度高，可无人值守。

3. 热泵的冷热源

热泵的作用是能够将低温位能源的热量提升为高温位能量。热泵运行时，通过蒸发器从热源中吸取热量，再通过冷凝器向用热对象提供热量，故热源温度的高低是影响热泵运行性能和经济性能的主要因素之一。在一定的供热温度条件下，热泵热源温度与供热温度之间的温差越小，热泵的制热效率越高。

热泵的热源可分为两大类。一类是自然热源，热源温度较低，如空气、水（地下水、地表水、江、河、湖等）、土壤和太阳能等；另一类是生活和生产排热，这类排热温度较高，如废气、废水等。

空气作为低温位热源，可以无偿地随时随地采用，但是空气的比热容小，当工质温度与环境空气温度相差 10℃时，从空气中每吸收 1kW 的热量，所需的空气流量为 360m³/h，大风量使热泵机组的体积增大，而且造成一定的噪声。随着空气温度的下降，热泵的效率降低，有些热泵虽然在-20~-15℃仍可运行，此时的制冷系数将降得很低。

可供热泵作为低温位热源用的水，有地下水、地表水、工业废水等，水的比热容大，传热性能好，水温一般很稳定。

地表水相对空气来说，可算是高品位热源，只要冬季不结冰，均可作为低温位热源使用，可获得较好的效果。我国拥有绵长的海岸线，沿海地区可充分利用海水资源作为热泵冷热源。

地下水是热泵良好的低温位热源，水温随季节气温的变化较小，水温比当年的平均气温高 1~2℃，在我国华北地区为（14±1）℃，华东地区为（20±1）℃，东北地区为（10±1）℃，采用地下水时应注意水的回灌和回灌水对地下水层的污染等问题。

工业废水的温度较高，是很好的低温位热源，只要做好去污除尘，利用价值较高。特别要注意的是，目前已经采用深层地下高温水供暖的建筑物尾水作为热泵的热源。

土壤同样是热泵的一种良好低温位热源，温度相对稳定，并有一定的蓄能作用。但由于土壤的传热性能欠佳，需较大的换热面积，导致建筑物周围要有足够大的可使用面积。土壤的传热性能取决于导热率、密度、比热容和含水量。

太阳能集热器在实际运行中，受季节、昼夜、时间、气候的影响较大，采用太阳能供热，在技术上和经济上都存在一些问题。太阳能集热器与热泵的联合运行，使太阳能集热器在 5～10℃低温下集热，再由热泵装置升温给供热系统，这是一种利用太阳能较好的方案。

二、热泵的分类

热泵是一种将低温热源的热能转移到高温热源的装置。按热泵驱动功的形式分机械压缩式热泵、吸收式热泵、蒸汽喷射式热泵。常见的是机械压缩式热泵。根据机械压缩式热泵所吸收的可再生低位热源的种类，热泵可分为：空气源热泵（空气—空气热泵、空气—水热泵）、水源热泵（水—水热泵、水—空气热泵）和地源热泵（土壤—空气热泵、土壤—水热泵）等。

蒸汽压缩式热泵装置的工作原理与蒸汽压缩式制冷机的工作原理是一致的。逆卡诺制冷和逆卡诺制热循环的组成和作用是相同的，都是由两个可逆的绝热过程和两个可逆的等温过程所组成,在蒸发器中的等温过程从低温热源中吸取热量(制冷);在冷凝器中的等温过程向高温热源放出热量（供热）。夏季空调降温和冬季采暖，都是使用同一套设备完成的，冬季采暖和夏季空调的改变，是机组内通过一个换向阀来调换蒸发器和冷凝器工作的，因此热泵又可定义为能实现蒸发器与冷凝器功能转换的制冷机。

1. 空气源热泵

空气源热泵系统是以空气作为低温热源，可以取之不尽，用之不竭，而且是无偿地获取。分体式热泵空调机、VRV 热泵空调系统、大型风冷热泵机组等，均属于空气源热泵。这种空气源热泵的安装和使用都非常方便，已经被人们广泛应用很多年，但目前仍存在一些缺点。

由于空调空气的状态参数随地区和季节的不同而不同，这对空气源热泵的容量和制热性能系数影响很大，空气温度偏高或偏低时，热泵的制冷性能系数就会变得很低。尤其在冬季，当空气温度很低时，这时需求的供热量就很大，势必造成热泵供热量与建筑物耗热量之间的供需矛盾。

冬季空气温度很低时，空调换热器中的工质蒸发温度也很低。当空调换热器表面温度低于 0℃，并且低于空气露点温度时，空气中的水分在换热器表面就会凝结成霜，导致蒸发器的吸热量减少，热泵不能正常供热。空气源热泵的除霜需要一定的能耗。

要保证空调换热器能获得足够的热量，就需要较大容量的风机供风，这样就增大了空气源热泵装置的噪声。

空气源热泵在我国典型的应用范围是长江流域以南地区。而在北方地区，冬季平均气温低于 0℃，空气源热泵不仅运行条件恶劣、稳定性差，而且存在结霜问题，效率较低，因此空气源热泵用于北方地区时，必须慎重考虑。所以热泵装置的设计要考虑防止空调换热器的结霜，还要选择良好的除霜方式。其一般的除霜方法有：

（1）把压缩机的部分高温热气经旁通管直接送入蒸发器进行除霜。

（2）利用四通阀，将热泵由供热工况运行变为制冷工况运行，这种方法除霜快，但要消耗大量能量。

（3）在空调换热器内镶入电加热器，用电加热除霜。

不同地区和不同品牌的空气源热泵机组除霜采用的方法不同，空气源热泵系统防霜和除霜的能耗估计占热泵总能耗的 10%，但是霜层的形成造成换热器运行性能下降是无法确定的。

空气源热泵系统在使用时还应注意以下三个方面：

（1）经济合理地选择平衡点。

（2）热泵系统应配备一个合理的辅助加热装置。

（3）热泵系统的自动能量调解。

目前，由于对空气源热泵存在的固有问题还没有找到有效的解决办法，所以空气、土壤、太阳能的综合利用是一种发展趋势。

2. 水源热泵

水源热泵中央空调系统是由室内空气处理末端设备、水源热泵机组和水源循环系统三部分组成的。制冷时，水源热泵中央空调系统中的末端设备将建筑物内的余热通过热泵机组转移到循环的水源中，实现了制冷的目的，同时省去了水环热泵中的冷却塔；制热时，水源热泵机组中的制冷剂将在循环水源中吸收热能，利用少量的电能将吸热后的制冷剂压缩到高温高压状态，制冷剂再将吸收的全部热量释放到采暖系统中，从而达到了将吸收的可再生低温热源的热能输送到高温热源的目的，实现了可再生能源对水源热泵系统中传统锅炉的取代。系统流程图如图 9-1 所示。

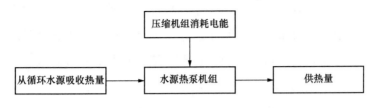

图 9-1　水源热泵系统流程图

目前，水源热泵广泛采用地下水资源，如果存在地表水或通过开发能够引到地表水，也可直接利用地表水作为热泵的冷热源。目前应用较多的有海水热泵、污水热泵、工业废水热泵等。如果采用聚乙烯管制作盘管换热器，需合理布置在现有水体中，用集路管连成数个环路，构成一个闭式并联循环系统作为热泵系统的冷热源。

（1）地下水水源热泵系统（GWHP）。地下水水源热泵系统即通常所说的深井回灌式水源热泵系统。通过建造抽水井群将地下水抽出，通过二次换热或直接送到水源热泵机组，经提取热量或释放热量后，由回灌井群灌回地下。如果真正实现 100%的回灌到原水层，这样就能保证地下水总体上的供回平衡，地下水水源热泵机组系统图如图 9-2 所示。

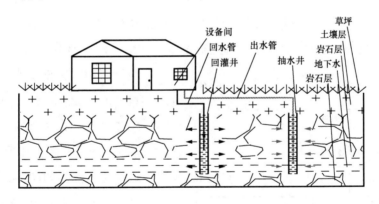

图 9-2　地下水水源热泵机组系统图

地下含水层是天然的地下水库，但在无充足天然补给的条件下，地下水并不是"取之不尽，用之不竭"的自然资源。大量集中采集地下水，使得地下水储量日趋枯竭，已造成抽水井水位逐渐下降，最后将难于抽水。地下水人工补给，又称地下水人工回灌，是当今水源热泵系统广泛采用的方法，不仅可以增加地下水的补给量，而且还可以防止地下水位下降、地面下沉。

目前大多数地下水热泵工程地下水系统非常简单，一般采用直流系统，即地下水经热泵系统后直接向回灌井或地表排放。由于工程造价低、制冷制热效果好，受到了相当一部分用户的欢迎。而地下水是一种优质的淡水资源，是国家的一种战略物资，大规模使用地下含水层，一旦出现地质环境问题，后果将是无法弥补的。随着地下水资源的日益减少，这类现象已经引起了一些专家和政府有关部门的重视，并要求对地下水实行全部回灌。

地质环境的问题主要表现在以下两个方面：

1）地面沉降。地下水的过度抽取会引起地面沉降，后果是对地面的建筑物产生直接的破坏作用。如果实行100%的回灌到原水层，总体上保持地下水供给平衡，局部地下水的变化就不至于引起地面沉降。

2）地下水质污染。由于地下水水源热泵并不是密闭的循环系统，回灌过程中的回扬、水回路中产生的负压和沉砂池，都避免不了空气和地下水的接触，导致地下水氧化。地下水氧化会产生一系列的水文地质问题，如地质化学变化、生物变化等。采用井口换热器，尽量减少地下水与空气的接触，并对回路中所用器材做防腐处理，这样可以减轻空气对地下水的污染程度。回灌水的环保处理不仅不会污染地下水，而且还能缓解地下水的污染，改善地下水水质。

在回灌过程中，井的堵塞是不可避免的，通常采用回扬清洗的方法来维持地下水的回灌。对于含有中、细砂的含水层，压力回灌每天需回扬2～3次，真空回灌每天需要回扬1次。回扬和清洗处理都是非常专业的工作，无形中增加了系统的维护费用和运行费用。在地下水水源热泵系统工程设计时，要重视地下水流程中的过滤、除砂、沉淀，尽力减少回灌水的含砂量，避免回灌井渗水和毛细孔堵塞，建议建造一蓄水池。如图9-3所示。

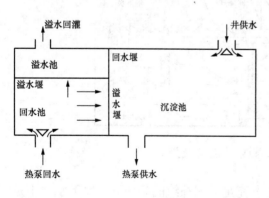

图9-3 蓄水池结构图

手动开启抽水泵，井水自井供水口流入沉淀池，清洁的水由热泵供水口流进热泵系统换热器，换热后的水经热泵回水口进入回水池，回水池水位上升，水由溢水堰流入溢水池，经回水堰回到沉淀池，关闭抽水泵，再将水泵的控制开关调向自动，回水与井供水混合后再为热泵系统提供换热用水。当沉淀池内的混合水温超出设定温度范围时，抽水泵自动开启，向沉淀池供水；当溢水池内的水位超过溢水回灌口的高度时，池内的水流入回灌井。回水堰、溢水回灌口和溢水堰的高度由工程系统用水量的数量来确定。当沉淀池混合水温回到设定范围内时，抽水泵自动关闭。回灌井和供水井的定期输换，交替使用，可代替回水井的回扬清洗工作。

（2）地表水水源热泵系统（SWHP）。通过直接抽取或者间接换热的方式，利用包括江水、河水、湖水、水库以及海水作为冷热源。水源热泵的开式系统涉及面广、复杂，会造成环境污染和地表水资源枯竭，而且直接抽取换热方式对热泵机组还有腐蚀和堵塞等现象，因此应当谨慎采用。建议使用间接换热方式为佳。地表水水源热泵机组系统图如图 9-4 所示。

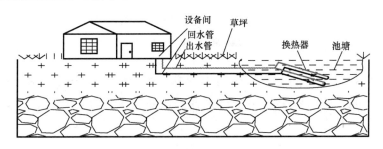

图 9-4　地表水水源热泵机组系统图

地表水水源热泵与地下水水源热泵比较，运行工况要恶劣得多。作为冷热源的地表水受环境影响较大，一年内温度变化大，夏季水温高达 25℃以上，冬季低到 5℃以下，北方内陆湖的冰下水温仅为 2℃左右。

3. 土壤源热泵

土壤源热泵早已被人们所认识，在建筑物中应用了数十年。土壤源热泵系统是一种领先的空调技术，它可以实现水源热泵系统的诸多优点，并且还能节省相当可观的运行费用。土壤源热泵系统解决了水源热泵系统的地下水回灌问题（因为本身并不抽取地下水资源），避免了地下水资源对热泵机组使用的影响和地下水被污染的可能性。土壤源热泵系统占地空间小，并且系统的安装和使用不会改变建筑的外观和结构。土壤源热泵系统是通过导热介质溶液在埋入地下的循环系统中流动，实现与大地之间的热交换。

地耦管土壤源热泵系统是一个密闭的闭路循环系统，它保持了地下水水源热泵利用大地作为冷热源的优点，同时又不需要抽取地下水作为传热的介质。地耦管土壤源热泵系统从根本上解决了地下水水源热泵的种种弊端，是一种真正可持续发展的建筑节能新技术，而且还具有适用范围广、运行费用低、节能和环保效益显著等优点。其系统图如图 9-5 所示。

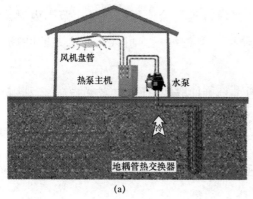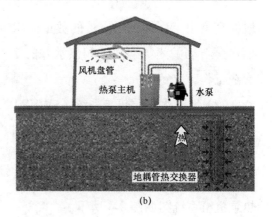

(a)　　　　　　　　　　　　　　(b)

图 9-5　土壤源热泵系统图

（a）夏天；（b）冬天

土壤源热泵系统中的土壤换热器埋管方式可分为：水平式土壤换热器、垂直 U 形土壤换热器、垂直套管式土壤换热器、热井式土壤换热器、直接膨胀式土壤换热器。

（1）水平式土壤换热。水平地埋管普遍使用在单相运行状态的空调系统中，一般的设计埋管深度在 1.5～3m，在只用于采暖时，土壤在整个冬天处于饱和状态，沟的深度一定要深一些。水平式土壤换热器埋管方式如图 9-6 所示。

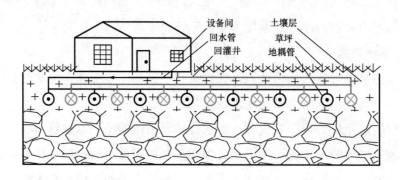

图 9-6　水平式土壤换热器埋管方式

（2）垂直 U 形土壤换热器。垂直 U 形土壤换热器是钻孔将 U 形管深埋在地下，因此与水平土壤换热器相比较具有使用地面面积小、运行稳定、效率高等优点。垂直 U 形土壤换热器埋管方式如图 9-7 所示。

（3）垂直套管式土壤换热器。换热器有内套管和外套管的闭路循环系统，水从外套管的上部流入管内，循环时，水沿外套管从上至下的流动，从外套管的底部经内套管上流到顶部出套管。

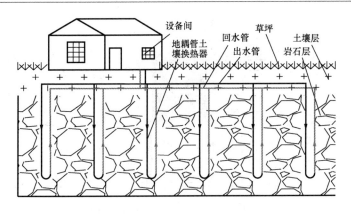

图 9-7 垂直 U 型式土壤换热器埋管方式

套管式土壤换热器适合在地下岩石深度较浅、钻深孔困难的地表层使用。通过竖埋单管试验，套管式换热器较 U 形管效率高 20%～25%。竖埋套管式孔距为 2～3m，孔径为 150～200mm，外套管直径 φ90mm～φ120mm，内套管直径 φ25mm～φ32mm。

目前在欧洲的瑞典采用较多的垂直套管式土壤换热器埋管方式，如图 9-8 所示。

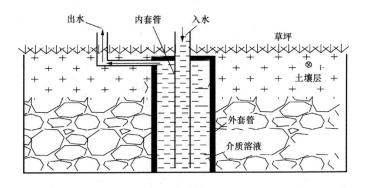

图 9-8 垂直套管式土壤换热器埋管方式

（4）热井式土壤换热器。热井式土壤换热器是套管式换热器的改进，在地下为硬质岩石地质，可采用这种换热器。热井式土壤换热器埋管方式如图 9-9 所示。

安装时，地表渗水层以上用直径和孔径一致的钢管做护井套，护套管与岩石层紧密连接，防止地下水的渗入；渗水层以下为自然空洞，不加任何固井措施，热井中安装一个内管到井底。内管的下部四周钻孔，其中上部分通过钢套直接与土壤换热，下部分循环水直接接触岩石进行热交换。换热后的流体在井的下部通过内管下部的小孔进入内管，再由内管中的抽水泵汲取水作为热泵机组的冷热源，此系统为全封闭系统。以上四种埋管方式都归属于地下耦合土壤源热泵系统，称地耦管土壤源热泵系统或地下热交换器土壤源热泵系统。这一闭式系统方式，通过中间介质作

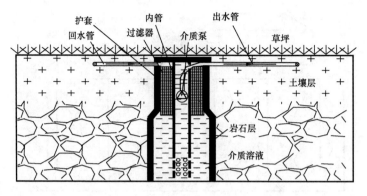

图 9-9　热井式土壤换热器埋管方式

为载体，使中间介质在埋于土壤内部的封闭环路中循环流动，从而实现与大地土壤进行热交换的目的。这种换热形式的热泵系统，人们习惯的称为地源热泵。地耦管土壤换热器土壤源热泵系统流程示意图如图 9-10 所示。

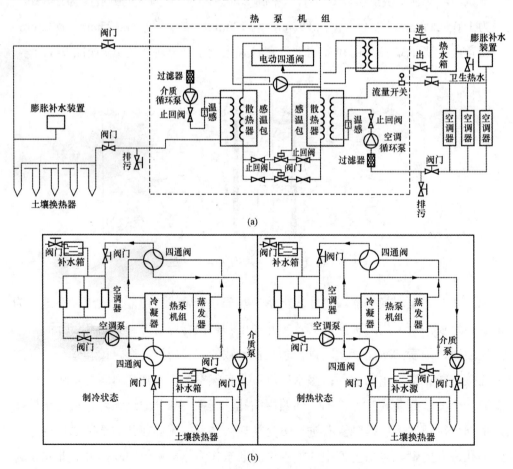

图 9-10　土壤源热泵系统流程示意图

（a）内置式土壤源热泵系统流程示意图；（b）外置式土壤源热泵系统流程示意图

三、地源热泵中央空调系统介绍

地源热泵中央空调系统主要分为三部分：①能量采集系统；②能量提升系统；③能量释放系统。

（一）能量采集系统

大地土壤中蕴藏着丰富的低温热能，虽然与深层的高品位能量相比，浅层土壤热能品位要低，但是采集利用价值很大。因为浅层地下能源是一个巨大的太阳能集热器，可吸收 47% 太阳照射在地球上的能量，同时它和地心热综合作用形成一个相对的恒温层，这个恒温层在地面以下 30～400m，它的温度接近全年的地表平均温度，温差波动在较深的地下消失。这个恒温层储存了取之不尽、用之不竭的低温可再生能源，通常把这种能源称为浅层低温地热能。

1. 土壤的物理特性

采取地耦管换热器的地热泵系统就是充分利用了这种浅层低温地热能，把大地作为热源，通过热交换器来传递热量。土壤的性质随着地区和季节的变化而不同，不同的土壤作为热泵的低温热源，目前还难以作出优劣的评价。影响这个传热过程的因素主要有两个：①传热面积；②土壤的热力参数，包括土壤的热工特性、大地的平均温度、土壤的含水率和地下水渗流等。

（1）热工特性。热工特性主要包括导热系数、容积热容量、热扩散率等。其中导热系数表示土壤传导热量能力的一个热物理特性指标，单位为 kcal/（m·h·℃），土壤的容积热容量表征土壤的蓄热能力，而热扩散率则表征土壤温度场的变化速度。导热系数、容积热容量、热扩散率因土壤成分、结构、密度、含水量的不同而不同，并随着地区不同和季节的变化而变化。在同一地区，土壤换热器对土壤的放热能力和对土壤的吸热能力是不同的。一般情况，吸热能力小于放热能力，在数据上，吸热量是放热量的 0.6～0.8 倍。

土壤换热器运行时的热量传递过程如图 9-11 所示。

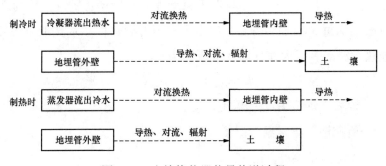

图 9-11　土壤换热器热量传递过程

在此过程中，介质溶液在埋管内宏观流动，冷热溶液相互掺混引起热量传递，形成对流换热，此过程中液体的黏滞力和流动速度影响其换热效果。溶液的热量通过导热传递到管壁时，热量从内管壁传到外管壁，热传递的效果受管材的导热系数影响。外管壁对土壤的传递效果取决于回填料和土壤的特性。

（2）大地的平均温度。对大地土壤温度情况的了解是很重要的，因为驱动热传递的就是大地与循环水之间的温差。地壳按热力状态从上而下分为变温带、常温带、增温带。变温带的地温受气温的控制呈周期性的昼夜变化和年变化，随着深度的增加，变化幅度很快的变小。地下温度场逐月变化情况如图 9-12 所示。

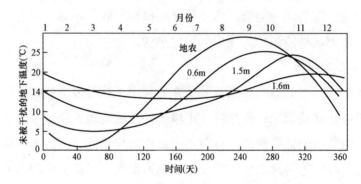

图 9-12　地下温度逐月变化情况

气温的影响趋于零的深度叫常温带，常温带的地温一般略高于所在地区年平均气温的 1～2℃，在概略计算时，可用所在地区的年平均气温来代替常温带的温度。常温带的深度在低纬度地区为 5～10m，中纬度地区为 10～20m，有些地区可达 30m 左右，在某地区测定，10m 深的土壤温度接近于该地区全年平均气温，并且不受季节的影响。在 0.3m 深处偏离平均温度±15℃，在 3m 深处偏离为±5℃，而在 6m 深处偏离为±1.5℃，温差波动在较深的地方消失。

常温带以下的深度称为增温带，增温带的地温主要受地壳内部热力的影响，温度随着深度的增加而有规律升高，且温度每增加 1℃所增加的深度称为地热增温级（m/℃），一般平均每 33m 升高 1℃。但由于岩石的导热性和水文地质条件的不同，各地区的地热增温级有很大差异。在数据上为

$$T_{\mathrm{H}} = T_{\mathrm{B}} + (H - h)/G$$

式中　T_{H}——地表下深度 H 处的温度，℃；

　　　T_{B}——所在地区年常温带温度，℃；

　　　h——年常温带深度，m；

H——地表下的深度，m；

G——所在地区地热增温级，m/℃。

华北地区的地热增温级为 33～43m/℃，北京地区为 50m/℃，东北大庆地区为 22m/℃，各地区的大地平均温度、地表面温度和最低表面温度的天数等由有关部门研究统计，供人们查阅。

（3）土壤的含水率。土壤的含水率是影响传热能力的重要因素，当水取代土壤微粒之间的空气后，它减小微粒之间的接触热阻，提高了传热能力。土壤的含水量在大于某一值时，土壤导热系统是恒定的，称为临界含湿量，低于此值时，导热系数下降，在夏季制冷时，热交换器向土壤传热，热交换器周围土壤中的水受热被驱除。如果土壤处于临界含湿量时，由于水的减少使土壤的导热系数下降，恶性循环，使土壤的水分更多的被驱除。土壤含水率的下降，使土壤吸热能力衰减的幅度比土壤放热能力衰减的幅度相对较大。所以在干燥高温地区采用地耦管要考虑到土壤的热不稳定性。在实际运行中，可以通过人工加水的办法来改善土壤的含水率。有些研究表明转换相同的热量所需的管长在潮湿土壤中为干燥土壤的 1/3，在胶状土中仅为干燥土壤的 1/10。

在我国北方地下水位较高和冷负荷较小的地区，土壤的含湿量将保持在临界点以上，可以认为大部分地区全年都是潮湿土壤。

（4）地下水的流动。地下水的渗流对大地的热传递有明显的效果。实际上，大地的地质构造很复杂，存在着松散的黏土层、砂层、沉积岩层、空气和水层等。由于地球构造运动，各岩层又出现褶皱、倾斜、断裂现象。地表水及降雨渗入土质层，在重力作用下，向更深层运动，最后停留在不透水层。地下水在空隙中缓慢流动以形成渗流，自然界一般地下水在孔隙或裂缝中的流速是每日几米，故地下水大多数是层流状态运动，只有当地下水流经漂石、卵石的特大孔隙时，才会出现紊流状态运动。地下水的流动不但能导热传热，并且还能对流传热。若地下水渗流流速大于8cm/h 时，就可按水的传热来计算。岩石层渗透系数 *K* 经验值如表 9-1 所示。

表 9-1 <td style="text-align:center">**岩石层渗透系数 *K* 经验值**</td> m/d

地　　层	黏土	黄土	粉砂	细砂	粗砂	砾石夹砂	漂砾石
渗透系数	0	0.25～0.5	1～5	5～10	25～50	75～150	200～500

2. 埋管的形式对换热器的影响

在实践中可知，埋管形式的不同，其单位长度的换热管的换热量不同；水平平

行埋管时为 1；水平螺旋埋管时为 0.8；垂直单 U 埋管时为 1.3～1.5；垂直双 U 埋管时为 0.8～1.0。

3. 系统内部液体温度对换热器的影响

从实践中得到，在地质情况相同的条件下，热泵机组允许的最低和最高进液温度是确定热交换器地耦管长度的主要因素。如果以允许最低进液温度为确定因素，热交换器的长度由吸热负荷确定；如果以允许最高进液温度为确定因素，热交换器的长度由放热负荷确定。在实际应用中，温度只会达到最低或最高温度限制值中的一个。降低机组的最高温度允许值或升高机组最低温度允许值，都要增加地耦管的长度。

竖直埋管换热器中流动的循环水温度是不断变化的。夏季制冷工况进行时，由于蓄热地温提高，机组运行时水温不断上升，停机时水温又有所下降，当建筑物冷负荷达到最大时水温升至最高点。冬季供热工况运行时则相反，由于取热地温下降，当建筑物热负荷最多时，换热器中水温达到最低点。

设计时，首先应设定换热器埋管中循环水的最高温度和最低温度，因为这个设定和整个空调系统有关。如夏季温度设定较低，对热泵压缩机制冷工况有利，机组耗能少，但埋管换热器换热面积要加大，即钻孔数要增加，埋管长度要加长。反之温度设定较高，钻孔数和埋管长度均可减少，可节省投资，但热泵机组的制冷系数 COP 值下降，能耗增加。设定值应通过经济比较选择最佳状态点。地埋管水温应设定如下：

（1）热泵机组夏季向末端系统供冷水，设计供回水温度为 7～12℃。地埋管中循环水进入 U 形管的温度应低于 30℃。

（2）热泵机组冬季向末端系统供水温度与常规空调不同，在满足供热条件下，应尽量降低供热水温度，水温在 45～50℃。这样可改善热泵机组运行工况、减小压缩比、提高 COP 值并降低能耗。

地埋管中循环水冬季进水温度，以水不冻结并留有安全余地为好，一般控制在 4℃以上。为了降低工程的初投资，地埋管换热器变小，加大了循环水与大地间温差传热，循环水温降至 0℃以下，为此循环水必须使用防冻液，如乙二醇溶液或食盐水。但这样增加了对设备的腐蚀，在严寒地区不得不这样做。而在华北地区的工程中，建议增加少量投资，加大土壤换热器的面积，软化水就可以满足要求，不一定要加防冻液。

4. U形管内的液体流速对土壤换热器的影响

流体流动时有两种流态：一种是流体在管内分层流动，各流层间的流体质点互不混杂，有条不紊地向前流动，这种流动状态称为层流；另一种是流体质点在管内的运动轨迹不是规则的，各部分液体互相剧烈掺混，这种流动状态称为紊流。由紊流变成层流的速度称为临界流速 u。

换热器内的流体流速均大于临界流速 u，因而使管内呈现紊流状态，从而加大了换热能力。临界流速的大小与管径 d、流速 v 和流体黏度 γ 有关，把这三个参数组合成一个无因次数称为雷诺数（用 Re 表示），Re 用来判断流体在圆形管内的流动状态。

当 $Re = vd/\gamma > 2300$ 时，流体为紊流；

当 $Re = vd/\gamma < 2300$ 时，流体为层流。

介质循环泵是地耦管土壤换热器循环管路中流体流动的动力。泵安装在比换热器高的地面上，在设计中要注意泵的汽蚀性能指标。泵的汽蚀是指泵进口压力低于泵进口流体汽化压力时，进口液体产生的气泡对叶片的影响。流体的能量增加，使产生的气泡在叶轮进口处消失，由于气泡从产生到消失是在极短的时间内完成的，气泡的破坏会产生巨大的冲击力、震动和噪声，严重时会使泵不能正常运转。因此，在安装介质循环系统时，要在泵的上方装有定压装置，保持介质循环泵进口有静压。如果单台泵的调解量不能达到设计要求，可以采用泵的并联运行方式。并联运行的泵扬程相等，泵的出口装有逆止阀，避免因扬程的偏差使扬程低的泵发生倒流，引起泵的反转，导致事故发生。

地耦管管内流体流量的增大，有利于增强流体与管壁之间的换热，提高换热量。但是，换热量的增加并不完全与流体流量的增加成正比，流体流量的增加不但导致换热器进出液温差减小，而且还加大了循环泵的功率。而当管内流体流量减小时，也应该使管内流体能保持紊流状态，以保证流体和管壁之间的传热量。

5. 回填材料对土壤换热器的影响

如图9-13所示，回填材料的导热系数对地下土壤换热器的影响比土壤导热系数的影响要小，因为一般回填材料其厚度远远小于土壤厚度。但是为了防止地下水受污染和增强换热器换热的效果，应尽量采用具有高效换热系数的回填材料。

6. 孔洞相邻间距对土壤换热器的影响

孔洞相邻间距对地下换热器尺寸的影响如图9-14所示。

随着两个相邻孔洞之间的距离不断增大，地下换热器的尺寸是减小的，也就是说随着孔间距的增大，换热器的换热效果越好，但是范围是一定的，如图 9-14 所示，孔洞传热半径为 3m 左右，超过此值，孔洞的半径再增大，基本上换热效果不受影响，也就是说垂直埋管换热器竖直孔互不产生热干扰的孔距为 6m。

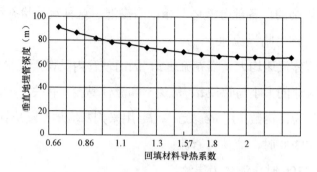

图 9-13　回填材料导热系数与土壤换热器的关系

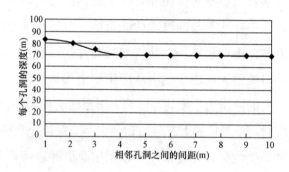

图 9-14　孔洞的设计深度与相邻孔洞间距的关系

（二）能量提升系统

能量提升系统是将采集来的能量经提升交换，传送至空调空间，以实现能量的释放。本系统主要的设备就是土壤源热泵专用空调机组和循环水泵。

地源热泵专用机组在不同蒸发温度下工作，压缩机的轴功率和制冷量也随着改变。如果建筑物内的冷、热负荷恒定，那么，系统在制冷状态时，蒸发器温度不变、压缩机吸气压力不变，若冷凝器的进出水温差小，此时机组冷凝器水温逐渐升高，促使冷凝温度升高，而单位制冷量和输出系数都要下降，则制冷量减小、轴功率增大。同理，系统在制热状态时，冷凝温度不变、压缩机排气压力不变，若蒸发器进出口水温差小，此时机组蒸发器的水温逐渐下降，意味着蒸发温度降低，压缩机吸气压力减小，结果是单位容积制冷量下降，压缩比、冷凝压力和蒸发压力之比增大，压缩机轴功率上升。

在土壤源热泵空调系统中，制冷运行时，冷凝压力主要取决于冷凝器水的流量和水温，水量增加，水温降低，排气压力就下降，反之就上升；制热运行时，蒸发温度与进液温度之差和蒸发器大小有直接关系，温差小时，蒸发压力就会降低，蒸发器就得增大。

通过以上分析得出，地源热泵中央空调系统的能效比 COP，主要取决于热泵机组的换热器的换热能力和自动调节能力。

1. 热交换器

对热交换的一般要求是：传热性能要好，热交换器内制冷剂和冷媒介质的流动阻力要小，结构紧凑，加工简单，维护方便。换热器有板式换热器、套管式换热器、壳管式换热器等形式。

（1）冷凝器。冷凝器是制冷装置的主要换热设备，在冷凝器中实现对制冷剂气体的冷却和冷凝。为了把制冷剂经过压缩而产生的高温、高压制冷剂气体液化，在冷凝器中将冷凝热能传给冷却介质，冷凝介质的吸热量应等于蒸发器从被冷却物质吸取的热量（制冷量）与压缩机运转所消耗的功转化的当量热之和。

$$Q_K = Q_0 + 860N_i$$

式中　　Q_K——冷凝器的热负荷，kcal/h；

　　　　Q_0——压缩机在设计工况下的制冷量，kcal/h；

　　　　N_i——压缩机在设计工况下的指示功率，kcal/h。

1）冷却介质流量的计算：

冷凝器冷却水量的计算公式为

$$V_k = Q_K / C(t_2 - t_1) = Q_K / 1000(t_2 - t_1)$$

式中　　V_k——冷凝器冷却水量，kg/h；

　　　　C——水的比热容，kcal/（kg·℃）；

　　$t_2 - t_1$——进出水温度差，℃；

　　　　Q_K——冷凝器散热量，kcal/h。

对于地源热泵机组，冷凝器的循环介质单位制冷量的流量如下。

制冷时，1kcal/h 制冷量所需水流量为（制冷工况的能效比 $COP \approx 5$）

$$水流量 = 1kcal/h \times (1 + 1/5) / (30℃ - 25℃) = 0.24(kg/h)$$

制热时，1kcal/h 制热量所需水流量为

$$水流量 = 1kcal/h \times 1 / (50℃ - 45℃) = 0.20(kg/h)$$

冷凝水的最佳流速一般为 0.8～1.2m/s。

2）冷凝器传热面积的计算：

流体经过固体把热量转移到另一流体的过程称为传热。冷凝器传热面积一般是按外表面计算，即

$$F = Q_K / q_t = Q_K / K \times \Delta t_m$$

式中　　F——冷凝器的传热面积，m^2；

　　　　q_t——单位热负荷，取 $3000 \sim 3500$，$kcal/(m^2 \cdot h)$；

　　　　K——传热系数，取 $700 \sim 800$，$kcal/(m^2 \cdot h \cdot \text{℃})$；

　　Δt_m——制冷剂和冷却水对数温度差，取 $4 \sim 6\text{℃}$；

　　　　Q_K——冷凝器散热量，$kcal/h$。

（2）蒸发器。蒸发器也是制冷装置的主要换热设备，在蒸发器内制冷剂液体在低温低压下沸腾以吸收被冷却介质的热量，从而达到制冷的目的。常用的蒸发器有两种：满液式蒸发器和干式蒸发器。

满液式蒸发器是液态制冷剂经过节流后进入蒸发器，在蒸发器内制冷剂保持一定自由液面并在管外蒸发的壳管式蒸发器。满液式蒸发器存在制冷剂充灌量大的缺点。在采用氟利昂的系统中，由于氟利昂溶解于油，并且油较氟利昂要轻，因而很难把存在于其中的润滑油排回压缩机，如果能解决回油难题，在大型地源热泵机组中，采用满液式蒸发器的换热效率比较高，单机容量大。满液式蒸发器结构上的特征决定了在整个过程中，完全是制冷剂液体与水之间的换热，传热温差仅为 2℃，最低出水温度可达 3℃。小型地源热泵机组大多采用干式蒸发器。经膨胀阀后的制冷剂从下部进入管内流动，传媒介质水在管外流动，这样可以增大管外的水流量，增加传热量，氟利昂的溶液混合物在铜管内流动，不断吸收管外水的热量而汽化，直至变成饱和蒸汽，并从上部的出汽管由压缩机吸走。只要管内制冷剂的流速大于 4m/s，就可使润滑油随同制冷剂蒸汽一起返回压缩机。

1）蒸发器传热面积的计算。

蒸发器的热负荷 Q_L 为压缩机设计工况下的制冷量 Q_0。蒸发器传热面积为

$$F_L = Q_L / q_L = Q_0 / K \times \Delta t_0$$

式中　　F_L——蒸发器传热面积，m^2；

　　　　q_L——蒸发器的单位热负荷，$kcal/(m^2 \cdot h)$，（$1500 \sim 1800$）；

　　　　Q_L——蒸发器的热负荷，$kcal/h$；

　　　　Q_0——压缩机设计工况下的制冷量，$kcal/h$；

　　Δt_0——蒸发器中，制冷剂与载冷剂之间的对数平均温度，取 $3 \sim 5$，℃；

　　　　K——蒸发器传热系数，取 $350 \sim 400$，$kcal/(m^2 \cdot h \cdot \text{℃})$。

2）冷媒水流量。

$$V_{\mathrm{L}} = Q_0 \big/ 1000(t_1 - t_2)$$

式中　$t_1 - t_2$——蒸发器冷媒水温差，℃。

（3）换热器中制冷剂的流速和流向。冷凝器内冷却水的最佳流速为 0.8～1.2m/s。

如果冷凝液膜的流动方向与气流方向一致时，可使冷凝液膜较迅速地流过传热表面，液膜层就薄，放热系数增大；否则蒸汽流速较小时，液膜层就厚，放热系数就会降低。要提高制冷剂在冷凝时的放热系数，就应保证冷凝液体能从传热表面上迅速排除。

在蒸发器工作时，经膨胀阀减压后的制冷剂从下部进入管内，制冷剂的混合物在铜管内流动，不断吸收介质的热量而汽化，直至变成饱和蒸汽甚至达到过热状态，从上部的出气管由压缩机吸走。蒸发器管内制冷剂有一定流速，冲刷管子，使油返回压缩机。

蒸发器的结构必须保证制冷剂蒸汽能很快地脱离传热表面，正确地自动控制使制冷剂液体节流后产生的蒸汽在其进入蒸发器前就从液体中分离出来，并使蒸发器内保持合理的制冷剂液面温度，以便更好地发挥蒸发器的传热效果。蒸发器必须考虑回油和防止液体被吸入压缩机等问题。

热泵机组要求热交换器既是蒸发器，又是冷凝器。由于蒸发器和冷凝器的要求不同，因此要求换热器的大小、结构应满足夏、冬的工作条件。对较大容量的地源热泵系统中，宁可采用变换机组外的冷、热水的循环管路，也不可改变制冷剂的循环线路。

2．自动控制系统

空调系统是按最大负荷设计的，并且还会乘以一个系数，所以设备的选择都是按最不利的工况来选型设计，留有相当的裕量，在相当一部分时间内，空调只是部分负荷运转。因此，空调系统的能源有效利用和节能要靠机组的自动化控制来解决。

（1）温度控制及能量调节。控制周期可设定，根据入水温度（或出水温度）与设定值偏差的大小，分别进行调节。

（2）压缩机、水泵的联动。地源热泵系统运行采用柔性变容量技术调节机组运行负载，实现机组的压缩机、空调循环泵、介质循环泵的联控以及水泵的变频控制。

系统启动时，顺序为先水泵后压缩机；系统停机时，顺序为先压缩机后水泵。空调循环泵根据机组空调进出水温差自动调节空调泵的运行频率，改变空调循环水的流量。介质循环泵随机组的容量调节，自动调节介质循环泵的运行频率，从而使机组的空调水和介质水进出具有适合的温差，当机组开始卸载直至停机，介质循环泵待一定延时后停止运行。

（三）能量释放系统

能量释放系统是地源热泵中央空调系统在建筑物内的空气调节部分，空气调节简称空调，是将空气的温度、湿度、清洁度进行调节，控制在合适的范围内，以提高室内的空气质量，增强人的舒适度。人体的舒适状态是由许多因素决定的，如环境的声音、嗅觉、视觉、振动、色调、温度、湿度、气流速度以及人的穿着服式等。

人体在新陈代谢过程中产生的热量，通过对流、辐射、传导和蒸发等方式，维持人体散热与体内产生热相平衡，体温保持在 36.5℃ 左右时，人的热感觉良好。如果与人的热感觉有关的因素发生变化，人体会运用自身的调节机能，如加强汗液分泌来增加散热。当体内多余热量难以全部散出时，体内蓄存热量导致体温上升，人感到了不舒服；同样，人体散热量过多，体内温度下降时，人会产生不舒服的颤抖。

根据 GB 50019—2003《采暖通风与空气调节设计规范》中的规定，从节能的观点看，舒适性空调室内计算参数如下：夏季：温度 24～28℃，相对湿度 40%～60%，风速小于 0.3m/s；冬季：温度 18～22℃，相对湿度 40%～60%，风速小于 0.2m/s。

工艺性空调可分为降温性空调、恒温恒湿空调和净化空调。

降温性空调的室内温度、湿度要求是夏季不大于 28℃，相对湿度不大于 60%，能保持在夏天操作人员手不出汗，产品不受潮。因此，只规定温度和湿度的上限，不对精度设要求。

恒温恒湿空调的室内温度精度有严格的要求，一般是全年室内温度保持在 20±0.1℃，相对湿度保持在 50±5%。

净化空调不仅对室内温、湿度有一定的要求，而且对空气中所含尘粒的大小和数量也有严格要求，洁净度有级差之分。

必须提出的是，一定要了解实际工艺过程对室内温、湿度的要求。在工艺条件允许的前提下，应注意节省投资、减少能耗，并且应该有利于人的健康。

地源热泵的空气调节部分与常规的中央空调系统是相同的，目前已被人们熟知和应用。空气调节部分是地源热泵中央空调系统的末端设备，它对温度、湿度、清洁度进行调节，使其控制在合适的范围内，以提高室内的空气质量，增强人的舒适度。

人们有90%以上的时间是在室内度过的，所以必须提高对室内环境质量问题的认识。目前改善室内空气品质的主要措施要从三个方面去做：①除去污染源，强制对建筑物材料的化学污染、放射性污染、生物污染等进行控制，这是一种起点控制，实际上既不可能存在无污染的材料，也不可能完全控制室内的其他污染，只能把有害污染设定一个量的限制；②自净和通风，通过送入室内新鲜空气和过滤净化方式改善室内空气品质，使人们感到舒适，把对人们健康不利的潜在影响降到最小；③环境参数的调节，包括空气温度、气流速度、相对湿度和平均辐射温度，建立满足人体热舒适及高空气品质的环境，有助于人的身心健康。

不同的环境对空调的要求各不相同，为满足不同要求，又产生了不同类型的空调方式。无论采用何种方式，环境条件如何变化，空调系统都必须按照设计标准，满足空气的温度、湿度、清洁度、新风量的要求，并满足控制噪声的规范。

第四节　能效评估流程

一、节能评估流程及节能评估项

（一）冷源设备诊断

1. 冷冻机效率测试

（1）给出冷冻机运行策略（供冷季开始、结束时间、各台冷冻机的运行时间、冷机和冷冻泵、冷却塔的对应关系）。

（2）典型工况下的冷冻机 COP。

（3）根据运行记录统计的各台冷冻机在供冷季的逐时 COP。

2. 冷却塔效率计算

（1）冷却塔效率测试数据。

（2）如效率偏低找出原因并计算改进后冷机 COP 提高能产生的节能效果。

（二）输配系统诊断

1. 冷冻水流量分配

（1）冷冻水集水器各分支的回水温度的测试数据。

（2）如某一支路水温始终偏高，并且用户投诉夏季偏热，则测试该分支水量，核算冷量能否满足要求。

2. 水系统压力分配

（1）读取压力表数值（注意高度修正），绘制冷却水、冷冻水压力分布图。

（2）判断各段阻力是否合理，并找出阻力偏大部分的原因。

（3）判断总流量偏小还是各分支水量分配不均匀。

3. 冷冻水系统形式检查

如属于开式系统，计算改为闭式系统冷却泵的节能量。

4. 水泵效率测试

（1）冷冻泵、冷却泵的运行效率测试。

（2）水泵工况点偏离情况和效率偏低原因。

（3）给出合理的水泵参数，分析换泵并进一步采用变频调速技术的节电效果。

（三）空调及通风系统诊断

1. 空调末端和典型房间温度

（1）某一时段典型房间不同朝向温度分布的测试数据。

（2）某一时段典型房间同一朝向不同进深位置的温度分布测试数据。

（3）有投诉的房间的空调末端风量风温的测试数据。

（4）分析是末端装置堵塞或不能调节的问题还是空调分区不合理的问题。

2. 高大空间温度

（1）大厅会议室餐厅等高大空间人员活动区温度和空调箱总回风量连续一段时间的测试数据。

（2）判断气流组织是否合理。

（3）分析采用控制调节手段后的节能效果。

3. 风系统压力分布

（1）对典型空调箱各段绘制风压分布图。

（2）判断各阻力段压降是否合理。

（3）找出不合理的压力段，分析原因并给出解决方案及带来的节能效果。

4. 风机效率测试

（1）空调箱风机实际运行工况点和设计工况点的偏离情况。

（2）风机运行效率的测试结果。

（3）风机效率偏低的原因。

（4）分析风机风量减少的可能性和节能潜力。

5．通风系统

（1）厨房、车库、库房等的排风机运行情况。

（2）通风系统节能潜力分析（开关控制、分档控制、根据污染物浓度控制）。

二、节能评估流程图

空调系统能效评估流程如图 9-15 所示。

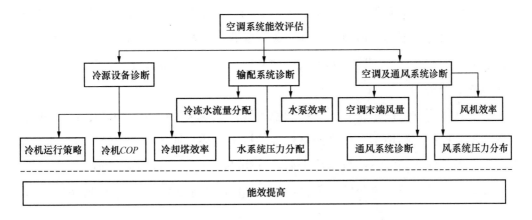

图 9-15　空调系统能效评估流程

第五节　典　型　案　例

实际工作中对于改造工程的设计，往往比新建项目困难，因为在新建项目中管井、机房可以重新布置，而改造项目这些都受到了制约。在设计时，我们要根据工程的具体特点、使用情况来确定最合理的方案。在某电管局的工程改造中我们应用了一些新技术新设备，包括冷水机组采用了带部分热回收的螺杆式冷水机组，回收的冷凝热用于生活热水；热泵型热水器；末端动态平衡式两通阀等。

一、项目背景

××宾馆建筑面积为 11 400m²，其中西楼建筑面积 6400m²，主要功能为餐饮和客房，东楼建筑面积 5000m²，主要功能为客房。由于该楼已使用有 15 年之久，因此原有空调系统需要更新。业主提出在保证结构主体不变的条件下，重新设计。

二、技术方案

在冷水机组的选择上通过技术经济比较后，决定采用带部分热回收的冷水机组，在夏季空调使用季节内，可以同时解决客房的生活热水问题。

冷凝热回收即是对制冷机组在制冷工作中产生的冷凝废热进行回收再利用。带热回收的冷水机组正是利用这些冷凝热将循环水加热至 40~50℃，作为生活热水和工业用水。根据冷凝热回收的数量来划分，又可分为全部冷凝热回收和部分冷凝热回收两种类型。全部冷凝热回收系统是对压缩机排出的高温高压制冷剂的潜热和显热进行回收，如果只对显热进行热回收，则称部分热回收系统。目前市场上常见的部分热回收机组是在压缩机与冷凝器之间增加部分热回收的换热器，这部分的热量一般不超过总的冷凝热的 18%；市场上常见的全部冷凝热回收机组采用复合式冷凝器，把热回收冷凝器与冷凝器复合在一起。复合式冷凝器内，热回收水路和冷却水路分别独立但都与同一制冷剂回路进行热交换，单个水路均满足冷凝冷却要求，可实现 100% 的热回收。

对于具体工程，决定是否采用热回收方式，以及采用部分热回收还是全部热回收系统，应根据实际情况，结合两种形式的技术优势，通过经济比较，选择最优方案。工作中具体比较如下：夏季冷负荷：1150kW，夏季热水负荷：200kW。

方案一：采用两台单冷螺杆机组带部分热回收，参数如下：制冷量：625.2kW；机组输入功率：124.1kW；部分热回收量：110.8kW。

方案二：采用 1 台常规冷水机组+1 台全热回收冷水机组，参数如下：制冷量：167.8kW；机组输入功率：44kW；部分热回收量：209.2kW。

常规冷水机组具体参数如下：制冷量：1065.1kW；机组输入功率：212.5kW。

方案三：采用两台常规冷水机组+1 台热水锅炉 200kW（供卫生热水），参数如下：制冷量：625.2kW；机组输入功率：124.1kW。

三种方案初投资比较见表 9-2。

表 9-2 　　　　　　　　　　　　三种方案初投资比较 　　　　　　　　　万元

项　　　目	方案一	方案二	方案三
价　　　格	102（空调主机）	100（空调主机）	86（空调主机+燃气锅炉）

三、效益分析

方案一：

100%负荷运行主机耗电量：124.1×2×10h×20 天=49 640kWh

66%负荷运行主机耗电量：124.1×2×0.66×10h×60 天=98 287.2kWh

33%负荷运行主机耗电量：124.1×2×0.33×10h×20 天=16 381.2kWh

总运行费用：49 640+98 287.2+16 381.2=164 308.4kWh×1 元/kWh=16.43 万元

方案二：

100%负荷运行主机耗电量：（44+212.5）×10h×20 天=51 300kWh

66%负荷运行主机耗电量：（212.5×0.66+44）×10h×60 天=110 550kWh

33%负荷运行主机耗电量：（212.5×0.33+44）×10h×20 天=22 825kWh

总运行费用：51 300+110 550+22 825=184 675kWh×1 元/kWh=18.47 万元

方案三：

锅炉运行费用（电费）：0.4×10×100×1=400 元

天然气费用：24.6×10×100×2.3=56 580 元

回收年限：（102−86）×10 000/56 980=2.80

预计在 3 年内收回投资。

（说明：①夏季按 100%负荷日 20 天、66%负荷日 60 天、33%负荷日 20 天，共计 100 日，每天运行 10h；②电价：1 元/kWh；③本次运行费用只考虑空调主机的运行费用；④天然气价格按照 2.3 元/m³，电价按照 1 元/kWh 计算。）

在实际运行中，方案一中有一部分时间只需要开 1 台主机，相应地也只需要开 1 台水泵；而方案二中考虑到热水问题，不管空调的冷负荷为多少，都必须开启两台主机，同时也需要开启两台水泵。初步分析，就水泵的运行费用而言，方案一可以节省近 2 万元。另外方案一中两台设备选用相同型号，可以互为备用，保证了系统能更稳定运行。根据以上分析确定本次改造采用方案一，从方案比较来看，节能效果还是可观的。

第十章

供热系统节能

第一节 概　　述

目前中国每年竣工建筑面积约为 20 亿 m^2，其中公共建筑约为 4 亿 m^2。在公共建筑（特别是大型商场、高档办公楼、高档旅馆酒店等）的全年能耗中，50%～60%消耗于空调制冷与采暖系统。在我国的建筑运行能耗中，约 40%用于北方建筑采暖，所以采暖空调能耗非常高，采暖空调节能潜力也最大。空调制冷与采暖系统主要任务是排除室内的余热余湿，营造舒适健康的室内环境，采暖系统工作流程如图 10-1所示。

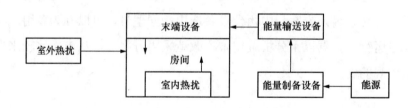

图 10-1　采暖系统工作流程图

综上，采暖系统的节能潜力巨大，应有针对性地对系统中各耗能部分采取相应的节能措施。

第二节　主要节能技术

前面一节概述中已经提到供热系统能耗在建筑总能耗中所占比重最大，所以供热系统节能在建筑节能工作中所占比重非常大。供热系统节能主要从四个方面考虑：运行、维护、设计和施工。四个方面缺一不可，下面分别列举四个方面的节能措施。

一、供热系统运行节能措施

（一）中小型锅炉采用煤渣混烧、减少炉渣含碳量

中小型锅炉采用煤与炉渣混烧法是一种投入较小、效果很好的节煤措施。煤与炉渣的比例约为 4:1，充分混合后入炉燃烧，煤中掺了颗粒较大的渣，减少了通风阻力，送风更加均匀，增加了煤层的透气性，提高了燃烧的稳定性，使炉渣含碳量显著下降。

（二）采用分层燃烧技术，改善锅炉燃烧状况

目前城市集中供热锅炉房多采用链条炉排，燃煤多为煤炭公司供应的混煤，着火条件差，炉膛温度低，燃烧不完全，炉渣含碳量高，锅炉热效率普遍偏低。采用分层燃烧技术对减少炉渣含碳量、提高锅炉热效率，有明显的效果。

该技术是将原煤在入料口先通过分层装置进行筛分，使大颗粒煤直接落至炉排上，小颗粒及粉末送入炉前型煤装置压制成核桃大小形状的煤块，然后送入炉排，以提高煤层的透气性，从而强化燃烧，提高锅炉热效率。但应注意对于没有空气预热器的锅炉，由于向炉排上送的是冷风，容易造成大块煤不易烧透，使炉渣含碳量反而略有增加，不宜采用。

（三）改变大流量、小温差的运行方式，提高供水温度和输送效率

目前国内的供热系统，一次水系统和二次水系统都普遍采用大流量、小温差的运行方式，实际运行的供水温度比设计供水温度低，导致循环水量增加。此种运行状态使循环水泵电耗急剧增加、管网输送能力严重下降、热力站内热交换设备数量增加。其原因除受热源的限制不能提高供水温度外，主要是因为管网缺乏必要的控制设备，系统存在水力工况失调的问题，是保证最不利于用户供热而采取的措施。因此，应该在供热系统采取措施，解决水力工况失调问题，将供水温度提高到设计温度或接近设计温度，以提高供热系统的输送效率。

（四）控制系统失水是节能和保证安全运行的重要措施

目前国内部分直接连接的供热系统失水情况严重，补水率高的可达循环水量的 10% 以上。失水主要是用户放水和二次系统及用户内部系统管网陈旧漏水所致。系统大量失水和热量丢失，影响供热能力，而且一些供热单位还因水处理能力不足，不得不用生水作为热网补水，而造成管网阻塞和腐蚀。因此，必须加强宣传教育、加强管理，采取防漏、查漏、堵漏等有效措施，将失水率降到正常的水平。

（五）对冬季供暖锅炉，提倡连续运行，分时分区供暖

供暖期热负荷的变化，应采用调整锅炉运行台数的办法解决，即在供暖开始阶段

和结束阶段减少锅炉运行台数，严寒期增加锅炉运行台数，以避免锅炉低负荷运行，提高锅炉运行效率。

由于建筑物的功能不同，故其对供暖热量的需求也不一样（如居民楼需 24h 不间断供暖；办公楼一般只需正常上班时间供暖即可），所以可以针对不同功用的建筑物其供暖总回水管道上加装电动蝶阀，合理划分供暖时间段，并设置冬季供暖防冻保护，对其实行分时分区控制，可达到有效节约供暖热量目标。

二、供热系统维护节能措施

（一）保证锅炉受热面的清洁，防止锅炉结垢

锅炉的水冷壁、对流管束、省煤器、空气预热器等受热面积灰和锅炉结垢是影响锅炉传热的一个主要因素，因此要建立及建全锅炉水质管理和定期的除灰制度，保证锅炉用水的水质和锅炉受热面的清洁，以提高锅炉效率和设备使用寿命。

（二）改善锅炉系统的严密性，降低过剩空气系数

锅炉的过剩空气系数是评价锅炉燃烧状况的一个重要参数，只有过剩空气系数达到设计值时，锅炉才能在最经济的状态下燃烧，因此要采取防止锅炉本体及烟风道渗漏风的措施，改善锅炉及烟风道的严密性，降低过剩空气系数以提高锅炉的效率和出力。

（三）安装热工仪表，掌握系统的实际运行情况

系统安装所需的热工仪表是掌握系统运行工况、准确了解和分析系统存在的问题、采取正确方法与措施以达到节能挖潜目的的重要手段。目前热工仪表安装不全、不准甚至损坏的情况比较普遍，因此，必须按照规定补齐所有热工仪表，并保证仪表的完好和准确。

（四）推广管道充水保护技术，防止管道腐蚀

国内部分非常年运行的供热系统，采取夏季放水检修，冬季投产前充水的做法。由于系统放水后不及时充水，空气进入管道而造成管内壁腐蚀。所以非常年运行的供热系统应积极推广夏季管道充水保护技术，在夏季检修后及时充满符合水质要求的水，既可省去管道投运时的充水准备时间，又可防止管内壁腐蚀。

三、供热系统设计节能措施

（一）热力站（或混水站）安装监控系统，实时调节供给用户的热量

为了实现实时控制和调节供给用户的热量，热力站应安装监控系统。热力站（或混水站）内设有采暖系统、生活热水系统和空调系统，哪个系统需要控制，实施什么样的控制水平应根据实际情况确定。当一、二次系统都为质调节、流量基本不变

时，根据二次系统的供回水温度控制一次系统的供水阀门，可以使用手动调节阀、自力式调节阀，对于控制要求高、控制过程复杂的，则应考虑配有电动执行机构的计算机控制装置。

先进国家的集中供热间接连接热力站，一般都采用组合式供热机组。该机组包括板式换热器、循环水泵、补水装置、监控仪表和设备，可根据室外温度调节二次水供水温度和供给热量。近年来，我国哈尔滨、天津等地的热力公司安装这种供热机组，运行结果表明，有显著的节能效果。同时还有占地面积小、安装简单等优点。

（二）供热系统加装气候补偿器

当供暖系统的管网形式、管段流量、建筑类型、供暖面积等因素确定后，在满足房间供暖温度的前提下，影响供暖负荷的因素主要是室外温度。根据室外温度调节热源出力，将系统的供水温度控制在一个合理范围内，以满足末端负荷的需求，实现系统热量的供需平衡。在定流量运行的情况下，供水温度不但可以反映热源出力的大小，而且在相应的室外温度下，能够由末端负荷的大小来确定，因此可以作为一个控制参数来调节热源出力以适应末端负荷的变化。气候补偿器就是利用监测的室外温度和用户房间温度得出计算温度，通过某种控制手段将系统的供水温度控制在计算温度允许的波动范围之内。

（三）蓄热空调技术

电蓄热式中央空调（或供热系统）是指建筑物采暖（或生活热水）所需的部分或全部热量在电网低谷时段制备好，以高温水的形式储存起来供电网非低谷时段采暖（或生活热水）使用。达到移峰填谷、节约运行电费的目的。

1. 电热转换原理

电锅炉是将电能转换成热能，并将热能传递给介质的热能装置。目前，将电能转换成热能主要有三种方式：电阻式、电磁感应式和电极式。电阻式的电热转换元件称为电热管，其原理为电流通过电热管中的电阻丝产生热量，由于电热管是纯电阻型的，在转换过程中没有损失，且结构简单，因此目前80%电锅炉采用电热管形式；电磁感应式的原理利用电流流过带有铁芯的线圈产生交变磁场，在不同的材料中产生涡流电磁感应而产生热量，由于这种转换方式存在感抗，且在转换中产生无功功率，一般应用在较小容量的电锅炉上；电极式的转换原理是利用电极之间介质的导电电阻，在电极通电时直接加热介质本身。这种电热转换形式多用于金属冶炼行业，在电锅炉中使用较少。

2. 电蓄热的形式

直热式的电锅炉由于运行成本较高难以普及，要降低运行成本，充分挖掘低谷廉价电能，就必须采用蓄热的运行方式。目前电蓄热绝大部分采用水，也有少数采用导热油等介质，其蓄热方式分为热水式和蒸汽式两种，热水式蓄热是在电网低谷时段将水加热至 85～95℃，在常压蓄热罐内储存，待电网高峰时使用。这种蓄热形式采用的供热设备称为热水式电锅炉，为常压锅炉。蒸汽式蓄热是在电网低谷时段将水加热成蒸汽，储存于有一定压力的蓄热罐中，在罐中产生饱和水，在需要时通过减压产生蒸汽，供用户使用。蒸汽式蓄热采用的供热设备称蒸汽式锅炉，为有压锅炉。采用导热油作为蓄热介质的优点是油的沸点比水的沸点高，利用电加热后的高温导热油再将热量传递给水，可采用无压式电锅炉达到蒸汽式电锅炉蓄热容量的效果，并可避免电热元件表面结水垢的问题。

（四）大、中型锅炉采用计算机控制燃烧过程，提高锅炉效率

对大中型锅炉房应逐步建立微机系统实现锅炉燃烧过程自动控制。由于锅炉燃烧过程是一个不稳定的复杂变化过程，各种各样的因素都会引起工况的变化，只有实现锅炉燃烧的自动控制才能达到锅炉的最佳燃烧工况，热效率最高。根据负荷状况，对蒸汽压力、流量、煤量、炉膛温度、排烟温度、烟气含氧量进行综合分析和寻优调整，以达到人工操作难以达到的效果，同时还可以根据煤质的好坏、加湿程度等因素适当调整参数，以达到最佳燃烧工况。

（五）风机、水泵采用调速技术，更换压送能力过大的水泵

风机、水泵的选择和配置其能力都有一定的富裕度，这是因为：①风机、水泵选型时要求扬程有一定裕度，而且风机、水泵规格不可能与需要完全一致，一般选型结果都稍大；②供暖系统末端具有调节功能，或分时段供回水压差不同，导致不同时刻或时间段流量需求不同，通过调节水泵频率调整热水循环流量，实现节约水泵电耗的目的。风机、水泵采用调速技术，可以及时地把流量、扬程调整到需要的数值上，消除多余的电能消耗。

但对压送能力过大的水泵，采用调速技术来降低水泵扬程，将导致水泵在低效区工作，达不到预期的节能效果，因此，应根据实际运行资料的分析更换水泵。目前常用的水泵变速装置有变频器和液力耦合器两种。采用变频器效率高、调速范围大，但投资费用高且管理比较复杂；采用液力耦合器效率低、调速范围小，但投资费用少且维护简单。

（六）条件合适的供热系统采用多热源联网技术

国内供热系统的规模正在逐渐扩大，部分供热系统具有两个或两个以上的热源。由于各热源的生产设备参数和燃料等不同，因而热生产的单位费用不同和效率差异引起的能耗不同。因此，在供热系统运行时采用多热源联网运行技术，尽量使热生产费用低、能耗小的热源作为主热源在整个采暖季中满负荷运行，而热生产费用高、能耗大的热源作为调峰热源提供不足部分的热量，这样就能最大限度地提高系统的经济性，取得良好的节能结果。

多热源联网运行时的循环水量是连续变化的，应采用可调速的循环水泵，而且全网要有统一的补水定压系统和一套完整的监控系统进行实时的调节和控制。由于此项技术的资金和技术投入较大，实施可分阶段进行。

结合我国国情，只要具备热力站变流量自动控制的手段，其他条件可采用辅以手动控制的方式来实现多热源联网运行。

（七）改善二次水系统和户内系统，解决小区内建筑物之间和建筑物内部房屋冷热不均、能源浪费的问题

在用户楼栋入口（当几栋楼到干管的系统管道阻力相近时，也可在总分支管上）装设流量控制设备，对各楼之间流量分配进行调节，在管路（一般为立管）上装设平衡阀平衡各立管之间的流量，在每组散热器前装设温控阀控制室内温度，可以有效地解决小区内建筑物之间和建筑物内部房屋冷热不均的问题，不仅节约能源，还为计量收费、用户自由调节室温打下了基础。

（八）热力站入口装设流量控制设备，解决一次水系统水力失调现象

目前，供热系统的一次系统，因通过每个热力站的水量得不到有效控制而造成的水力失调和能源浪费的现象很严重。因此应在热力站入口装设流量控制设备以解决一次水系统水力失调问题。对于当前国内供热系统绝大多数采用的定流量质调节运行方式应装设自力式流量限制器，对于近期即将采用或正在采用的变流量调节的系统应装压差控制器。

（九）建立并完善与供热系统相适应的控制系统

供热系统是由热源、管网、用户组成的一个复杂系统，为使热生产、输送、分配、使用都处在有序的状态下，提高供热系统的能源利用，需要建立与供热系统相适应的控制系统。控制系统的建立可为供热管理人员提供供热系统的运行状况，帮助工作人员选择最佳的运行方式，维持供热系统瞬间变化的水力工况平衡，保证供热，节约能源。控制系统的投资一般在系统初投资的5%以下，但其经济性和社会效

果是很好的。

建立并完善控制系统时，应根据系统的大小、复杂程度，实事求是地选择适用的控制系统，合理配置硬件、使用软件和仪表。

四、供热系统施工节能措施

推广热水管道直埋技术，降低基础投资和运行费用。直埋敷设与地沟敷设比较，有如下优点：

（1）节省用地、方便施工、减少工程投资。

（2）维护工作量小。

（3）由于用导热系数极小的聚氨酯硬质泡沫塑料保温，热损失小于地沟敷设。地沟管道长期运行后，保温层会产生开裂、损坏而大幅度增加热损失。

第三节 能效评估流程

一、节能评估流程及节能评估项

（一）热源设备诊断

锅炉热损失计算：

（1）锅炉的散热损失的测试数据。

（2）通过补水量分析凝结水回收情况。

（3）计算减少热损失能节省的燃料量。

（二）输配系统诊断

1. 热水流量分配

（1）热水集水器各分支的回水温度的测试数据。

（2）如某一支路水温始终偏高，并且用户投诉冬季偏冷，则测试该分支水量，核算热量是否满足要求。

2. 水系统压力分配

（1）读取压力表数值（注意高度修正），绘制循环热水压力分布图。

（2）判断各段阻力是否合理，并找出阻力偏大部分的原因。

（3）判断总流量偏小还是各分支水量分配不均匀。

二、节能评估流程图

供热系统节能评估流程图如图 10-2 所示。

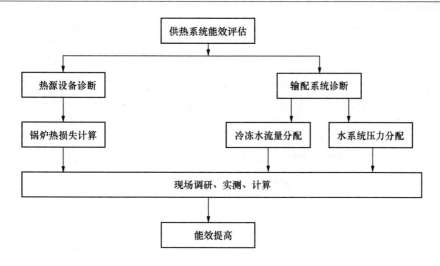

图 10-2　供热系统节能评估流程图

第四节　典　型　案　例

一、项目背景

某大楼建筑面积约 36 000m², 地上 27 层, 地下 2 层。地下部分为设备用房, 地上部分均为办公用房或会议室。大楼设大型中央空调系统, 冷热源位于地下室, 冷源为 3 台水冷离心式冷水机组, 单台制冷量为 2109kW; 热源为 2 台电热水锅炉, 单台制热量为 1400kW。空调水泵冬夏季共用 3 台, 空调末端系统为风机盘管和新风系统。14 层为中心机房, 需 24h 不间断使用, 所以此层设有 4 台风管空调机, 冬季制热、夏季制冷, 以满足该楼层单独空调所需。本工程已经进行了水蓄冷蓄热节能改造——夏季利用原有的消防水池蓄冷, 蓄冷量为 2100kWh, 冬季设 2 个 90t 的蓄热池蓄热。业主方要求, 15～19 层单层或多层在非正常工作时段独立使用空调。若仍采用冷水机组或热水机组直接供冷或供热, 系统将不经济不合理, 尤其在夏天, 由于负荷太小, 机组将无法正常运行, 甚至无法启动。

二、技术方案

改造方案经过仔细考虑, 决定利用蓄冷、蓄热池在大楼非工作期间作为 15～19 层的空调冷热源。通过计算, 本大楼节能改造后蓄冷(热)量的 10% 即可满足 15～19 层中任一楼层 2 h 的满负荷空调运行所需。当科技大楼 15～19 层需单独使用时, 根据需要使用的大致时间预留部分蓄冷(热)量, 开启流量合适的空调循环水泵, 就能很经济地保证 15～19 层空调的运行。这样, 一方面可均衡用电, 另一方面可有效地解决空调负荷偏小时，大型中央空调系统无法正常运行的矛盾。本工程利用蓄冷（热）系统，只需对一台空调循环水泵进行变频改造，并在供回水系统上设置一定数量的电动阀门，即可满足 15～19 层非工作时段独立使用空调的要求。

（1）对新风系统控制：在新风系统供水总立管上安装一个电动水阀（开关型），正常工作时段（8～18 时）阀门开启，其他时段阀门关闭。

（2）楼层风机盘管系统控制：在 1～28 层（除 14 层外）风机盘管系统的每层水平供水干管上安装一个电动水阀（开关型），正常工作时段水阀全部处于开启状态，其他时段需要空调的楼层电动水阀开启，不需要的楼层电动水阀关闭。

水泵系统的控制：原有空调循环水泵（冬夏共用）共 3 台，将其中 1 台水泵配变频器，可根据实际情况调节水泵的流量和扬程，节省运行费用。控制系统在改造工程中首先是设计要合理，其次是设备要可靠，相互配合，做到灵活精确。

三、效益分析

该工程总改造费用为 30 万元左右，经计算项目投资回收期约为两年。项目投资回收期按照采用冷水机组（热水机组）直接供冷（热）与采用上述节能方案之间能耗差值计算。

第十一章

建 筑 节 能

第一节 概 述

在能源消耗的众多形式中，建筑能耗在我国能源总消费量中所占比例逐年上升，已经从 20 世纪 70 年代末的 10%上升到目前的 27.6%。我国住宅建筑采暖能耗约为发达国家的 3 倍，外墙为 4～5 倍，屋顶为 2.5～5.5 倍，外窗为 1.5～2.2 倍。由于能源需求增长的速度大于能源生产的速度，能源供需的矛盾日益尖锐，因此，我国政府越来越重视建筑节能工作。

实现建筑节能的根本有效途径是加快推广和普及低能耗建筑，而实现低能耗建筑首先需要对建筑物外围护结构部位应用节能技术和节能材料，降低其热损失（或冷损失）。

影响建筑能耗的因素主要有三方面：外扰、内扰和建筑环境系统的运行方式。建筑环境系统消耗能量，抵御或克服外扰和内扰对建筑室内环境的影响，保持舒适、健康、有效率的室内环境，建筑物的整个寿命周期就是一个干扰和反干扰的过程。如何用最小的能源代价，使外扰和内扰对室内环境的影响降至最小，是建筑节能的关键所在。

室内热扰和室外热扰对室内环境的影响如下。

（1）外扰：室外气候变化，特别是温度、湿度和太阳辐射的变化，通过建筑围护结构，以光辐射、热交换和空气交换的方式影响室内的温湿度环境。如图 11-1 和图 11-2 所示。

（2）内扰：室内用能设备、照明装置和人体都会以热交换和质交换的方式散热散湿。如图 11-3 所示。

整个建筑以建筑围护结构作为室内和室外的分界面，室内热扰和室外热扰均是通过围护结构进行热量的传导。所以建筑围护结构在建筑节能中起到至关重要的作用。

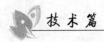
本章主要研究对外围护结构采取何种措施使室外热扰和室内热扰对建筑室内环境影响最小。

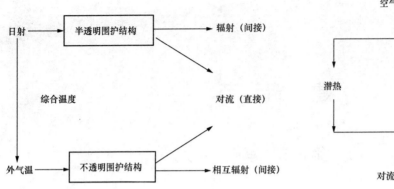

图 11-1 太阳辐射对室内环境的影响

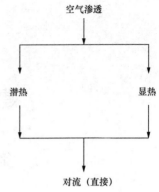

图 11-2 空气流动对室内环境的影响

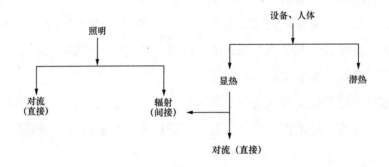

图 11-3 内扰对室内环境的影响

第二节 主要节能技术

一、外墙保温节能技术

（一）外保温技术

外保温是将保温隔热体系置于外墙外侧，使建筑达到保温的施工方法。该体系起源于 20 世纪 60 年代的欧洲，20 世纪 70 年代第一次能源危机以后得到重视和发展，以欧洲的体系比较完整。在我国，外保温也是目前大力推广的一种建筑保温节能技术，外保温与其他保温形式相比，技术合理，有其明显的优越性，使用同样规格、同样尺寸和性能的保温材料比内保温的效果好。外保温技术不仅适用于新建的结构工程，也适用于旧楼改造，延长建筑物的寿命；有效减少了建筑节能的热桥，增加了建筑的有效空间；同时消除了冷凝，提高了居住的舒适度。

目前常用的外保温技术有以下四种。

1. 聚苯板外墙外保温

以聚苯板为保温材料，玻纤网增强聚合物砂浆抹面层和饰面层为保护层，采用粘结方式固定的外墙外保温技术。

2. 岩棉外墙外保温技术

岩棉板是以精选的玄武岩、辉绿岩为主要原料，外加一定数量的补助料，经高温熔融离心吹制成纤维状的松散材料，加入适量粘结剂、防尘剂、憎水剂等外加剂后，压制固化成的具有一定强度的板状制品。岩棉板外保温系统主要使用岩棉板作为保温材料。岩棉外保温结构图如图 11-4 所示。

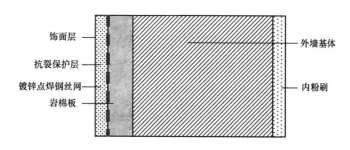

图 11-4　岩棉外墙外保温结构

3. 种植屋面节能保温技术

种植屋面系统没有设置隔热层，利用绿色植物对太阳辐射的吸收、反射和遮挡，使到达屋面的光照强度大大减弱。正是由于植物的这种光能效应，使得种植屋面白天升温不多，夜晚降温也不多，日气温变幅较小。植物所特有遮阳作用和蒸腾作用，具有明显的降温降湿效应，种植屋面的植物成为隔热层，减少室外空气与围护结构之间的热交换，使传入室内的热量大大减少。因为植被能吸收太阳辐射的热量，通过光合作用转化为生化能，从而改变能量存在的形式。此外，其表面的反射热小，长波辐射小，冬季又有良好的保温性能，所以植被也具有良好的热工性能，室内的热量也不会通过屋面轻易散失。

4. 喷涂硬泡聚氨酯外墙外保温技术

喷涂硬泡聚氨酯外墙外保温系统是指置于建筑物外墙外侧的保温及饰面系统，涂料饰面时是由聚氨酯防潮底漆、硬泡聚氨酯、聚氨酯界面砂浆、胶粉聚苯颗粒保温浆料、抗裂砂浆复合耐碱玻纤网格布和涂料组成的系统产品。

（二）内保温技术

内保温技术对材料的物理性能指标要求比较低，内保温材料以楼板为分隔，仅

225

在一个层高范围内施工，不需搭建脚手架。同时，内保温在多年的实践中，显露出一些诸如占用室内使用空间，不便于用户二次装修和吊挂饰物等缺点。

目前常用的内保温技术如下：

1. 胶粉聚苯颗粒保温浆料玻纤网格抗裂砂浆内保温

由界面层、胶粉聚苯颗粒保温浆料保温层、抗裂防护层和饰面层构成的墙体内保温构造。

2. 增强粉刷石膏聚苯板

由石膏板粘帖聚苯板保温层、粉刷石膏抗裂防护层和饰面层构成的墙体内保温构造。

二、门窗节能技术

建筑门窗和建筑幕墙是建筑围护结构的重要组成部分，是建筑物热交换、热传导最活跃、最敏感的部位，其热损失是墙体热损失的5～6倍。目前我国实际建筑的热工指标与国家标准的规定值有很大的差距，与国际先进水平相比差距很大。对于门窗节能，其发展经历了不同阶段：①单层窗阶段；②双层玻璃阶段；③镀膜玻璃阶段；④超级节能门窗。

目前常用门窗节能技术有以下四种。

1. 中空断桥铝合金窗

铝合金具有良好的热导性，然而，这种物理特性是建筑门窗节能所要避免的。断桥铝合金通过在铝型材内构建一个连续的隔热区域将金属结构分成明显的两个部分，通过在高热导性的铝合金中插入地热导性的隔离物得到优良的隔热性，从而降低门窗型材的导热性。同时利用中空玻璃降低门窗通过玻璃的能量损失。

2. 中空 Low-E 断桥铝合金窗

"低辐射（Low-E）玻璃"，是指能对波长在 1.0～40μm 范围内的远红外线，低吸收、低二次向外辐射（即地向外发射）、基本完全反射的镀膜玻璃制品，这种玻璃能很好地阻挡远红外的辐射热传递。低辐射玻璃可以达到很高的可见光透过率，既能满足节能要求，也能满足适当的采光舒适度要求。采用 Low-E 镀膜玻璃制成中空玻璃，大幅度减少了热传导和热对流方式的传播，极大地阻断了热辐射方式的传播，其保温隔热性能比普通中空玻璃比例高。同时门窗采用断桥铝合金作为窗框材料，有效地减少了通过窗框的热传导损失，从而使门窗整体节能性能提高。

3. 真空玻璃节能保温窗

真空玻璃节能保温窗的原理与玻璃保温瓶的隔热原理相同，两片玻璃之间的真空层消除了传导与对流传热。比中空玻璃具有更好的隔热、保温和防结露性能以及更好的抗风压性能。标准真空玻璃的传热系数为 2.6W/（m^2·K），单面低辐射膜真空玻璃的传热系数为 1.55W/（m^2·K），双面低辐射真空玻璃的传热系数为 1.30W/（m^2·K）。而充氩气中空玻璃的传热系数为 3.5W/（m^2·K），单层平板玻璃的传热系数为 6W/（m^2·K）。真空玻璃是将两片平板玻璃用低熔点玻璃将四边密封起来，两片玻璃之间留有 0.1～0.2mm 的间隙。间隙内抽真空，两片玻璃外表面在内部真空的状态下承受大气压力，为了保持真空状态下两片玻璃的间隙，玻璃间放有规则排列的微小支撑物，支撑物一般用金属或非金属材料制成，支撑物尺寸非常小，不会影响玻璃的透光性。

4. 玻璃涂膜技术

喷涂硬泡聚氨酯外墙外保温系统是指置于建筑物外墙外侧的保温及饰面系统，涂料饰面时是由聚氨酯防潮底漆、硬泡聚氨酯、聚氨酯界面砂浆、胶粉聚苯颗粒保温浆料、抗裂砂浆复合耐碱玻纤网格布和涂料组成的系统产品。

三、幕墙节能技术

双层皮玻璃幕墙系统是由相隔一段距离的内外两层玻璃幕墙组成，空气可以在两层玻璃之间的空腔中流动。空腔中的通风形式分为自然通风、由风机助力的通风和机械通风。除空腔中的通风形式不同之外，根据不同的气候条件、建筑的不同使用功能、建筑所处的位置、建筑使用的时间以及集中供暖和制冷的方式等，气流的进入和排出方式也可以不同。

双层皮玻璃幕墙相比于传统的单层幕墙立面具有明显的节能效果，主要表现在以下几个方面。

（1）减少太阳辐射热。结合遮阳装置的双层皮玻璃幕墙能够使建筑减少太阳辐射热的获得，而双层皮玻璃幕墙的两层表皮可以使安装于空腔内的遮阳系统免受室外天气、雨和风的影响。

（2）保温隔热作用。双层皮玻璃幕墙能够达到很小的 K 值（即透过材料的热传导量）。在冬季，将两层表皮间的空腔密闭可以提高整个立面系统的保温隔热性能。缓慢的气流速度以及空腔内升高的温度减少了玻璃表面的热交换速度，从而减少了热损失。在夏季，空腔完全开放进行通风，热气流通过空腔被排出室外。

（3）自然通风及夜间通风。双层皮玻璃幕墙系统可以与不同的自然通风形式相结合。而且，在晴朗的冬天以及春秋两季，对双层皮玻璃幕墙中内立面的窗户进行通风基本上可以不受室外风和气候的影响。同时，利用内立面的窗户能够为夜间通风带来可能性，相比于传统立面夜间开窗，双层皮玻璃幕墙有安全与不受气候影响的优点。

（4）改善室内环境及建筑节能。适应于当地气候条件的双层皮玻璃幕墙能为建筑提供良好的室内空气质量，减少建筑的能源消耗，同时保证室内可接受的热舒适度。

1. 井箱式双层皮幕墙

井箱式双层皮幕墙是由箱式双层结构演变而来。与箱式双层皮幕墙不同的是：井箱式双层皮幕墙在竖向有规律地设置了贯通层。这样，在玻璃空腔之间便形成纵横交错的网状通道。夹层空腔内的空气被吸收了太阳辐射的玻璃表面加热后升温，同时由于竖向井相对较高，会导致很强的"烟囱效应"，这种效应加速了双层皮空腔内空气的竖向流动。由于该种结构的排风门布置在建筑物上部，与立面上进风口有较远距离，故可以杜绝空气"短路"的可能，在冬天则可以关闭或减少进风口，减缓"井"内空气流动，以形成适宜的温度缓冲区，如图 11-5 所示。

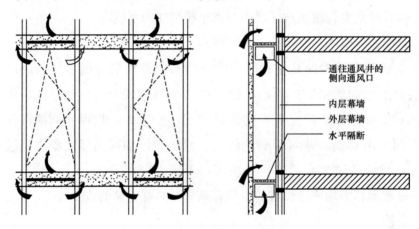

图 11-5　井箱式双层皮幕墙示意图

井箱式结构获得很强的"烟囱效应"仅需要较少的立面开口面积，这也使得该幕墙结构可以有效地减少室外噪声进入室内。尽管"烟囱效应"会随着高度的增加而加强，在实际使用中，这种井箱式双层幕墙的高度也是有限制的。这是因为，虽然"烟囱效应"增加了空腔内空气流动，同时也使得上部建筑幕高夹层内部的空气温度过高，影响了这部分建筑的使用，因此，该种结构的双层皮幕墙通常用在低层或者多层建筑中。此外，要想使得每个单元具有同等的通风冷却效果，各个单元之间的通风口大小尺寸要认真设计。

2. 廊道式双层皮幕墙

廊道式双层皮幕墙系统是以一层为单位进行水平划分的。双层皮夹层的间距较宽，0.6～1m，在建筑外侧每层均形成外挂式走廊，因此也称为"廊道式"双层皮幕墙，如图 11-6 所示。

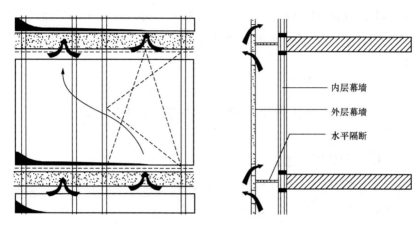

内层幕墙

外层幕墙

水平隔断

图 11-6　廊道式双层皮幕墙示意图

在每层楼的楼板和天花高度分别设有进、出风调节盖板。这种构造最初的设计是将立面上的进、出风口对齐设置。这种做法有一个明显的问题是，下层走廊的部分排气变成了上层走廊的进气，这无论对空气质量还是温度缓冲效果都会产生负面影响。改进后的进、出风口在水平方向错开一块玻璃分隔的距离，避免了进、排气的"短路"。

此外，需要注意的是，由于该结构的双层皮幕墙并没有水平分隔，许多房间将通过双层皮夹层空腔连接在一起，在设计时需要考虑到房间窜声和防火分区的问题。

双层皮玻璃幕墙还可以根据夹层空腔的大小分为窄通道式（100～300mm）和宽通道式（＞400mm）双层皮幕墙；根据夹层空腔内的循环通风方式分为内循环式（夹层空腔与室内循环通风）和外循环式（夹层空腔与室外循环通风）以及混合式（夹层空腔可与室内外进行通风）双层皮玻璃幕墙。

四、遮阳系统节能技术

遮阳设施作用：通过不透明或半透明或透明表面来限制直射太阳辐射进入室内；限制散射辐射和反射辐射进入室内。

1. 建筑内遮阳

建筑内遮阳由于放置于室内，不但可以起到遮阳设施的基本作用，同时也可以作为室内装饰的一部分，比较常见的建筑内遮阳为可调节遮阳。常见的可调节遮阳主要分为内遮阳窗帘和内遮阳百叶两种，可调节内遮阳在处理低角度的直射光、反射光和散射光效果显著。可调节内遮阳与固定遮阳不同，它能够使室内照度不过多的降低。

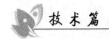

2. 建筑外遮阳

建筑外遮阳可以和建筑本体紧密结合，在建筑设计阶段完成遮阳的布置。常见的建筑外遮阳为固定遮阳。固定遮阳主要分为水平式、垂直式、综合式、挡板式四类。固定遮阳对直射太阳辐射的阻挡作用显著，但是对散射辐射和反射辐射的阻挡作用不是很明显。

第三节　能效评估流程

一、围护结构现状和问题

通过对现有建筑门窗和外墙类型的分析，确定其节能潜力，通过更换节能门窗和增加墙体保温等措施，计算其节能量。

二、局部热扰的处理

蒸汽和电热设备等的排热量如排放到空调区域，会增加空调负荷，所以对局部热扰的处理直接关系到空调能耗的高低。

三、全楼风平衡分析和新风分配情况

全楼的新风分配情况直接影响到空调区域的卫生状况，所以掌握全楼新风的分配情况，对全楼新风的能效状况作出科学合理的评估。通过计算全楼的总新风量和总排风量的关系可以确定建筑是否有大量无组织新风进入建筑内部从而影响建筑能耗。

建筑围护结构评估流程如图 11-7 所示。

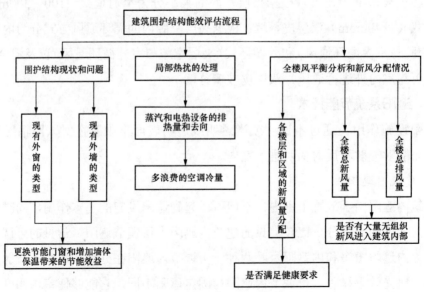

图 11-7　建筑围护结构能效评估流程

第四节　典　型　案　例

一、项目背景

夏热冬冷地区某商业街分为 1、2、3、4 号楼，建筑总面积为 21 024.2m²，空调面积 17 833.69m²。1 号楼地上五层（1、2 层为商场，3～4 层为餐饮），地下一层为车库及设备用房；2～4 号楼为餐饮类建筑。外墙结构为水泥砂浆（20mm 厚）、膨胀珍珠岩（200mm 厚）、花岗岩（20mm 厚）。

二、技术方案

在内墙、地面、屋顶、窗户等围护结构不变，室内设计参数相同、内热源的设定与实际建筑的使用情况相同情况下，采用 24 砖墙+聚苯板内保温作为外墙构造。

经计算水泥砂浆（20mm 厚）+膨胀珍珠岩（200mm 厚）+花岗岩（20mm 厚）外墙传热系数为 1.86W/（m²·K），24 砖墙+聚苯板内保温外墙传热系数为 0.564W/（m²·K）。

三、效益分析

应用 EnergyPlus 软件（EnergyPlus 是在美国能源部的支持下，由劳伦斯·伯克利国家实验室、伊利诺斯大学、美国军队建筑工程实验室、俄克拉荷马州立大学及其他单位共同开发的，它不仅吸收了建筑能耗分析软件 DOE-2 和 BLAST 的优点，并且具备很多新的功能，被认为是用来替代 DOE-2 的新一代的建筑能耗分析软件）对应用两种围护结构类型的建筑进行冷热负荷模拟计算。

计算结果为：采用 24 砖墙+聚苯板内保温作为外墙构造相对于采用水泥砂浆（20mm 厚）+膨胀珍珠岩（200mm 厚）+花岗岩（20mm 厚）作为外墙构造，冷热负荷分别减少 0.40% 和 17.00%。

第十二章

照 明 系 统 节 能

第一节 概 述

在选用电光源过程中，了解光源的各项性能指标非常重要。各项性能指标的具体概念如下：

一、可见光和辐射

光是电磁波辐射到人的眼睛，经视觉神经转换为光线，即能被肉眼看见的那部分光谱。这类射线的波长范围在 360～780nm，仅仅是电磁辐射光谱非常小的一部分，如图 12-1 所示。

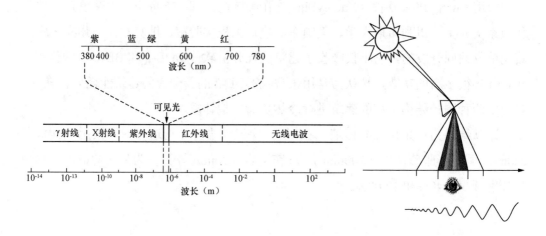

图 12-1 电磁波频谱

二、影响照明质量的要素

照明质量的评价主要从三个方面来评价：视觉的功能性、视觉的舒适性、视觉的环境气氛。其中影响视觉功能性的要素为照度水平和眩光控制，影响视觉舒适性的要素为显色特性和亮度分布，影响视觉的环境气氛的要素为光影造型、光线方向和色温光色。影响照明质量的要素如图 12-2 所示。

（一）与照度水平相关的物理量（见表12-1）

（1）各物理量之间的关系，如图12-3所示。

（2）照度的分类。照度是指单位面积内入射的光通量。符号为 E，单位为 lx。通常以平均照度作为衡量照度水平的物理量。办公室、超市等室内照明多考虑水平照度；黑板面照度用垂直面照度来衡量；体育转播照明一般需要考虑垂直面照度，如图12-4所示。

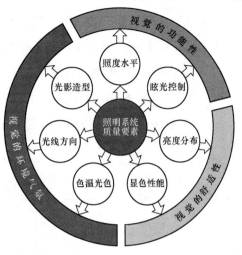

图 12-2　影响照明质量的要素

表 12-1　　　　　　　　　　与照度水平相关的物理量

名　称	符号	单　位	含　义
光通量	$\varPhi$	lm（流明）	科学定义：光源每秒钟所发出光的量之总和，用于表示灯管射出的光的量。 通俗说法：灯管的发光量
光强	I	cd（坎德拉）	在某一特定方向角内所放射光的量
照度	E	lx（勒克斯） lm/m^2	科学定义：单位面积内所入射光的量，即光通量除以面积所得的值，用来表示某一场所的明亮度。 通俗说法：每平方米所入射的光通量
亮度	L	cd/m^2	科学定义：从某一方向看到物体反射光线的强度。也就是说，单位面积某一方向反射的光之强度。 通俗说法：眼睛在某方向所看到物体的反射光的强度

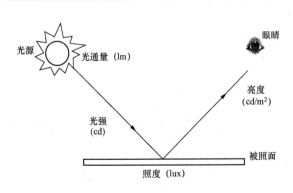

图 12-3　与照度水平相关的物理量之间的关系

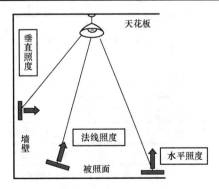

图 12-4　照度分类图

（3）配光曲线。表示从光源发出的光中在某方向的光强的指标。光强是当光源的光通量为 1000lm 时的数值，因此可以根据光源的光通量来按比率计算出光强。配光曲线有极坐标表现形式和平面坐标表现形式两种。

（4）直射水平照度图。指表示在一平面上某点的照度的情况。表示的光强是当光源的光通量为 1000lm 时的数值。因此可以根据光源的光通量来按比率计算出照度。

（二）与颜色相关的物理量（见表 12-2）

表 12-2　　　　　　　　　　　　　与颜色相关的物理量

名　称	单　位	含　义
色温度	K（开尔文）	科学定义：通过与"黑体辐射体"的比较而确定色温度。 通俗说法：就是用温度的语言来表现光色
显色指数 R_a	—	科学定义：指事物在人造光线下所呈现的颜色与某一标准光源下所显示的颜色的关系。 通俗说法：就是灯管还原颜色的能力

（1）色温。色温是指当光源所发出的光的颜色与"黑体"在某一温度下辐射的颜色相同时，"黑体"的温度就称为该光源的色温。"黑体"的温度越高，光谱中蓝色的成分则越多，而红色的成分则越少。

不同"颜色"的光能给人不同的感受，创造不同的氛围。（见表12-3）

表 12-3　　　　　　　　　　　　　不同色温给人的感受

色　温	光　色	气氛效果	应用场所举例
>5000K	日光色（带蓝的白色）	冷的气氛	高照度场所、加热车间，或白天需补充自然光的房间
3300～5000K	中间色（白）	爽快的气氛	办公室、阅览室、教室、诊所、机加工车间、仪表装配
<3300K	暖色（带红的白色）	稳重的气氛	卧室、客房、病房、酒吧、餐厅

不同光源环境的色温见表12-4。

表 12-4　　　　　　　　　　　　　不同光源环境的色温

光　源	色　温	光　源	色　温
北方晴空	8000～8500K	高压汞灯	3450～3750K
阴天	6500～7500K	暖色荧光灯	2500～3000K
夏日正午阳光	5500K	卤素灯	3000K
金属卤化物灯	4000～4600K	钨丝灯	2700K
下午日光	4000K	高压钠灯	1950～2250K
冷色荧光灯	4000～5000K	蜡烛光	2000K

（2）显色性。光源对物体颜色呈现的程度称为显色性，也就是颜色逼真的程度，显色性高的光源对颜色的再现较好，我们所看到的颜色也就较接近的自然原色，显色性低的光源对颜色的再现较差，我们所看到的颜色偏差也较大。常见光源的显色指数见表 12-5。

表 12-5　　　　　　　　　　　显 色 指 数 分 类

显色指数分组	显色指数 R_a	适用范围举例
I	$R_a > 90$	色检查、临床检查、美术馆
II	$90 > R_a \geqslant 80$	住宅、饭店、商店、医院、学校、精密加工写字楼、印刷厂纺织厂等
III	$80 > R_a \geqslant 60$	一般作业场所
IV	$60 > R_a \geqslant 40$	粗加工工厂
V	$40 > R_a \geqslant 20$	储藏室等变色要求不高的场所

显色性高低情形发生关键在于该光线之"分光特性"。可见光之波长在 380～780nm 的范围内，如果光源所放射的光中所含的各色光的比例和自然光相近，则我们眼睛所看到的颜色也就较为逼真。

显色指数（R_a）：在光源照射下的色彩的再现度的数值表示以 R_a100 为基准光，数值越低，与基准光差异越大。显色指数分类见表 12-6。

表 12-6　　　　　　　　　　　常见光源的显色指数

光　源	显色指数	光　源	显色指数
白炽灯	100	金卤灯（美标）	>60
卤素灯	100	金卤灯（欧标）	>90
荧光灯（卤粉）	>75	陶瓷金卤灯	>80
三基色荧光灯	88	高压钠灯	<25

（3）眩光。由于视野中的亮度分布或亮度范围的不适应，或存在极端的对比，以致引起不舒适感觉或降低观察细部或目标的能力的视觉现象。

统一眩光值（UGR）：度量处于视觉环境中的照明装置发出的光对人眼引起不舒适感主观反应的心理参量。公共建筑和工业建筑常用房间或场所的不舒适眩光应采用统一眩光值（UGR）评价。统一眩光值与主观感受的关系见表 12-7。

表 12-7   统一眩光值与主观感受的关系

UGR	不舒适眩光的主观感受	UGR	不舒适眩光的主观感受
28	严重眩光，不能忍受	16	轻微眩光，可忽略
25	有眩光，有不舒适感	13	极轻微眩光，无不舒适感
22	有眩光，刚好有不舒适感	10	无眩光
19	轻微眩光，可忍受		

（三）与寿命相关的物理量（见表 12-8）

表 12-8   与寿命相关的物理量

名称	单位	含　义
平均寿命	h	（1）指一批灯泡点灯至其 50%之数量损坏不亮时的小时数； （2）每批抽样实验产品的额定寿命的平均值
经济寿命	h	在同时考虑灯泡之损坏以及光衰之状况下，其总和光束输出减至一特定比例之小时数。此比例一般用于室外之光源为 70%，用于室内之光源时为 80%
额定寿命	h	在长期制造的同一形式的灯具点灯 2h45min、灭灯 15min 的连续反复试验条件下，直到"大多数灯不能再灭亮为止的点灯时间"或"全光束下降到初光束的 70%时的点灯时间"中的短时平均值来表示

（四）光源效率

光效是指电能转换成光能的效率。判断光源是否节能，光效越高越节能。光源效率是以其所发出的光的流明除以其耗电量所得之值。即每 1W 电力所发出的量，其数值越高表示光源效率越高，所以，对于点灯时间较长的场所，如办公室、走廊、隧道等，光源效率通常是一个重要的考虑因素。常见光源的光效与显色性比较如表12-9、图 12-5 所示。

表 12-9   各 种 光 源 效 率

光　源	光效（lm/W）	光　源	光效（lm/W）
白炽灯	8～14	自镇流荧光灯	50～70
T8 卤粉荧光灯（1199.4mm）	70～87	高压钠灯	80～140
T8 三基色荧光灯（1199.4mm）	85～95	金卤灯	60～100
T5 荧光灯（1149mm）	85～95	卤钨灯	15～20
单端荧光灯	55～80		

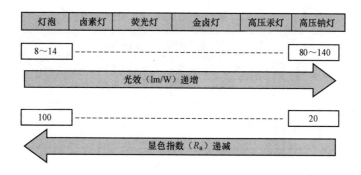

图 12-5　常见光源的光效与显色性比较

（五）维护系数

照明装置在使用一定周期后，在规定表面上的平均照度或平均亮度与装置在相同条件下新装时在同一表面上所得到的平均照度或平均亮度之比。各种场所维护系数见表 12-10。

表 12-10　各环境维护系数值

环境污染特征		房间或场所举例	灯具最少擦拭次数（次/年）	维护系数值
室内	清洁	卧室、办公室、餐厅、阅览室、教室、病房、客房、仪器仪表装配间、电子元器件装配间、检验室等	2	0.80
	一般	商店营业厅、候车室、影剧院、机械加工车间、机械装配车间、体育馆等	2	0.70
	污染严重	厨房、锻工车间、水泥车间等	3	0.60
室外		雨棚、站台	2	0.65

（六）功率密度值

单位面积上的照明安装功率（包含光源、镇流器或变压器），单位为瓦特每平方米（W/m²）。各种场所功率密度值见表 12-11。

表 12-11　各种场所功率密度值

房间或场所	照明功率密度（W/m²）		对应照度值（lx）
	现行值	目标值	
普通办公室	11	9	300
高档办公室、设计室	18	15	500
会议室	11	9	300

续表

房间或场所	照明功率密度（W/m²）		对应照度值（lx）
	现行值	目标值	
营业厅	13	11	300
文件整理、复印、发行室	11	9	300
档案室	8	7	200

（七）常见英文缩写的含义

（1）CCC 认证："3C" 或 "CCC 认证"（China Compulsory Certification）即 "中国强制认证"。作为国际通行做法，它主要对涉及人类健康和安全、动植物生命和健康，以及环境保护与公共安全的产品实施强制性认证，确定统一适用的国家标准、技术规则和实施程序，制定和发布统一的标志，规定统一的收费标准。

（2）IEC（International Electrical Commission）：IEC 指国际电工委员会。

（3）CE 标志：CE 标志是欧洲共同市场安全标志，是一种宣称产品符合欧盟相关指令的标识。使用 CE 标志是欧盟成员对销售产品的强制性要求。目前欧盟已颁布 12 类产品指令，主要有玩具、低压电器、医疗设备、电信终端（电话类）、自动衡器、电磁兼容、机械等。

（4）JIS：JIS 标志是日本标准化组织（JISC）对经指定部门检验合格的电器产品、纺织品颁发的产品标志。

（5）ROHS：由欧盟（EU）颁布的，要求各制造商从 2006 年 7 月起凡是销往 EU 加盟各国的电气、电气产品内禁止含有六种特定有害物质。这是基于从保护地球环境出发，确立 "不使用特定有害物质" 的行为是企业的社会责任，而且，将来该标准不会仅限在 EU 内部，也必将逐步成为世界性的环境保护标准。

（6）EMC：EMC 即电磁兼容性，包括两个方面的要求：一方面是指设备在正常运行过程中对所在环境产生的电磁干扰不能超过一定的限值；另一方面是指器具对所在环境中存在的电磁干扰具有一定程度的抗扰度，即电磁敏感性。

第二节　主要节能技术

近年来，在照明领域，人们通过更换高效光源和科学、合理的利用现代控制方法，真正实现了照明的技术美与艺术美。现代照明节能技术主要表现在以下几个方面：

（1）更换高效光源；

（2）照明控制营造良好的光环境；

（3）延长照明系统寿命；

（4）节约能源；

（5）防止光污染、保护环境。

一、常用电光源介绍

市场上电光源种类较多，一般可分为两类光源：固体发光光源和气体发光光源。半导体发光和热辐射发光是非常典型的固体发光光源。辉光放电灯和弧光放电灯则为典型的气体发光光源。光源的具体分类如图 12-6 所示，常见光源的具体参数见表12-12。

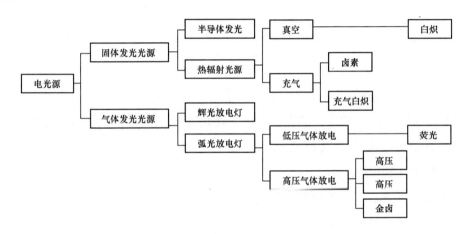

图 12-6　光源分类

表 12-12　　　　　　　　　　常见光源的具体参数

光源种类	光通量（lm）	光效（lm/w）	显色指数（R_a）	色温（K）	额定寿命（h）
白炽灯（60W）	625	10	100	2700	1000
高压汞灯（400W）	22 000	55	>40	3800	12 000
普通荧光灯（36W）	2500	69	>75	3000/4000/5000/6500	12 000
三基色荧光灯（36W）	3200	90	88	3000/4000/5000/6500	12 000
紧凑型荧光灯（13W）	900	69	88	2700/4000/6700	10 000
金属卤化物灯（400W）	36 000	90	>60	4000	9000
高压钠灯（400W）	48 000	120	>20	2000	12 000

（一）白炽灯

白炽灯发光原理：依靠灯丝（钨丝）通过电流加热到白炽状态引起热辐射发光。

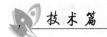

发光原理如图 12-7 所示。

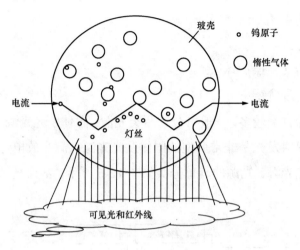

图 12-7　白炽灯发光原理

白炽灯的常用场所:

(1) 要求瞬时启动和连续调光的场所, 使用其他光源技术经济不合适时。

(2) 对于防止电磁干扰要求严格的场所。

(3) 开关灯频繁的场所。

(4) 照度要求不高, 且照明时间较短的场所。

(5) 对装饰有特殊要求的场所。

(二) 卤钨灯

1. 卤钨灯原理和卤钨循环优点

发生在卤钨灯里的化学反应很复杂, 至今也未能被完全理解。它们含有一组化学反应物和反应生成物, 既包括钨和卤素, 也包括气态和固态添加物, 以及构成和工艺过程中残留的杂质。它们包含水蒸气、氧、氢、碳和金属杂质。现在等中常用的固态和气态吸气剂通常含有一些杂质。卤钨灯基本原理如图 12-8 所示, 卤钨循环的优点如图 12-9 所示。

2. 卤钨灯系列

(1) 低电压卤素灯 (见图 12-10)。

(2) 线电压卤素灯 (见图 12-11)。

3. 卤钨灯的使用

(1) 为维持正常的卤钨循环, 管型卤钨灯工作时需水平安装, 以免降低灯的寿命。

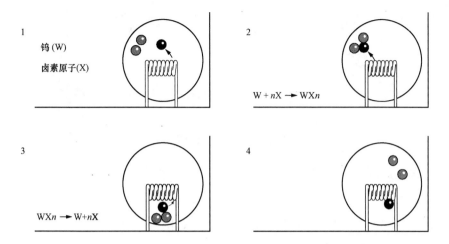

图 12-8 卤钨循环原理

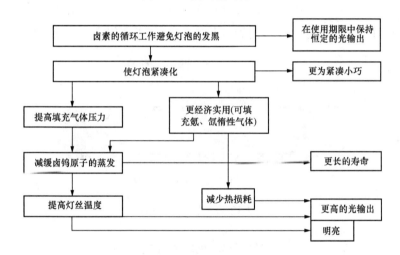

图 12-9 卤钨循环优点

图 12-10 低电压卤素灯

（2）管型卤钨灯正常工作时管壁温度在 600℃左右，不能与易燃物接近，且灯脚引入线应用耐高温导线，灯脚与灯座之间的连接应良好。

241

图 12-11　线电压卤素灯

（3）卤素灯灯丝细长又脆，要尽量避免震动和撞击。

（三）荧光灯

点灯（启动）时，电流流过电极并加热，从灯丝向管内发射出热电子，开始放电。放电产生的流动电子和管内的水银原子碰撞，发出紫外线（253.7nm）。这种紫外线照射荧光物质，变成可见光。随荧光物质的种类不同，可发出多种多样的光色。原理如图 12-12 所示。荧光灯与白炽灯相比，存在诸多优点，见表 12-13。

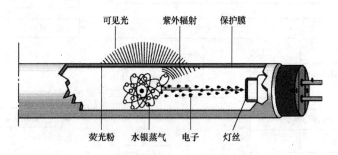

图 12-12　荧光灯工作原理

表 12-13　　　　　　　　　　荧光灯与白炽灯的比较

比较项	荧 光 灯	白 炽 灯
色温	色温种类多样，3000/4000/5000/6500K	色温单一，2500～2900K
寿命	约 9000h（紧凑型三基色荧光灯管） 约 12 000h（直管 YZ36W 三基色荧光灯管） 约 6000h（三基色环形荧光灯管）	1000～2000 h
点灯	电感式点灯方式需要 1～2s 电子镇流器式点灯方式可即时点灯	即时点灯
经济性	与白炽灯同等明亮的场合消耗电量低而节能	
调光	一般来讲不可能（电子镇流器可能 25%～100%）	0～100%可能
显色性	显色指数在 75～90	接近自然光谱，显色性好 R_a100

1. 荧光灯的启动过程

电源接通，电压加在起辉器两端，起辉器开始辉光放电。放电产生的热量使双金属片发生弯曲并接触，起辉器回来导通，灯丝同时得到预热。起辉器回路导通，辉光放电消失，双金属冷却，几秒钟后恢复原状，使接触的电极分离，将回路切断。回路切断的瞬间，镇流器产生的高压加在了已经充分预热且处于易于放电状态的灯丝两端，放电过程开始启动。启动后，由于镇流器抑制住电压。使得灯管正常工作。此时，起辉器灯管上的电压原低于工作电压，所以处于断开状态，荧光灯的启动过程如图 12-13 所示。

2. 三基色荧光灯

（1）三基色荧光灯利用红（R）、绿（G）、蓝（B）三种稀土荧光粉按照一定的比例混合，从而成功得到高光效、高显色性能的新型荧光灯。

（2）通过使用高品质的荧光粉，不仅能保证亮度，保证光通维持率，还能保证显色性（普通粉荧光灯：$R_a60\sim80$，三基色荧光灯：R_a88 以上，显色性提高 20%，亮度比同瓦数产品亮度提高 30%，即使在室内也能得到自然光的感觉）。

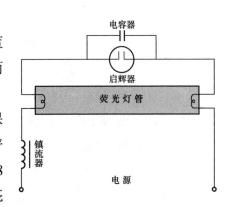

图 12-13　荧光灯启动过程

3. 镇流器

（1）电子镇流器：电子镇流器是一个将工频交流电源转换成高频交流电源的变换器。工频电源经过射频干扰（RFI）滤波器，全波整流和无源（或有源）功率因数校正器（PPFC 或 APFC）后，变为直流电源。通过 DC/AC 变换器，输出 20～100kHz 的高频交流电源，加到与灯连接的 LC 串联谐振电路加热灯丝，同时在电容器上产生谐振高压，加在灯管两端，但使灯管"放电"变成"导通"状态，再进入发光状态，此时高频电感起限制电流增大的作用，保证灯管获得正常工作所需的灯电压和灯电流，为了提高可靠性，常增设各种保护电路，如异常保护、浪涌电压和电流保护、温度保护等。电子镇流器可分为以下几类：

1）按安装模式可分为独立式、内装式、整体式。

2）按性能特点可分为普通型、高功率因数型、高性能型、高性价比型、可调光型。

（2）电感镇流器：当开关闭合电路中施加 220V、50Hz 的电源时，电流流经镇流器、灯管灯丝、启辉器给灯丝加热（启辉器开始时是断开的，由于施加了一个大于 180V 以上的交流电压，使得启辉器跳泡内的气体弧光放电，跳泡内双金属片受热膨胀变形，两个电极靠在一起，形成通路给灯丝加热）。当启动器的两个电极靠在一起，由于没有弧光放电，双金属片冷却，两电极断开，由于电感镇流器呈感性，当两个电极断开的瞬间，电路中的电流突然消失，于是镇流器产生一个高脉冲电压，它与电源电压叠加后，加到灯管两端，使灯管内惰性气体电离而引起弧光放电（高脉冲电压时间约 1ms 600～1500V，其确切的电压值取决于灯的类型）。在正常发光过程中，镇流器的自感起到稳定电路中电流的作用。电感镇流器是一个铁芯电感线圈，电感的性质是当线圈中的电流变化时，则在线圈中将引起磁通的变化，从而产生感生电动势，其方向与电流的方向相反，因而阻碍电流的变化，从而起到限制及稳定电流的作用。电感镇流器可分为以下几类：

1）独立式镇流器：可分开安装于灯具之外而无需另加外壳的镇流器，它可以是一个带适当外壳的内装式镇流器，外壳能按标志提供所需的保护。

2）内装式镇流器：专门设计可安装于灯具、箱体或壳体内的镇流器，路灯杆基座内的控制器室被视为是一种壳体。

3）整体式镇流器：成为灯具的一个不可替换部件而且不能与灯具分开进行测试的镇流器。

（3）电感镇流器与电子镇流器相比，电感镇流器由于结构简单、寿命长，作为第一种荧光灯配合工作的镇流器，它的市场占有率还比较大。但是，由于它的功率因数低、低电压启动性能差、耗能笨重、频闪等诸多缺点，电感镇流器慢慢地被电子镇流器所取代。而电子镇流器则具备以下优点：

1）节能：电子镇流器自身的功率损耗仅为电感镇流器的 40%左右，而且荧光灯在 30kHz 左右的高频下，光效将提高 20%，工作电流仅为电感的 40%左右，并且能够在低温、低压下启动和工作。

2）无频闪：灯管在 30kHz 左右工作时，发光稳定，人眼感觉不出"频闪"有利于保护视力。

3）无噪声：有利于在安静的环境中工作和学习。

4）灯管寿命延长：无需启辉器，不被反复冲击，闪烁，不会使灯管过早发黑，一次启动，减少维修和更换启辉器及灯管的工作量。

5）功率因数高：减少了无功损耗，提高了供电设备容量的有效利用率，减少线路的损耗。

（四）节能灯

工作原理与荧光灯一样，节能灯是紧凑型荧光灯（compact fluorescent lamps,

CFL），灯管使用 10～16mm 的细玻璃管弯曲或熔接制成，有很高的单位表面负荷，比普通荧光灯管表面要热，也提高了灯的最低冷端温度。紧凑型荧光灯用途：白炽灯的替代者，家居的一般照明、酒店、商场和办公室。节能灯样式如图 12-14 所示。

图 12-14　节能灯样式

（五）LED 光源

1. LED 灯发光原理

LED，就是发光二极管（light emitting diode），顾名思义发光二极管是一种可以将电能转化为光能的电子器件，具有二极管的特性。基本结构为一块电致发光的半导体模块，封装在环氧树脂中，通过针脚作为正负电极并起到支撑作用。发光二极管的结构主要由 PN 结芯片、电极和光学系统组成。当在电极上加上正向偏压之后，使电子和空穴分别注入 P 区和 N 区，当非平衡少数载流子与多数载流子复合时，就会以辐射光子的形式将多余的能量转化为光能。其发光过程包括三个部分：正向偏压下的载流子注入、复合辐射和光能传输。在 LED 的两端加上正向电压，电流从 LED 阳极流向阴极时，半导体晶体就发出从紫外到红外不同颜色的光线。调节电流，便可以调节光的强度。通过改变电流可以变色，这样可以通过调整材料的能带结构和带隙，达到多色发光。

2. LED 产品的分类

LED 产品分类很多，我们简单地来看看分类方法。LED 根据发光管发光颜色、发光管出光面特征、发光管结构、发光强度和工作电流、芯片材料、功能等标准有不同的分类方法。

（1）根据发光管发光颜色的不同，可分成红光、橙光、绿光（又细分黄绿、标

准绿和纯绿）、蓝光等。另外，有的发光二极管中包含二种或三种颜色的芯片。根据发光二极管出光处掺或不掺散射剂、有色还是无色，上述各种颜色的发光二极管还可分成有色透明、无色透明、有色散射和无色散射四种类型。

（2）根据发光管出光面特征的不同，可分为圆灯、方灯、矩形、面发光管、侧向管、表面安装用微型管等。圆形灯按直径分为 ϕ2mm、ϕ4.4mm、ϕ5mm、ϕ8mm、ϕ10mm 及 ϕ20mm 等。国外通常把 ϕ3mm 的发光二极管记作 T–1；把 ϕ5mm 的记作 T–1（3/4）；把 ϕ4.4mm 的记作 T–1（1/4）。由半值角大小可以估计圆形发光强度角分布情况。从发光强度角分布图来分为如下三类。

1）高指向性：一般为尖头环氧封装，或是带金属反射腔封装，且不加散射剂。半值角为 5°～20°或更小，具有很高的指向性，可作局部照明光源用，或与光检出器联用以组成自动检测系统。

2）标准型：通常作指示灯用，其半值角为 20°～45°。

3）散射型：这是视角较大的指示灯，半值角为 45°～90°或更大，散射剂的量较大。

（3）根据发光二极管的结构，可分为全环氧包封、金属底座环氧封装、陶瓷底座环氧封装及玻璃封装等。

（4）根据发光强度和工作电流，可分为普通亮度 LED（发光强度＜10mcd）、高亮度 LED（10～100mcd）和超高亮度 LED（发光强度＞100mcd）。一般 LED 的工作电流在十几 mA 至几十 mA，而低电流 LED 的工作电流在 2mA 以下（亮度与普通发光管相同）。

（5）按功率分有小功率 LED（0.04～0.08W），中功率 LED（0.1～0.5W），大功率 LED（1～500W），随着技术的不断发展，LED 的功率越做越大。

（6）按封装形式分有 SMD（贴片）和 DIP（直插）两种。对于 LED 的分类真正还要见到实物和实际应用才能够真正的区分。

3. LED 主要性能指标

LED 性能指标是整个 LED 的核心部分，只有了解它的性能指标，才能深度地了解 LED，更好地应用 LED 产品。

（1）LED 的颜色：LED 的颜色是一个很重要的一项指标，是每一个 LED 相关灯具产品必须标明，目前 LED 的颜色主要有红色、绿色、蓝色、青色、黄色、白色、暖白、琥珀色等颜色。因为颜色不同，相关的参数也有很大的变化。

（2）LED 的使用寿命：LED 在一般说明中，都是可以使用 50 000h 以上，还有一些生产商宣称其 LED 可以运作 10 0000h 左右。这方面主要的问题是，LED 的额定使用寿命不能用传统灯具的衡量方法来计算，因为它不会产生灯丝熔断的问题。LED 不会直接停止运作，但它会随着时间的流逝而逐渐退化。有预测表明，高质量 LED 在经过 50 000h 的持续运作后，还能维持初始灯光亮度的 60% 以上。假定 LED 已达到其额定的使用寿命，实际上它可能还在发光，只不过灯光非常微弱罢了。要想延长 LED 的使用寿命，就有必要降低或完全驱散 LED 芯片产生的热能。热能是 LED 停止运作的主要原因。LED 的寿命与 LED 的芯片和 LED 驱动有关。

4. LED 与传统光源相比优缺点

LED 作为一个发光器件，之所以备受人们关注，是有较其他发光器件优越的方面，归纳起来 LED 有以下优点：

（1）工作寿命长。LED 作为一种导体固体发光器件，较之其他发光器具有更长的工作寿命。其亮度半衰期通常可达到十万小时。如用 LED 替代传统的汽车用灯，那么它的寿命将远大于汽车本体的寿命，具有终身不用修理与更换的特点。

（2）耗电低。LED 是一种低压工作器件，因此在同等亮度下，耗电最小，可大量降低能耗。相反，随着今后工艺和材料的发展，将具有更高的发光效率。人们作过计算，假如日本的照明灯具全部用 LED 替代，则可减少两座大型电厂，从而对环境保护十分有利。

（3）响应时间快。LED 一般可在几十毫秒（ns）内响应，因此是一种高速器件，这也是其他光源望尘莫及的。采用 LED 制作汽车的高位刹车灯，提高了汽车的安全性。

（4）体积小、质量轻、耐抗击。这是半导体固体器件的固有特点。彩 LED 可制作各类清晰精致的显示器件。

（5）易于调光、调色、可控性大。LED 作为一种发光器件，可以通过流过电流的变化控制亮度，也可通过不同波长 LED 的配置实现色彩的变化与调节。因此用 LED 组成的光源或显示屏，易于通过电子控制来达到各种应用的需要，与 IC 电脑在兼容性上无丝毫困难。另外，LED 光源的应用原则上不受限制，可塑性极强，可以任意延伸，实现积木式拼装。目前大屏幕的彩色显示屏非 LED 莫属。

（6）用 LED 制作的光源不存在诸如水银、铅等环境污染物，不会污染环境。因此人们将 LED 光源称为"绿色"光源是受之无愧的。

在主要性能方面，目前白光 LED 与传统光源相比，优缺点见表 12-14。

表 12-14　　　　　　　白炽灯、荧光灯与白光 LED 基本性能比较

名　　称	白　炽　灯	荧　光　灯	白光 LED
光效	10～15	50～90	45
显色指数	＞95	50～80	70～85
色温（K）	2800	系列化	3000～8000
平均寿命（h）	1000	5000	50 000
价格［每 1000lm 成本（元）］	1.7	4.1	461
每百万流明小时总成本（元）	40	7.4	29.4
照明面发热量	高	中	低
量产技术	成熟	成熟	待改进
存在问题	低效率，高耗电维护频，灯泡易碎	废弃汞蒸气破坏环保，灯管易碎	光效待提高，热技术尚待改进

二、照明控制

（一）照明控制策略

（1）昼光控制；

（2）时间表控制：可预知时间表和不可预知时间表控制；

（3）局部光环境控制；

（4）平衡照明日负荷曲线控制；

（5）维持光通量控制；

（6）明暗适应补偿。

（二）照明控制方式

1. 静态控制——开关控制

（1）跷板开关控制；

（2）断路器控制；

（3）定时控制；

（4）光电感应开关控制；

（5）人员占用传感器控制。

2. 动态控制——调光控制

（1）调光控制的意义；

（2）不同光源的调光控制。

（三）照明控制系统

1. 照明控制系统分类

（1）手动控制系统：开关和调光器。

（2）自动控制系统：时钟元件、光电元件及两者。

（3）控制层次：光源的控制、房间的控制、楼宇的控制。

（4）自动调光控制系统；电脑调光控制技术或采用微处理器进行控制。

（5）控制方案：考虑节能、运行费用、避免眩光和光污染。

2. 系统组成

（1）调光模块。

（2）控制面板。

（3）PC 机。

（4）智能开关控制器。

（5）其他部件，如网关、遥控器、传感器等。

3. 相关协议

（1）DALI 协议。

（2）TCP/IP（传输控制协议/网际协议）。

（3）X-10、PLC-BUS 和 HBS 协议。

（4）EIB 协议。

（5）C-Bus 协议。

（6）Dynet 协议。

（7）ZigBee 无线网络系统和电力线载波系统。

三、天然光的利用

（一）天然光照明技术

（1）光纤照明。光纤是一个包括光源（照明装置），传导纤维及发射光学器件（透镜）的光源系统的组成部分，如图 12-15 所示。

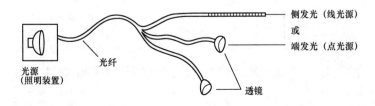

图 12-15　光纤构成的光源系统的结构

（2）光导管技术。通过光导管技术可以把室外的太阳光传输到室内。光导管系统主要分三部分：采光部分、导光部分、散光部分，如图 12-16 所示。

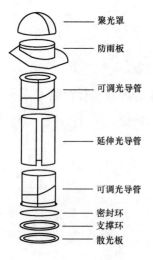

图 12-16　采集太阳光的光导管系统结构简图

聚光罩
防雨板
可调光导管
延伸光导管
可调光导管
密封环
支撑环
散光板

（二）天然光和人工照明的优化控制

（1）天然采光、遮阳与人工照明的联合控制模式（见图 12-17）。一天中随着自然光的变化，控制百叶遮阳叶片的角度，在充分利用自然光的同时，调整室内人工照明，结果使室内照度达到一个合理的水平。

（2）自动百叶窗系统（见图 12-18）。自动百叶窗系统适合房间进深较小、日照强的地区，在充分利用自然光的同时，应考虑太阳辐射对室内热环境的影响。

（3）完全自动调光系统及照度分布。室内自动调光系统借助室内照度传感器及其一套优化控制策略，实时对室内照明光源和遮阳进行优化组合，达到相关标准规定的室内照度值。如图 12-19 所示。

四、绿色照明

（一）"绿色照明"的内容

（1）照明节能：节约能源，合理控制照明用电，使用高效的光源和灯具，推广节能灯等。

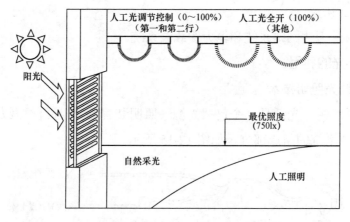

图 12-17　天然采光、遮阳与人工照明的联合控制模式示意图

（2）环境保护：推广新型的光源和照明器，尽量降低汞等有毒物质对环境的影响和破坏，大力回收废、旧灯管。

（3）提高照明质量：以人为本，提高照明质量，有利于生产、工作、学习、生活和保护身心健康。

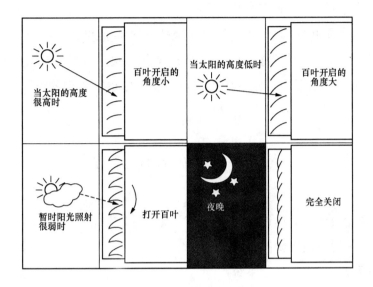

图 12-18　自动百叶窗系统

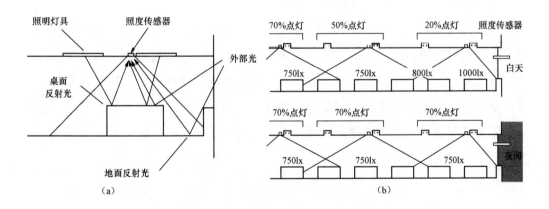

图 12-19　完全自动调光系统及照度分布

（a）完全自动调光系统；（b）完全自动调光系统的照度分布

（二）实施"绿色照明"的途径

（1）使用最有效的照明装置（包括光源、灯具、镇流器等）。

1）采用高效节能的电光源。

2）优先选用直射光通量比例高、控光性能合理的高效灯具。

3）采用各种照明节能的控制设备或器件：光传感器、热辐射传感器、超声传感器、时间程序控制、直接或遥控调光等。

4）采用传输效率高、使用寿命长、电能损耗低、安全的配线器材。

（2）合理选择照明控制方式及其系统。

1）尽量减少不必要的开灯时间、开灯数量和过高照度，杜绝浪费。

2）充分利用天然光并根据天然光的照度变化，决定电气照明点亮的范围。

3）对于公共场所照明、室外照明，可采用集中遥控管理的方式或采用自动控光装置。

第三节　能效评估流程

照明系统能效评估流程过程中主要关注以下四个方面：

（1）是否采用高效光源；

（2）是否应用了照明控制系统；

（3）是否对自然光的充分利用采取措施；

（4）照明控制系统是否与遮阳系统联动。

照明系统能效评估流程如图 12-20 所示，统计光源、灯具、镇流器类型及其数量，掌握建筑照明的作息时间计算照明光源更换前后的节能量。如室内照明系统和遮阳系统联动控制，可通过软件实时计算室内照度的变化情况，在满足室内照度要求的基础上，还应满足室内照明质量的要求，进而计算照明系统的节能量。如室内采用导光管等自然光利用措施，应计算达到室内照明质量的前提下所节省的照明光源耗电量。

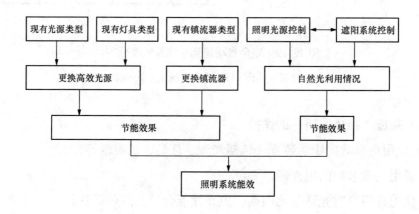

图 12-20　照明系统能效评估流程图

第四节　典　型　案　例

一、项目背景

某写字楼的地下停车场选用 T8 灯管 500 支，照明时间为 24h，年运行费用较高，且灯管的更换率较高。业主为降低能耗，同时减少日常维护费用，决定进行更换灯管的节能改造。

二、技术方案

（一）电子荧光灯改造方案建议

采用转换型新型节能改造支架配套 T5 型稀土三基色荧光灯替换原有的 T8 荧光灯，此方案可保持原有的灯具不变，只更换灯管，节电效果明显，灯具使用寿命长等特点。该灯光系统改造后会取得立竿见影的节能效果。改造灯具前后参数见表 12-15。

表 12-15　　　　　　　　　　改造灯具前后参数

改造前原荧光灯参数		改造后使用的 T5 稀土三基色荧光灯参数	
功率（W）	光通量（lm）	功率（W）	光通量（lm）
39	2400	21	2400

（二）T5 型稀土三基色荧光灯及配套新型节能改造支架特点

（1）节能、环保、使用寿命长。一般传统的 T10、T8 荧光灯都是采用铁芯镇流器配合使用，使用 T8（40W）传统荧光灯时，加镇流器线圈的铜损和铁芯的铁损耗其运行功率超过 46W，耗电流超过 300mA；而高效节能的 T5 型稀土三基色荧光灯（22W）加上高效的易装新型节能改造支架，耗用电流一般为 120～130mA。

（2）T5 型稀土三基色荧光灯既解决了节能问题又解决了光污染问题。目前生产的新光源产品采用了稀土三基色荧光粉制成 T5 灯管。稀土三基色荧光粉是世界各国用来生产高效节能灯管的主要原材料，在其生产过程中不污染环境，被公认为是当今世界上理想的绿色照明工程。T5 稀土三基色节能荧光灯是世界上各国大力提倡和推广的新型电光源，国家相关部委近期也下文（《国务院办公厅关于开展资源节约活动的通知》（国办发〔2004〕30 号），国家发展改革委公布的《节能中长期专项规划》，建设部、国家发展改革委《关于加强城市照明管理促进节约用电工作的意见》建城〔2004〕204 号）推广稀土三基色荧光灯。

（3）低温、低电压状态下能正常启动。T5 型稀土三基色荧光灯经长时间在不稳定电压时（地）区试验，均能在 160~260V 电压下正常工作，该节能灯更具有抗严寒特点，不论是在冰柜内试验还是在零下 16℃地区使用，仍能启动照明。

（4）无噪声，亮度、显色指数高。T5 型稀土三基色荧光灯配套使用的新型节能改造支架不同于传统电子镇流器，它由电子，电感结合同时启动灯管，功率因数高达 0.99，各项谐波含量均低于国家标准，总谐波系数 $THD<10$，消除了使用传统电子镇流器所带来的电网纵向、横向干扰而产生的蜂鸣声。由于其采用了稀土三基色荧光粉作为新光源材料，显色指数达到 85 左右，使被照物体颜色逼真，且光线柔和，能有效地保护人的眼睛。

（5）开灯时不频闪、一触即亮。一般的荧光灯配合电感镇流器开灯时会不停地闪动数秒钟后才能点亮，既伤害人的眼睛又增加了耗电量，而使用 T5 稀土三基色荧光灯和配套的新型节能改造支架可以达到一点即亮，不存在频闪现象，同时启动电流小（只需 0.22A），大幅度降低了启动时所耗电能。荧光灯用镇流器具体参数见表 12-16。

表 12-16　　　　　　　　荧光灯用镇流器性能对照表

比较项目	电感镇流器	电子镇流器	T5 节能改造支架
启动	频闪	快	快
功率因数	0.55	0.6~0.98	0.99
电流	0.34	0.16~0.29	<0.13
对灯管伤害	低	高	低
使用寿命	长	短	长
噪声	高	低	超低
损耗	高（自身损耗 6~8W）	低（2~3W）	低（<1 W）
自身重量	重	轻	中
使用电压范围	180~260	160~260	160~260
总谐波	低（<15%）	高（>25%）	超低（<10%）

三、效益分析

本项目共有照明灯具 500 套，照明灯具全部为电子 36W/T8 荧光灯，改造项目效益分析见表 12-17。

表 12-17   改造项目效益分析

项　　　目	T8（灯管＋镇流器）	T5（灯管+镇流器）	对比结果
灯管功率（W）	39	21	节约 18
灯管数量（只）	500	500	相同
照明总功率（kW）	19.5	10.5	节约 9
工作时间	24h×30d	24h×30d	相同
月用电量（kWh）	14 040	7560	节约 6480
电价（元）	0.8	0.8	相同
月用电费用（元）	11 232	6048	节约 5184

由表 12-16 可知，改造后每月节省用电费用 5184 元。

（一）购买分析

办公区域经改造后 500 套灯具每月节约用电费用总计 5184 元，替换 T8/36W 产品价格为每套 40 元，先期一次性投入 20 000 元，约 3.86 个月即可收回前期投入，如每天照明时间为 12h 前期投入在 7 个月内可收回。灯管质保两年，灯架质保两年。

（二）EMC 方式合作效益分析

该项目采用合同能源管理的方式实施。即节能服务公司在保证客户能源成本降低的前提下，承担项目改造的全部投资，而且负责合同期内设备的运行维护、更新改造。项目带来的节能效益由节能服务公司和客户按照 7:3 的比例分享两年。对于客户来说，其获得的收益为所分享的节约电费和原灯管维护费用之和。

工 业 用 热 节 能

第一节 概 述

我国工业领域能源消耗量约占全国能源消耗总量的 70%，工业是我国现阶段最重要的耗能领域，也是污染物的主要排放源。因此，降低工业产品的能耗水平对实现我国节能减排目标意义重大。

我国主要工业产品单位能耗平均比国际先进水平高出 30%左右，除了生产工艺相对落后、产业结构不合理的因素外，工业余热利用水平较低，能源没有得到综合利用也是造成能耗高的重要原因之一。目前，我国工业平均能源利用率仅为 33%左右，比发达国家低约 10%，至少 50%的工业耗能以各种形式的余热被排放掉。从另一个角度来看，我国工业余热资源非常丰富，广泛蕴藏在各个工业行业内，尤其是高耗能行业。据估计，我国余热资源约占工业能源消耗总量的 17%～67%，其中能够回收利用的高达 60%，余热利用率提升空间很大，节能潜力巨大。在某种意义上，工业余热资源其实是另一种形式的"新能源"，而且数量巨大。因此，研究和推广工业余热综合利用技术，提升我国工业能源利用水平，降低工业产品单位能耗，是实现我国"十二五"节能减排目标的有效途径。

余热资源属于二次能源，是一次能源转化后的产物。按照携带热能的介质来分，主要分为：烟气余热、废汽废水余热、冷却介质余热、化学反应热、废渣余热，以及可燃废气、废料余热。按照温度高低，工业余热一般可以分为 600℃以上的高温余热，300～600℃的中温余热以及 300℃以下的低温余热。

烟气余热因其数量巨大、分布广泛等特点，毫无疑问成为工业余热中最重要的部分，其蕴含热能量约占整个工业余热资源的 50%以上，几乎涉及冶金、化工、火力发电、建材、机械等所用工业领域。主要包含各种工业锅炉的烟气，钢铁行业的加热炉、高炉、烧结机，建材行业的水泥窑、玻璃窑、隧道窑以及各种矿热炉的排放烟气。

冷却介质余热是指在工业化生产中，为了保护高温设备或满足工业流程冷却要求，空气、水或油带走的余热，多属于低温余热，其余热量占整个工业余热总量的20%。

废水废汽余热是一种低品位的蒸汽或者凝结水的余热，其余热量占整个工业余热总量的10%～16%。

化学反应热主要存在于化工以及石化行业，其余热量占整个工业余热总量的10%以下。

高温产品或废渣余热主要是指坯料、焦炭、熔渣等的显热，一般温度较高，但是利用难度较大。

可燃废气、废料余热是指生产过程中的排气、排液和排渣中含有可燃成分携带的热能，例如钢铁行业中的高炉煤气、转炉煤气以及焦炉煤气，一般热值较低。

尽管工业余热资源形式多样，来源广泛，温度差异较大，但还是存在一定的共同特性：①波动性大，余热热能品质不稳定，这是由于工艺生产过程中存在周期性、不连续性所导致；②余热携带介质品质恶劣，一般余热介质含有大量烟尘和腐蚀性气体，对余热利用设备提出了很高的要求。

工业余热的回收利用技术主要包含烟气余热利用技术、冷凝水余热利用技术以及饱和蒸汽余热利用技术，工业热能的优化利用技术主要包含热电联产技术、热功联产技术及蒸汽系统优化技术。

余热利用途径主要是热利用和动力转换利用。热利用是指回收废水废气中热量，用于本工艺中的其他环节，这种方法一般技术设备简单，投资较少，投资回收期较短。动力转换利用是指回收废水废气中热量，用于产生过热蒸汽，利用过热蒸汽推动流体机械发电，产生高品位的二次能源；或者直接利用高温高压介质推动流体机械转动，进而驱动风机、水泵等动力机械。这种方式一般工艺复杂，投资较大，能源转换效率较低，但是其产生的高品位电能或机械能，使用范围广泛。

工业热能的优化利用技术是指热能的梯级利用技术，由于热能转换为机械能的过程中必然存在热能损失，优化技术综合利用介质的高低温热能，高温热能用于发电，低温热能用于加热，提高了系统的热能利用效率。

第二节 主要节能技术

一、烧结机余热发电技术

（一）技术背景

钢铁工业是国民经济重要基础产业，能源消耗量约占全国工业总能耗的15%，废水和固体废弃物排放量分别占工业排放总量的14%和17%，是节能减排的重点行业。在钢铁企业中，烧结工序能耗仅次于炼铁工序，占总能耗的9%～12%，节能潜力很大。

烧结余热发电是一项将烧结废气余热资源转变为电力的节能技术。该技术不产生额外的废气、废渣、粉尘和其他有害气体，能够有效提高烧结工序的能源利用效率，平均每吨烧结矿产生的烟气余热回收可发电20kWh，折合吨钢综合能耗可降低约8kg标准煤，从而促进钢铁企业实现节能降耗目标。环形烧结冷却机见图13-1。

图13-1　环形烧结冷却机

（二）技术原理

烧结余热回收主要有两部分：①烧结机尾部废气余热；②热烧结矿在冷却机前段空冷时产生的废气余热。这两部分废气所含热量约占烧结总能耗的50%，充分利用这些热量是提高烧结能源利用效率，显著降低烧结工序能耗的途径之一。

目前，我国烧结机低温余热发电技术经过在马鞍山钢铁公司、济南钢铁公司的实践应用，已经日趋成熟。其主要有以下几种技术类型：

（1）单压余热发电技术；

（2）双压余热发电技术；

（3）闪蒸余热发电技术；

（4）补燃余热发电技术。

烧结机余热发电是将烧结冷却机产生的高温废气通过引风机引入锅炉，加热锅炉内的水产生蒸汽，蒸汽推动汽轮机转动带动发电机发电。其原理图如图 13-2 所示（汽轮机以凝汽式为例）。

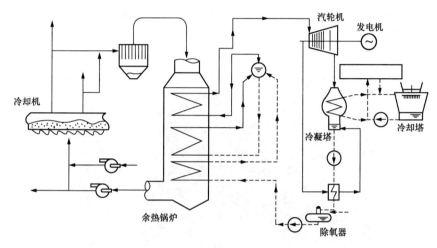

图 13-2　烧结冷却机余热发电系统图

烧结余热发电工艺流程由三部分组成：烟气回收及循环系统、锅炉系统、汽轮机及发电机系统。

烟气回收系统由烟囱、烟气引出管、烟气流量控制阀和烟道的遮断阀构成。主要功能是利用锅炉引风机产生的负压将带冷机烟罩内温度较高的烟气引到锅炉内，同时避免外界的冷风进入锅炉。

余热锅炉系统是余热回收的核心，在锅炉受热面上，高温烟气将热量逐级传递给受热面内的水生成蒸汽。

汽轮机及发电机系统将余热锅炉出口的过热蒸汽引入汽轮发电机组，过热蒸汽在汽轮机中膨胀做功，带动汽轮机旋转，汽轮机带动发电机，从而完成从蒸汽热能向电能的转化。

烧结余热发电技术不仅能够回收余热，同时也解决了富余蒸气的利用问题，具有明显的经济效益和社会效益。

二、水泥窑余热发电

（一）技术背景

新型干法水泥熟料生产企业中，由窑头熟料冷却机和窑尾预热器排出的 350℃

左右废气，其热能大约为水泥熟料烧成系统热耗量的35%。过去，这些烟气的余热由于无法利用，均排放到环境中去，导致我国水泥工业单位产品能耗居高不下。

新型干法水泥窑余热发电技术能够充分利用窑头和窑尾大量烟气的余热，将其转化为高品位电能，供水泥生产线自用。该技术能够大幅度降低水泥生产线的电耗，是建材行业中一项重大节能减排技术。截至2010年底，国内新型干法水泥生产线配套建设纯低温余热电站的比例将达到40%。水泥窑余热发电见图13-3。

图13-3　水泥窑余热发电

（二）技术原理

水泥纯低温余热发电技术是指在新型干法水泥熟料生产线生产过程中，通过余热回收装置——余热锅炉将水泥窑窑头、窑尾排出大量的低品位废气余热进行热交换回收，产生过热蒸汽推动汽轮机旋转，从而带动发电机发出电能。

其主机设备配置主要为：余热锅炉、汽轮机、发电机、循环冷却塔。其中，余热锅炉包含窑头余热锅炉（见图13-4）和窑尾余热锅炉（见图13-5），窑头余热锅炉（简称为AQC炉）用于回收水泥窑窑头篦冷机热风中的余热，产生过热蒸汽；窑尾余热锅炉（简称SP锅炉），用于回收水泥窑尾热烟气中的余热，产生过热蒸汽。汽轮机是将余热锅炉产生的过热蒸汽的热能转化为机械能的设备，高温高压的过热蒸汽流入汽轮机后，体积急剧膨胀，从而推动汽轮机叶片旋转，做功后的汽轮机排汽进入凝汽器。在凝汽器中，温度较低的循环冷却水将汽轮机排汽冷凝成水，并带走大量的汽化潜热。一般采用低压单缸纯凝式汽轮机或补汽式汽轮机。发电机与汽轮机轴连接，由汽轮机驱动发出电力，一般采用空冷式发电机。

图 13-4　窑头余热锅炉

图 13-5　窑尾余热锅炉

三、玻璃窑炉余热发电

（一）技术背景

近年来，我国玻璃工业取得了长足的发展，平板玻璃产量占全球的一半左右，已连续 19 年居世界第一。在玻璃生产中，无论是以发生炉煤气作为燃料的玻璃窑还是以天然气作为燃料的玻璃窑，均要产生大量的烟气。其烟气量随熔窑的规模不同而变化，一般 3 万～12 万 Nm^3/h，废气温度一般在 400～550℃范围内。目前，这些废气除了少数生产线采用余热锅炉回收部分烟气余热，用于洗浴和采暖外，绝大多数生产线的烟气余热均未利用，放散到大气中去，造成了巨大的热能浪费。

（二）技术原理

玻璃窑余热发电技术是指利用玻璃煅烧过程中产生的大量废热来发电的技术。玻璃在熔炼过程中会产生大量 300～500℃低品位烟气，通过设置余热锅炉，回收这些废气中的余热，将锅炉给水加热成过热蒸汽。过热蒸汽到汽轮机中膨胀做功，将热能转换成机械能，进而带动发电机发出电力，满足玻璃生产线的部分用电需求。玻璃窑余热发电如图 13-6、图 13-7 所示。

图 13-6　玻璃窑余热发电

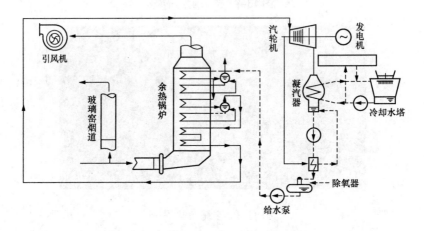

图 13-7　玻璃熔窑余热发电系统示意图

做过功的蒸汽（乏汽）从汽轮机排出，经循环冷却水系统冷却后形成冷凝水，冷凝水及锅炉补水混合在一起作为锅炉的给水，经给水泵再送回到锅炉中，这样就完成了一个热力过程。如厂区生产生活需要用饱和蒸汽，则系统设抽汽管路，从汽轮机后部开口抽汽，满足全厂对蒸汽的需求。

玻璃熔窑余热发电技术的特点有：

（1）可靠性高：在任何情况下保证排烟通畅，保证窑内压力的平稳和玻璃熔窑的安全运行。

（2）稳定性好：电站对玻璃熔窑排出的烟气参数要无条件适应，绝不能影响玻璃生产线的安全稳定运行。

（3）适应性强：在烟气参数波动或处于非设计工况时，余热发电系统及设备的变工况性能好，非设计工况下仍有较高的产汽量和相对内效率。

（4）年运行时间长：余热电站的锅炉具备性能可靠的在线清灰装置，确保在不停炉的情况下连续清灰，从而保证余热发电系统能够长期稳定高效运行。

【**例**】　有一玻璃窑炉，烟气流量为 186 000Nm³/h，烟气温度为 330℃，烟气定压比热为 1.37kJ/（Nm³·℃）。现为充分利用烟气余热，设计一台余热锅炉，锅炉排烟温度为 150℃，锅炉给水温度 41℃，压力 1.5MPa；锅炉出口过热蒸汽温度 310℃，压力 1.37MPa，余热锅炉保热系数为 0.97。汽轮机汽耗为 5.3kg/kWh，求其汽轮机的发电功率。

解　高温烟气的焓值：

$$H_1=186\,000\text{Nm}^3/\text{h}\times1.37\text{kJ/}（\text{Nm}^3\cdot℃）\times330℃$$
$$=84\,090\,000(\text{kJ/h})$$

锅炉排烟的焓值：

$$H_2=186\,000\text{Nm}^3/\text{h}\times1.37\text{kJ/}（\text{Nm}^3\cdot℃）\times150℃$$
$$=38\,220\,000(\text{kJ/h})$$

锅炉给水焓值：

$t=41℃$，$p=1.5\text{MPa}$，查表得焓值 $h_1=173\text{kJ/kg}$

锅炉产汽焓值：

$t=310℃$，$p=1.37\text{MPa}$，查表得焓值 $h_2=3063\text{kJ/kg}$

锅炉产汽量：

$$（H_1-H_2）\times0.97/（h_2-h_1）$$
$$=（84\,090\,000-38\,220\,000）\times0.97/（3063-173）$$
$$=15.4(\text{t/h})$$

汽轮机发电功率：

$$15.4\times1000/5.5=2800(\text{kW})$$

四、高炉煤气余压发电技术

（一）技术背景

TRT（blast furnace top gas recovery turbine unit）高炉煤气余压透平发电装置是利用高炉冶炼的副产品——高炉炉顶煤气具有的压力能及热能，使煤气通过透平膨胀机做功，将其转化为机械能，驱动发电机或其他装置发电的一种二次能源回收装置。高炉煤气余压发电见图 13-8。

图 13-8　高炉煤气余压发电

高炉炉顶排出的煤气具有一定的压力和温度（压力一般为 120～300kPa，温度约 400℃），也就是具有一定的能量，高炉煤气余压透平发电装置就是使这部分高压力煤气经透平机膨胀做功，驱动发电机发电，进行能量二次转换和回收的环保节能装置。TRT 机组正常运行时，可调节炉顶压力，对高炉正常运行有良好的调节作用。

刚生产出来的高炉煤气通过洗涤和除尘，再经过减压阀组，将 170kPa 左右的压力减弱到合适水平送至用户，这个过程使高炉煤气余压白白消耗掉了。通过 TRT 机组，可以将煤气余压转换成电能，然后再送至最终用户，把原本无用的余压转换成了电能，可以获得一定的经济效益。而且，TRT 可以代替高炉系统中减压阀组调节稳定炉顶压力，通过 TRT 机组的静叶来调整高炉顶压，比减压阀组控制效果更好，使高炉更加易于控制，对提高煤气产量有着积极的作用。

（二）技术原理

高炉产生的煤气，经重力除尘器、两级文氏管，进入 TRT 装置。经入口电动碟阀、入口插板阀、调速阀、快切阀进入透平机膨胀做功，带动发电机发电。自透平机出来的煤气进入低压管网，与煤气系统中减压阀组并联。

发电机出线断路器，接于 10kV 系统母线上，经当地变电所与电网相连，当 TRT 运行时，发电机向电网送电，当高炉休风时，发电机不解列作电动机运行。

TRT 装置由透平主机，大型阀门系统，润滑油系统，液压伺服系统，给排水系统，氮气密封系统，高、低发配电系统，自动控制系统八大系统部分组成。其主要设备包含：

1. 高炉煤气透平机

通过高炉煤气透平主机的煤气和压力不高，流量很大，虽多次除尘，仍含有不少炉灰粒子，并且水蒸气呈饱和状态，因此对其叶片的要求很高（见图 13-9）。

图 13-9　TRT 透平的内部结构

2. 控制系统

由反馈控制系统、转速调节系统、功率调节系统、高炉顶压复合调节系统、超驰控制系统、电液位置伺服控制系统、氮气密封压差调节系统、顺序逻辑控制系统等组成（见图 13-10）。实现对 TRT 机组进行启动运行，过程检测控制。保证高炉正常生产、顶压波动不超限的前提下，顺利完成 TRT 装置的启动、升速、并网、升功率、顶压调节、正常停机、紧急停机、电动运行、正常运行等项操作及控制。

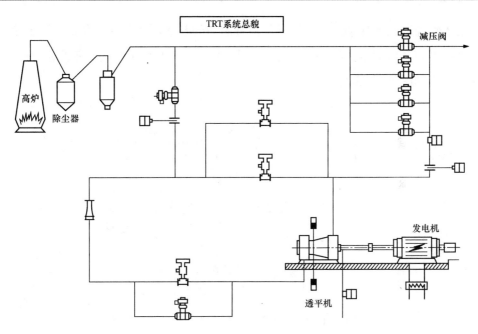

图 13-10　高炉炉顶差压发电控制系统示意图

五、循环水采暖技术

（一）技术背景

目前，我国热电装机总容量仅占火电装机总容量的 12.24%，而欧洲特别是部分北欧国家的热电装机超过了总装机容量的 30%～40%。相比之下，我国的热电联产还有较大的发展空间。同时，单纯发电的中小型凝汽式机火电厂还大量存在，这些小型凝汽式汽轮机组技术经济指标差、煤耗高、效率低，且大多属超期服役。如何提高我国量大面广的中小热电企业特别是小型热电企业的综合能源利用效率，降低环境污染，已成为当前热电行业亟待解决的关键问题之一。对于小型凝汽式电厂，将凝汽式汽轮机改为热电联产机组是谋求发展的有效途径，是符合我国国情的一种节能方式。

汽轮机低真空循环水供热技术是热电联产的一种新形式，具有改造投资少、节能效益显著、市场潜力巨大等优点。

（二）技术原理

汽轮机低真空循环水供热的原理是降低凝汽器的真空度，提高汽轮机的排汽温度，将凝汽器的循环水直接作为采暖用水为热用户供热，实现汽轮机低真空循环水供暖的目的。简言之就是把热用户的散热器当作冷却设备使用。机组本体无大的改造，只是将凝汽器入口管和出口管接入循环水供热系统。

循环水经凝汽器加热后，由热网泵将升温后的热水注入热网。为满足供热能力，在凝汽器出口之后加装尖峰热网加热器，利用减压减温后的新蒸汽或其他汽源加热热网水。原理图见图 13-11。

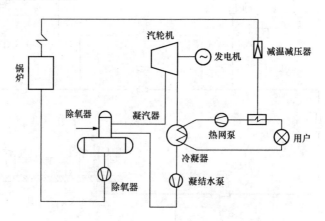

图 13-11　低真空循环水供暖热力系统原理图

汽轮机改为低真空供热后，热用户实际上就成为热电厂的"冷却塔"，汽轮机的排汽余热可以得到有效利用。原来，排汽潜热在凝汽器内被循环冷却水带走，经冷却塔冷却后以冷源损失的形式被浪费掉了。如果将汽轮机组改造成为低真空循环水供热，汽轮机所排放出的热量就可以输送到热网中用于供热，避免了冷源损失，从而明显提高了电厂的综合能源利用率。

六、蒸汽系统优化技术

（一）技术背景

石化企业在炼油工艺中经常有各种温度和压力等级的蒸汽需求。由于蒸汽系统的不平衡，经常出现将高温高压蒸汽经减温减压后做加热热源的现象，虽然在热能总量上是守恒的，但是从热力学第二定律上看，将高品位的热能贬值使用，造成有用能的大量损失，是非常不经济的。

（二）技术原理

假设某工厂有一股 30t/h、压力为 1.1MPa、温度为 250℃ 的高压蒸汽，有一低压用户需要 0.5MPa 的蒸汽，并且有较大的用电需求。蒸汽系统拟采取两种利用方案。一种是设置减温减压装置，将高温高压蒸汽降到 0.5MPa、192℃，得到 31t/h 的低温低压蒸汽。这种方式用较少的高温热源获得较多的低温热源，蒸汽系统能量是守恒的。另一种方式是设置工业拖动汽轮机代替减温减压装置，产生 835kW 动力，利用其取代原有电动机拖动附近的循环水泵。汽轮机排汽 30t/h 排入 0.5MPa 的蒸汽母管，排汽温度 192℃，提供给低压蒸汽用户。

同等数量的热能品质是不同的，将高温高压的蒸汽减温减压后用于供热，实质是将高品位热能贬值使用，这是不经济的。因为根据热力学第二定律，从高温热源和低温热源吸收相同的热量，高温热源可以转化为更多的电能。因此，优化蒸汽系统，坚持"高质高用，梯级利用"的原则，是实现系统节能的有效手段。

七、热功联产技术

（一）技术背景

在国外，20 世纪 70 年代 1300MW 机组已有改电机驱动引风机为汽轮机驱动。为改善调节性能，离心式锅炉风机趋向采用汽轮机或变速电机驱动，不仅可以改善风机调节性能，还可提高机组热效益（见图 13-12）。

图 13-12　热功联产

近年来，外国燃煤机组增加幅度较大，由于环保方面的要求，大多安装了烟气除硫装置，使引风机功率大大增加，促进了汽轮机驱动风机的发展。如美国代卡杜伐电厂 72.9 万 kW 机组的两台离心式鼓风机由一台 10 100kW 汽轮机驱动。苏联生产的单轴 80 万 kW 和 120 万 kW 机组所使用的离心式鼓、引风机均采用汽轮机驱动。

（二）技术原理

热电厂主要的三大辅机为锅炉给水泵、循环水泵、引风机，其所耗功率约占能耗的 10%。同时热电厂供热或供工业蒸汽时，若直接从电站汽轮机内引出蒸汽作为工业用汽，大多需要对蒸汽进行减温减压以满足工业需求参数，这样就白白浪费了高品位的能量，对于能源造成极大的浪费。

热功联产节能改造即用电站汽轮机的高温高压排汽或抽汽冲动工业汽轮机作为原动机，替代电动机拖动水泵、风机等锅炉辅机，在经过做功后将其低温低压排汽出售或自行作为工业或供热使用，实现能源的梯级利用，最大程度利用紧缺的能源，是一种对热电厂非常有效的节能改造技术。使用此种工作方式的汽轮机被称为热功联产汽轮机。

热功联产消除了电站汽轮机产生蒸汽降温降压处理过程中的能量损失，使高品质的能源得到了合理分配利用；替代了原电机拖动，大大减少了厂用电，可实现被拖动设备的变速调节，消除了调节过程中的节流损失。

八、冷凝水回收技术

（一）技术背景

在石油化工行业，存在着大量的冷凝水。由于其管网长、分布广、用能点多、单点凝结水疏水不够集中、管网布局不合理、疏水器选型不当等原因，造成大量高温的凝结水被白白浪费掉。冷凝水不仅含有大量的热能，而且是品质很高的蒸馏水。冷凝水回收不仅能够回收大量热能，还可以节省大量水处理费用。

（二）技术原理

疏水阀必须排除凝结水，否则它会降低传热效率并产生水击。疏水阀还应能排除空气和其他非凝结气体，因为它们会降低蒸汽温度，阻断系统，降低传热效率，还会加剧破坏性的腐蚀。

在蒸汽管线底部的凝结水是引起水击的原因之一。以 40m/s 的速度在管道中传输的蒸汽，与管线底部的凝结水相遇会产生"水波"。如果形成足够的凝结水量，高速流动的蒸汽就会推着凝结水一起走，产生一个危险的水头，并且在与其前方的液体滚动中越来越大，它可以破坏任何改变气流方向的管件、调节阀、三通、弯头等。除了这种"水击"外，高速流动的凝结水冲凿金属表面，也能侵蚀各种管件。

传热设备中占据加热空间的凝结水会减少设备的有效换热尺寸和加热能力。它应该被迅速排除掉，使系统中充满蒸汽。蒸汽的凝结会形成一层水膜，附着在换热管的内表面，不能变成液体的非凝结气体靠自身重力流动，它们形成一层薄膜与脏物、水垢一起附着在换热管表面，称为传热的潜在障碍。

设备开车及锅炉给水时总会有空气存在，给水中还可能有能释放二氧化碳气体的溶解碳酸盐。蒸汽流会把这些影响传热的气体推到换热管壁上。由于这些气体必须和凝结水一起排掉，而加剧了凝结水的排放困难。

疏水阀的泄露造成的蒸汽损失是十分惊人的。以 0.7MPa 的蒸汽为例，不同管径疏水阀的泄露量以及造成的经济损失见表 13-1。

阀座（in）	月蒸汽损失（kg）	每月成本（元）	每年总成本（元）
1/2	378 800	45 456	545 472
7/16	288 900	34 668	416 016
3/8	213 200	25 584	307 008
5/16	147 400	17 688	212 256
1/4	95 300	11 436	137 232
3/16	53 000	6360	76 320
1/8	23 800	2856	34 272

表 13-1　　　　　　　　　　　疏水阀泄露统计表

冷凝水回收技术是指通过在蒸汽系统各设备合理地设置性能可靠的疏水阀、疏水管道以及疏水泵等设备，将疏水引回锅炉系统作为给水，达到既回收冷凝水热量、提高锅炉效率，又降低除盐水损失、降低水处理费用的目的。冷凝水回收系统原理图见图 13-13。

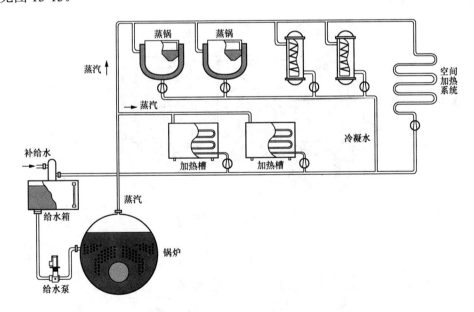

图 13-13　冷凝水回收系统原理图

九、工业蒸汽回收技术

（一）技术背景

在工业生产中存在大量的低品位能源，占到总浪费能源的 70%甚至更多。这些低品位热源由于温度低、压力低、受污染、流量不稳定等原因，很难被转化成高品位能源（如电能）使用。螺杆膨胀机能够有效利用这些低品位热能，将其直接转换成电能。

（二）技术原理

螺杆膨胀机是螺杆压缩机的逆运转机器，工作的热物理过程与螺杆压缩机恰恰相反，从膨胀始点到终点，随着膨胀过程的进行，其压力、温度和焓值下降，比容和熵值增加，气体内能转换为机械能对外做功。

螺杆膨胀机的基本结构与螺杆压缩机相同，主要由一对螺杆转子、缸体、轴承、同步齿轮、密封组件以及联轴节等极少的零件组成。基本结构如图 13-14 所示，其气缸呈两圆相交的"∞"字形，两根按一定传动比反向旋转相互啮合的螺旋形阴、阳转子平行地置于气缸中，在节圆外具有凸齿的转子叫阳转子，在节圆内具有凹齿的转子叫阴转子。螺杆膨胀机系容积式膨胀机械，其运转过程从吸气过程开始，然后气体在封闭的齿间容积中膨胀，最后移至排气过程。在膨胀机机体两端，分别开设一定形状和大小的孔口，一个是吸气孔口，一个是排气孔口。阴、阳螺杆和气缸之间形成的呈"V"字形的一对齿间容积值随着转子的回转而变化，同时，其位置在空间也不断移动。

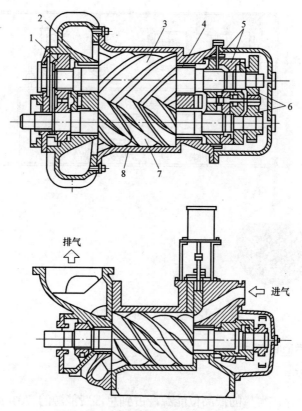

图 13-14　螺杆膨胀机工作原理图

1—径向轴承；2，4—密封；3—阴螺杆转子；5—径向止推轴承；
6—同步齿轮；7—阳螺杆转子；8—缸体

（1）吸气过程：高压气体由吸气孔口分别进入阴、阳螺杆"V"字形的齿间容积，推动阴、阳螺杆向彼此背离的方向旋转，这两个齿间容积不断扩大。于是不断进气，当这对齿间容积后面一齿一旦切断吸气孔口时，这对齿间容积的吸气过程也就结束，膨胀过程开始。

（2）膨胀过程：在吸气过程结束后的齿间容积对里充满着高压气体，其压力高于顺转向前面一对齿间容积对里的气体压力。在压力差的作用下形成一定的转矩，阴、阳螺杆转子便朝相互背离的方向转去。于是齿间容积变大，气体膨胀，螺杆转子旋转对外做功。转子继续回转，经某转角后，阴、阳螺杆齿间容积脱离，再转一个角度，当阴螺杆齿间容积的后齿从阳螺杆齿间容积中离开时，这时阴、阳齿间容积值为最大值，膨胀结束，排气开始。

（3）排气过程：当膨胀结束时，齿间容积与排气孔口接通，随着转子的回转。两个齿间容积因齿的侵入不断缩小，将膨胀后的气体往排气端推赶，尔后经排气孔口排出，此过程直到齿间容积达最小值为止。

螺杆啮合所形成的每对齿间容积里的气体进行的上述三个过程是周而复始的（见图 13-15），所以机器便不停地旋转。

 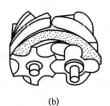  

(a)　　　　　　(b)　　　　　　(c)　　　　　　(d)

图 13-15　螺杆膨胀机工作过程图

第三节　能效评估流程

对于工业用热领域的能效评估，一般可以按照图 13-16 所示流程进行。

首先，要了解有热能系统改造需求的企业的热能使用工艺，掌握其主要用热工序的用热数量及用热温度，画出企业的热能利用系统能流图或能源网络图，计算各个用热工序热能消耗比例。

其次，要寻找工业企业的余热资源，调研余热参数及其特性。对于不同性质的余热资源可以参考以下流程进行详细考察。

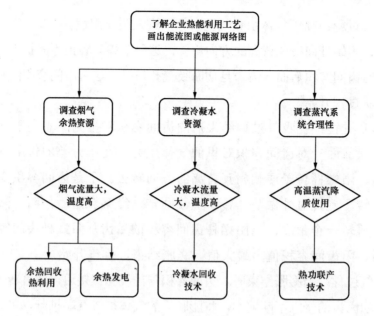

图 13-16　工业用热系统能效评估流程图

（一）烟气余热系统

首先，测试并记录其废气流量、温度、压力数据，分析其产生过程中的波动性、周期性和连续性特点。根据这些资料初步判断烟气余热有无利用价值，不仅要考虑其烟气蕴含热能的总量，而且要分析热能的品位，即排烟温度高低，因为尽管有些烟气流量很大，但是温度很低，其利用的难度较大，利用价值不高。

在初步判断其烟气余热有利用价值的基础上，需进一步测试其烟气成分和含尘特性，重点测试烟气中腐蚀性气体的含量、含尘量大小以及烟尘的粘结特性，这直接关系到余热利用的难度。例如，烟气中含硫量过多会使烟气酸露点升高，导致换热设备腐蚀加剧；烟气中烟尘的粘结性强会导致换热设备结焦和积灰，使得换热面失效。

如果烟气流量较大，温度较高，且腐蚀性气体和烟尘条件均较好，则要进一步考虑利用途径，即采取直接热利用形式还是热动力转换利用形式。一般地，如果工艺系统本身有热能利用需求，而且烟气余热特性也适合其要求，则应尽可能采用直接热利用的方式，因为这是最经济的一种利用方式，具有利用方案简单、初投资少、投资回收期短等优点。例如工业窑炉的温度较高的排烟可以直接用来预热其原料、燃料或者助燃空气。如果余热量很大，而工艺本身又没有热需求，或者热需求量相对余热资源量太小，建议采用热动力转换形式回收利用，即采用余热发电技术，或者烟气余压发电技术，将烟气余热转换成用途广泛的电能。·

（二）冷凝水系统

首先，测试并记录工业企业的冷凝水流量、温度以及水质状况，并在此技术上判断有无回收利用的必要。如果冷凝水量较大，温度较高，水质较好，则需要进一步考察冷凝水分布状况。如果冷凝水排放点比较集中，而且距离锅炉或者热力用户距离较近，则考虑进行冷凝水回收技术改造。

（三）蒸汽系统

分析工业企业蒸汽系统状况，查找系统中有无减温减压装置，即蒸汽系统中有无将高温高压蒸汽"降质"利用的情况。如果存在将高温高压蒸汽经过减温减压装置降温利用的情况，而且数量较大，温差和压差较高，则应考虑采用工业汽轮机替代减温减压装置，回收蒸汽温差和压差势能，将其转换为汽轮机的机械能。其次考察系统有无富余高温蒸汽，如果富余蒸汽数量较大，而且存在低温热用户，则应考虑采用热功联产技术，设置工业汽轮机利用高温蒸汽驱动动力设备，并将汽轮机乏汽供给低温热用户。

第四节 典型案例

一、水泥窑余热发电项目案例

（一）项目背景

某水泥公司现有两条日产 2500t 熟料（年产水泥 164 万 t，简称 5000t/d 生产线）的新型干法生产线，为了充分利用水泥窑烟气余热，降低单位熟料煤耗，该公司建设了一座水泥窑余热发电站。

（二）技术方案

该项目充分利用 5000t/d 级新型干法水泥生产线窑头熟料冷却机及窑尾预热器废气余热，电站不向电网返送电，余热电站的建设及生产运行不影响水泥生产系统的进行。项目建设 2 台 4.5MW 凝汽式轮机组+4 台热管余热锅炉。

在窑尾预热器的废气出口管道上设置 SP 余热锅炉，SP 余热锅炉内设置一级蒸汽过热器受热面、蒸发受热面和省煤受热面，产生的过热蒸汽与窑头 AQC 热管余热锅炉的一级过热段蒸汽混合，经过二级过热器过热后进入汽轮机做功。

在窑头冷却机中部废气出口设置窑头热管余热锅炉。ACQ 炉分三段设置，其中 Ⅰ 段为过热段，Ⅱ 段为蒸发段，Ⅲ 段为省煤器段。

在窑头冷却机出口风管内的中温段设置二级过热器，在二级过热器的进口设置

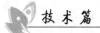

喷水减温器,以恒定汽温。

AQC 炉 Ⅰ 段产生的 1.35MPa、320℃的过热蒸汽,与 SP 炉产生的 1.45MPa、320℃的过热蒸汽混合,进入设在冷却机出口风管内的 2 级过热器,然后作为主蒸汽进入汽轮机做功。汽轮机做功后的乏汽通过冷凝器冷凝成水,凝结水经凝结水泵送入中间水箱,再经过给水泵为 SP 余热锅炉省煤器段提供 45℃给水,省煤器将给水加热到 105℃送入 ACQ 炉Ⅲ段产生的 210℃热水,提供给 ACQ 炉Ⅱ段及 SP 锅炉的蒸发段,形成完整的热力循环系统。

除氧器采用真空除氧方式,有效保证了除氧效果。

由于窑头废气粉尘对锅炉受热面磨损较大,在窑头热管余热锅炉废气入口设置重力式除尘器,以减轻熟料颗粒对窑头热管余热锅炉的冲刷磨损。

(三)效益分析

主要技术经济指标见表 13-2。

表 13-2　　　　　　　　主要技术经济指标汇总表

序号	技术经济指标	单 位	指 标	备 注
1	装机容量	MW	2×4.5	
2	平均发电功率	MW	2×4.0	
3	年运转率	H	7200	
4	年发电量	10^4kWh	5760	
5	年供电量	—	5300	
6	小时吨熟料余热发电量	kWh/t	40 以上	
7	项目总资金	万元	6900	
8	固定资产投资	万元	6120	

二、玻璃窑余热发电项目案例

(一)项目背景

某浮法玻璃生产企业有 3 座玻璃窑炉,设计日熔化量为 500t/d,燃料种类为天然气,平均燃料耗量为 3906Nm³/h,设计燃料热值为 8000kcal/Nm³,燃烧方式为全氧燃烧,设计氧气纯度为 90%~93%,燃烧组织方式为 GAS 与 O_2 的比例为 1:2(100%的纯氧),排放烟气温度为 550~600℃(旋转闸板处)。

为了充分利用玻璃窑烟气余热,降低单位产品煤耗,该公司建设了一座玻璃窑余热发电站。

（二）技术方案

每座窑炉的天然气耗量为 3906Nm³/h，氧气纯度为 92%，原料反应析出 CO_2 按 2000Nm³/h，设备管道漏风 5%，窑炉排除的高温烟气流量为 15 117Nm³/h。高温烟气温度以 1300℃ 计算，以混入冷空气后温度降至 600℃ 计，需混入冷空气 28 871Nm³/h，总烟气流量变为 43 988Nm³/h，相应的，烟气成分发生变化。考虑 50℃ 的温度损失，余热锅炉入口烟气温度为 550℃（烟气参数表见表 13-3）。

表 13-3　　　　　　　　　　　　烟气参数表

项　目		单　位	参　数　值	备　注
烟气流量		Nm³/h	44 000	取整
烟气温度		℃	550	
烟气组分 （体积百分比）	CO_2	%	13.43	理论计算
	H_2O	%	17.76	
	O_2	%	14.13	
	N_2	%	54.69	
含尘浓度		mg/Nm³	50	经验数据

结合玻璃窑余热发电项目的特点，余热锅炉采用自然循环方式、露天立式∏型布置，结构紧凑、占地小。锅炉采用炉内除氧技术，锅炉设有除氧器及除氧蒸发受热面。第一烟道中烟气自下向上分别横向冲刷过热器和三级蒸发器，第二烟道中烟气自上向下横向冲刷二级省煤器和二级除氧蒸发器。炉内受热面采用光管，设置在线除灰装置，两烟道底部均设置有灰斗。锅炉顶部布置有锅筒和除氧器。为便于运行和检修，设有多层平台，扶梯可以根据现场情况设置。余热锅炉的主要参数见表 13-4。

表 13-4　　　　　　　　　　　　余热锅炉的主要参数

项　目	单　位	参数（单台）
锅炉进口烟气温度	℃	550
锅炉进口烟气量	Nm³/h	44 000
锅炉给水温度	℃	39
主蒸汽压力	MPa（a）	2.4
主蒸汽温度	℃	420
主蒸汽蒸发量	t/h	7.7
锅炉出口烟气温度	℃	165
烟气阻力	Pa	600
漏风系数	%	<3

项目采用抽汽凝汽式机组，能灵活满足发电、供热的综合需求，保证机组的长期高效运行。

三台余热锅炉总蒸发量为 23.1t/h，全凝工况下系统计算发电功率约为 5.1MW，系统装机容量设计为 6MW。供暖所需抽汽约 3.6t/h，机组设计最大抽汽量为 5t/h，抽汽量灵活可调，抽汽压力 0.5MPa（a）。机组的主要设计参数见表 13-5。

表 13-5 汽轮机的主要参数

项　目		单　位	参 数 取 值
汽轮机	机型		C6-2.3/0.5
	额定功率	kW	6000
	额定转速	r/min	3000
	进汽压力	MPa（a）	2.3
	进汽温度	℃	390
	进汽量	t/h	23.1
	抽汽压力	MPa（a）	0.5
	最大抽汽量	t/h	5.0
	排汽压力	MPa（a）	0.007
	盘车装置形式		电动
发电机	机型		QF-6-2
	额定功率	kW	6000
	额定电压	kV	10.5
	额定转速	r/min	3000
	励磁方式		可控硅励磁

（三）效益分析

主要技术经济指标见表 13-6。

表 13-6 主要技术经济指标

序　号	技 术 名 称	单　位	指　标
1	装机容量	MW	6
2	非采暖季发电功率	MW	5.070
3	采暖季发电功率	MW	4.570
4	采暖季供汽量	t/h	3.6
5	年平均运转小时	h	7000
6	年发电量	$\times 10^4$kWh	3446

序　号	技 术 名 称	单　位	指　标
7	年供电量	×10⁴kWh	3102
8	电站自用电率	%	10
9	年供蒸汽量	万 t	0.74
10	全站劳动定员	人	19

三、循环水供暖项目案例

（一）项目背景

某热电厂原有一台 12MW 的纯凝式汽轮发电机组，为了提高全厂热效率，同时满足城市供暖需要，实行了循环水供暖技术改造。

（二）技术方案

项目改造原有循环水管路，将凝汽器入口管和出口管接入循环水供热系统。用凝汽器的循环水直接作为采暖用水为热用户供热。运行时，降低凝汽器的真空度，提高汽轮机的排汽温度，循环水经凝汽器加热后，由热网泵将升温后的热水注入热网。为满足供热能力，在凝汽器出口之后加装尖峰热网加热器，利用减压减温后的新蒸汽或其他汽源加热热网水。经过技术改造后，实现循环水供暖，其原则热力系统见图 13-17。

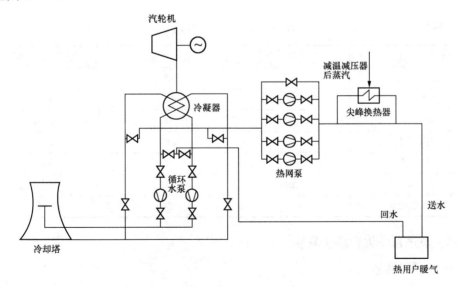

图 13-17　低真空循环水供暖原则性热力系统示意图

机组低真空运行后，由于排汽温度的升高和循环水压力的变化，必将对凝汽器的安全运行产生影响。因此，对机组进行改造时，采取了以下措施：

（1）为解决排汽过热问题，在凝汽器排汽口加装两组除盐水自动喷水降温装置，以降低排汽温度。

（2）为防止循环水在凝汽器内沉积结垢影响传热效果，降低出力，在循环水系统加装加药装置，通过计量泵加入补充水管道中进入，然后循环水供暖系统，控制采暖循环水的 pH 值，可达到非常良好的防垢效果。

（3）为保证循环水供热时安全运行，使凝汽器内保持稳定的冷却水压，加装管网补水泵。

（4）为防止冷凝器超压，热网循环水泵安装在凝汽器出口管路侧，使凝汽器不承受较高的压力，凝汽器所承受的是 0.2MPa 左右的采暖回水压力。它和机组按额定工况运行时，凝汽器所承受的循环水泵出口压力基本相同。并在热网回水母管上装设安全阀，当回水压力超过 0.25MPa 时，安全阀排放，同时取自回水母管上的压力信号，自动启动原循环水系统，热网循环水系统自动关闭。

（5）两台热网循环水泵互为备用，相互联锁，确保热网正常循环。

（三）效益分析

机组改造前后运行参数对比见表 13-7，机组改造后在额定工况下运行，采暖期可回收的热量 79.136GJ/h，少发电折合热量 2.24GJ/h，总节约热量为 76.896GJ/h，折合标准煤 2627kg 标煤/小时，一个采暖期内机组能运行 100d，节约标准煤 6305t。

表 13-7　　　　　　　　　　　　改造前后运行参数对比

项　　目	单　位	纯　凝	低　真　空
进汽压力	MPa	3.5	3.43
凝汽压力	MPa	0.008	0.021
凝汽量	kg/h	32 000	34 200
进汽湿度	℃	435	435
排汽温度	℃	41	80
排汽焓	kJ/kg	2576	2646
凝结水焓	kJ/kg	174	238

四、蒸汽系统优化项目案例

（一）项目背景

某石化公司炼油一期改造项目，新建焦化溶剂再生、常压污水汽提和中变气脱碳装置，均采用 1.0MPa 蒸汽经减温减压后到重沸器做热源，分别加热再生塔底胺液和汽提塔污水。

有 20～30t/h 压力为 0.9～1.2MPa、温度为 230～250℃的高压蒸汽需要经过减温减压后变为 0.4MPa 的蒸汽供加热再生塔底胺液、汽提塔污水和中变器脱碳工艺使用。

（二）技术方案

设置一台 700kW 的背压式工业拖动汽轮机，利用 1.0MPa 蒸汽母管的蒸汽进入汽轮机做功，拖动循环水泵房中一台 400kW 循环水泵，其乏汽（压力为 0.4MPa）进入分气缸，然后分别供给加热再生塔底胺液、汽提塔污水和中变器脱碳工艺使用。主要设备参数见表 13-8。

表 13-8　　　　　　　　　　　主要设备参数表

序 号	设备名称及型号	数	主要技术参数、性能、指标
1	汽轮机	1	型号：B105L 额定功率：700kW 额定转速：3000r/min 设计点参数如下： 主汽进汽压力：1.1MPa（a） 进汽温度：250℃ 额定蒸汽流量：30t/h 排汽压力：0.5MPa（a）
2	电动机（发电机）	1	额定功率：750kW 额定转速：3000r/min
3	循环冷却水泵	1	流量：1200 m³/h 扬程：50 m 电机功率400kW

工业拖动汽轮机系统采取"三合一"方案，即汽轮机+减速箱+发电机/电动机+水泵方式，具体形式见图13-18。运行时，当汽轮机出力达不到循环水泵需要的功率，此时的发电机/电动机为电动机，吸收电网电力，用以补足汽轮机的出力不足；当汽轮机出力刚好达到循环水泵的需要的功率，此时的发电机/电动机不输出也不输入功率，仅仅起到传递扭矩的作用；当汽轮机出力超过循环水泵需要的功率，此时的发电机/电动机为发电机，将多余出力以电力的形式向电网输出。

这种方案既避免了由于蒸汽系统波动引起的汽轮机出力不足，又能够将汽轮机过剩的出力转换为电能，很好地保证了循环水泵动力供给的稳定性，具有极好的灵活性和适应性。

（三）效益分析

本项目有效利用了石化公司高压蒸汽减温减压造成的蒸汽热能的有用能损失，通过设置汽轮机使现在这些能量损失转化为机械能和电能，其节能量和节能

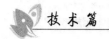

效益分析如下：

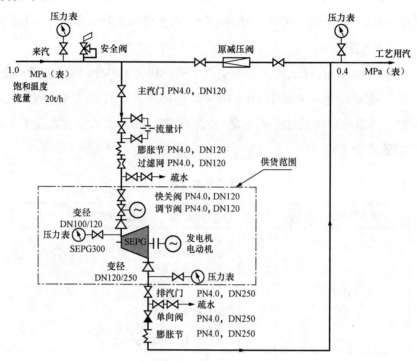

图 13-18　蒸汽系统热力系统示意图

（1）汽轮机机组的功率：700kW。

（2）汽轮机机组的年发电量为

$$W=8400×700=588（万 kWh/年）$$

设备年运行小时数按年 8400h 计算

（3）项目年节能效益为

$$588×0.637=374.5（万元/年）$$

按电价 0.637 元/kWh 计算。

（4）该项目产生的经济效益折算标准煤约为 2058t/年（按 350g/kWh），年减少 CO_2 排放量约 4889.8t/年（按 0.8316g/kWh 计算）。

五、热功联产项目案例

（一）项目背景

某热电有限责任公司 4 号锅炉为 150t/h 的循环流化床锅炉，其一次风机额定风量 80 000Nm³/h，额定功率 1120kW，实际运行功率为 730kW，原为电动机驱动。对其进行工业汽轮机代替原有的电动机驱动一次风机项目改造（见图 13-19），工业汽轮机使用主蒸汽母管的高压蒸汽，排汽进入高压母管。

图 13-19　工业汽轮机拖动一次风机

（二）技术方案

1. 热力系统

根据热电锅炉富裕蒸汽流量和生产工艺参数，本项目从该公司主蒸汽母管上引支管，将主蒸汽引入工业汽轮机入口，驱动汽轮机做功，其排汽进入该公司的高压母管。具体参数如下。

汽轮机进汽压力：5.0MPa（绝压）

汽轮机进汽温度：435℃

进汽焓值：3281kJ/kg

汽轮机排汽压力：0.9MPa（绝压）

汽轮机排汽温度：280℃

排汽焓值：3011kJ/kg

相对内效率：51.1%

额定功率：800kW

额定蒸汽流量：17t/h

工业汽轮机进汽管路由主厂房运转层的主蒸汽母管接出，穿过除氧间后引至汽轮机进口，在主汽门前设截止阀及其旁路阀。

2. 原有风机改造系统

由于原有一次风机为一端与电机经联轴器连接，另一端固定。为使工业汽轮机与之连接，需改造原有轴承座和轴，使风机轴的另一端通过联轴器与汽轮机连接。其系统连接方案如图13-20

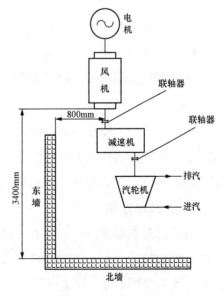

图 13-20　风机系统连接示意图

所示。

（三）效益分析

1. 项目节电效益

一次风机运行小时数：2880h

上网电价格：0.46 元/kWh

风机功率：730kW

项目的年节电量：730×2880=210.2（万 kWh）

折合标准煤量：210.2×10⁴×0.360×10⁻³=756（t 标准煤）

节电费用：210.2×10⁴×0.46=96.7（万元）

2. 项目增加的煤耗

将汽动风机做功焓降折算成每年增加煤耗。

当地原煤价格：263 元/t

煤发热值：3200kcal/kg

锅炉热效率：85%

汽轮机机械效率：95%

项目每年增加的原煤耗量：

2880×730×3600/（3200×4.18×0.85×0.95×1000）=700（t）

折合标准煤：700×3200/7000=320（t）

年增加的燃煤费用：700×263=18.4（万元）

3. 项目年总节能量：756–320=436（t 标准煤）

4. 项目年总节能效益：96.7–18.4=78.3（万元）

六、螺杆膨胀机发电项目案例

（一）项目背景

某大型火力发电站有大型锅炉，为保证汽水品质符合电厂运行要求，需要将锅炉汽包污水的连续排放（俗称连排）。这部分连排水由于含盐量高，除部分闪蒸蒸汽回到除氧器外，其余都排放到地沟损失掉了。

（二）技术方案

为了充分利用排污扩容器的高温热水以及饱和蒸汽的热能，该工程建设一套螺杆膨胀动力机，利用连排热水进入螺杆膨胀动力机，推动其旋转作功，拖动发电机发电，其系统图如图 13-21 所示。

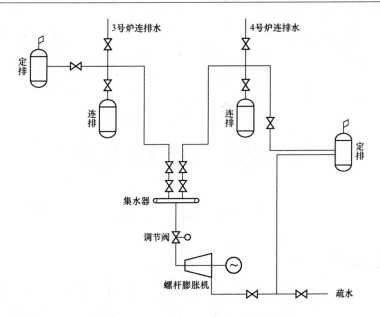

图 13-21　螺杆膨胀发电系统图

（三）效益分析

该项目节能效益显著，具体数据如下：

进汽参数：2 台 200MW 机组锅炉连排水；

发电功率：300kW；

机型指标：SEPG300—300/2150—S；

投运效益：年发电 170 万 kWh，供热水 18 万 t；

节约标准煤：2110t；

投资回报：2 年左右。

第十四章

工业锅炉（炉窑）节能

第一节 概 述

一、工业锅炉

目前，全国在用工业锅炉保有量 50 多万台，约 180 万 T/h。燃煤锅炉约 48 万台，占工业锅炉总容量的 85%左右，平均容量约 3.4T/h，其中 20T/h 以下超过 80%。113 个大气污染防治重点城市中约有燃煤工业锅炉 24 万台，90 万 T/h，均占全国的 1/2。工业锅炉主要用于工厂动力、建筑采暖等领域，每年耗原煤约 4 亿 t。

我国燃煤工业锅炉效率低，污染重，节能潜力巨大。锅炉设计效率为 72%～80%，平均运行效率约 60%～65%，平均运行效率比国外先进水平低 15～20 个百分点；每年排放烟尘约 200 万 t，二氧化硫约 600 万 t，是仅次于火电厂的第二大煤烟型污染源。

我国燃煤工业锅炉普遍存在单台锅炉容量小，设备陈旧老化；锅炉平均负荷低下（不到 65%）；锅炉自动控制水平低，燃烧设备和辅机质量低；使用煤种与设计煤种不匹配、质量不稳定；操作人员水平不高等现象。

二、工业窑炉

工业窑炉每年消耗原煤约 3 亿多 t，主要集中在建材和冶金行业。水泥、墙体材料窑炉每年消耗煤炭约 2.24 亿 t，其中水泥窑约 7800 座，年耗煤 1.6 亿 t，平均能效比国外先进水平低 20%以上；墙体材料窑炉约 10 万座，年耗煤 6400 万 t，平均能效比国外先进水平低 30%以上。钢铁工业窑炉每年消耗煤炭约 6600 万 t，其中球团工序迴转窑生产线 20 多条，平均能效比国外先进水平低 50%以上；石灰热工窑炉约 350 座，平均能效比国外先进水平低 10%；耐火材料热工窑炉约 1900 余座，平均能效比国外先进水平低 10%～20%。

我国工业窑炉普遍存在装备陈旧落后、规模小，能耗高；缺乏污染控制设施，污染严重；运行管理水平低，管理粗放；缺乏能效标准和节能政策等现象。

第二节　主要节能技术

一、分体式热管换热器技术

（一）技术背景

据统计，我国有三分之二的能源被锅炉消耗掉，全国工业用煤的 80% 用于锅炉燃烧。我国工业燃煤锅炉的实际运行热效率只有 65% 左右，而工业发达国家的燃煤工业锅炉运行热效率达 85%。随着人们环境保护意识的不断增强和全球气候变暖速度的加快，对锅炉节能的要求也越来越高。由于节能新技术的不断进步，现在大型电站锅炉的效率已经达到 92%，进一步提高电站锅炉效率越来越困难。

锅炉排烟损失作为锅炉损失最大的部分无疑是进一步提高锅炉效率的方向。但是，锅炉专家在降低排烟温度的探索中遇到了不可逾越的障碍——烟气酸露点。当排烟温度低于烟气中 SO_3 的露点时，在受热壁面上会凝结硫酸溶液，进而引起腐蚀和堵灰。如何能够降低排烟温度而又保证不发生酸腐蚀——这是一个世界性难题。

（二）技术原理

保证锅炉尾部受热面不发生低温腐蚀的核心是控制换热器最低壁面温度高于烟气酸露点的温度。在传统的设计方法中，最低壁面温度取决于烟气酸露点的温度和预热空气的最低温度。例如，一台锅炉的空气预热器是末级受热面，空气侧进口温度为 25℃，排烟温度为 150℃，根据空气侧和烟气侧对流换热系数可以算出空气预热器最低壁面温度 70℃。一般地，在冷空气温度一定的情况下，设计排烟温度大约是最低壁面温度的 2 倍。最低壁面温度随着排烟温度下降而降低（其温度变化曲线见图 14-1），这是传统设计方法无法克服的困难。

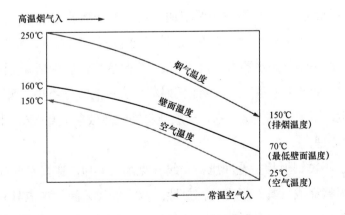

图 14-1　传统空气预热器的温度曲线

分体热管式空气预热器技术能够实现在降低排烟温度的同时保持最低壁面温度不变，在各种情况下，均能使排烟温度仅比最低壁面温度高 15℃（其温度变化曲线见图 14-2）。

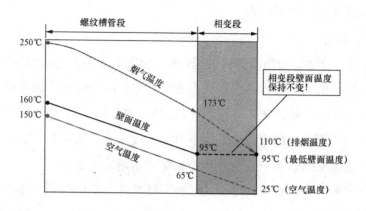

图 14-2　分体热管式空气预热器的温度曲线

分体热管式空气预热器由传统的间壁式换热器和相变换热器组合而成，其核心是相变换热器。相变换热器利用介质相变过程中温度不变的特性，具有在整个换热器内温度恒定的优良特性。相变换热器分为蒸发换热面、冷凝换热面、上升管、下降管、汽水分离装置等部分。蒸发换热面内部的液态介质吸收烟气热量而变成汽水混合物上升，经过汽水分离装置后，汽体上升进入冷凝换热面，在其中放热加热外部的冷空气后凝结，汇集到汽水分离装置。介质在相变换热器内部依靠密度差形成自然循环。分体热管空气预热器工作原理见图 14-3。

二、烟气冷凝器技术

（一）技术背景

近年来，燃气锅炉的使用数量不断增加。由于燃气锅炉的排烟温度多在 130℃以上，含有大量的排烟热量。天然气锅炉的烟气中水蒸气容积成分一般为 15%～19%，远高于燃煤锅炉产生烟气的水蒸气含量。当设置换热器将锅炉排烟温度降低到烟气水蒸气露点以下时，烟气中水蒸气将冷凝，同时释放大量的汽化潜热，烟气冷凝回收装置吸收这些热量，用于加热供暖回水，一般能将锅炉热效率提高 5%以上。

（二）技术原理

多块蜂窝状不锈钢板片重叠冲压在一起（见图 14-4），在真空和高温环境下，板片由铜或镍焊接而成，具有很高的密封性；两块板片之间的焊点具有很强的机械强度；在换热器内部，以低压降通过的大容积流量气体与以高压小流量通过的液体，这两种流体被每一块波纹板分隔开并充分高效地进行换热。

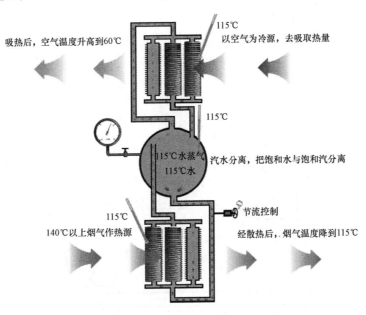

图 14-3　分体式热管空气预热器工作原理

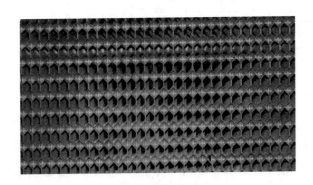

图 14-4　烟冷器蜂窝状换热面

（1）材质。板片材料：316L 不锈钢；侧板材料：304 不锈钢；焊接材料：铜/镍。

（2）烟冷器特点。换热面为蜂窝板式，水侧、烟气侧换热面积几乎相等，两种流体紊流运动，换热效率高，可节省天然气约 5%～15%。体积小，模块化组装，在同等水侧换热面积下其体积是管式体积的十分之一。烟阻很小，直接串联在烟囱上即可，安装方便。寿命长，可达 10 年以上。多重节能，冷凝水回收量大，燃烧 1m³ 天然气可回收 0.64kg 冷凝水。

（3）设计选型。要求燃烧器输入压力–锅炉炉膛背压–烟冷器烟气阻力–烟囱阻力 +烟囱抽力＞0。冷却水流经烟冷器的阻力要符合冷却水系统循环水泵的阻力要求。

冷却水温度低于 50℃，才能回收汽化潜热。对于有烟冷器的二次集中供热系统，首选二次系统回水作为冷却水。

（4）安装。一般串联在锅炉烟囱水平管路上，离锅炉越近越好。锅炉安装如图 14-5 所示。

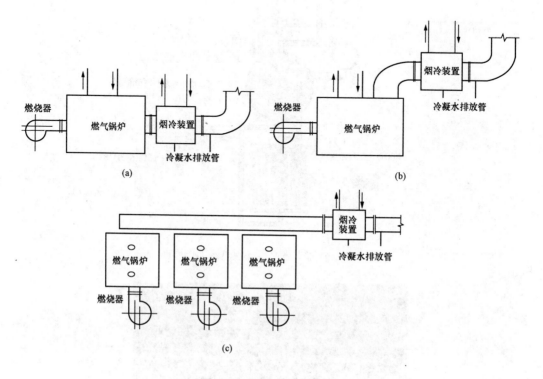

图 14-5　锅炉系统安装图

（a）燃气锅炉侧出烟烟冷装置安装示意图；（b）燃气锅炉顶出烟烟冷装置

安装示意图；（c）多台燃气锅炉共用一个烟囱烟冷装置安装示意图

三、蓄热式燃烧技术

（一）技术背景

工业炉窑是热加工的重要设备，也是企业的主要能耗设备。在工业炉中，一般采取利用高温废气预热助燃空气（或燃料）的方法来提高炉窑热效率，主要采用两种方式：换热器和蓄热室。

过去，由于换热器材质质量的限制，空气预热温度不高，而且其效率因其固有结构设计的限制也远比不上蓄热室。另外，换热器中空气和废气的流路是隔离的，维修费用较大。而蓄热室可容易地将空气预热至 1000 ℃或更高，不仅节约燃料，而且提高燃烧温度，满足工艺要求。但随着冶炼和陶瓷工业的发展，换热器的种类增多、耐高温能力增强。近年来，蓄热室技术有了较大的突破和发展，产生了体积紧凑的蓄热室，进而产生了新颖的蓄热式燃烧技术。

（二）技术原理

蓄热式燃烧技术的工作原理与热风炉、均热炉中的蓄热室换热十分相似。但该系统中的烧嘴喷出口既为火焰入口，也为废气排出口，这也是蓄热式燃烧器与采用蓄热室预热空气的蓄热式炉的主要区别。一般蓄热式燃烧系统包含两个烧嘴、两个蓄热室、一套换向装置和相配套的控制系统。

如图 14-6 所示，在模式 A 中，烧嘴 A 处于燃烧状态，烧嘴 B 处于排烟状态：燃烧所需空气经过换向阀，再通过蓄热室 A 预热后，在烧嘴 A 中与燃料混合，燃烧生成的火焰加热物料，高温废气通过烧嘴 B 进入蓄热室 B，此时，高温烟气将蓄热球加热，再经换向阀后排往大气。持续一定时间后，控制系统发出换向指令，进行换向燃烧，操作进入模式 B 所示的状态，此时烧嘴 B 处于燃烧状态，烧嘴 A 处于排烟状态：燃烧空气进入蓄热室 B 时被预热，在烧嘴 B 中与燃料混合，废气经蓄热室 A，将其中蓄热球加热后排往大气。持续与模式 A 过程相同的时间后，又转换到模式 A 过程，如此交替循环进行。

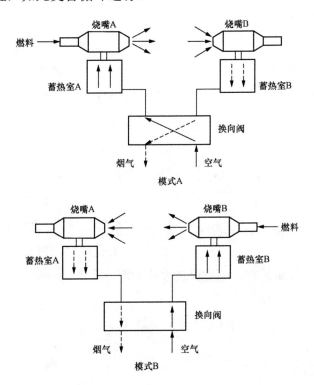

图 14-6　蓄热式燃烧技术工作原理示意图

由于废气进入换向阀时温度已经很低（150～200℃），因而换向阀可以采用廉价的耐热材料。蓄热式燃烧系统的控制包括炉温控制和换向控制两部分。换向控制独立于锅炉其他控制回路，采用定时（如20s）和定温（如150℃）双控制方式，优先采用定温控制逻辑。为保证安全运行，在换向瞬间关闭煤气，待换向操作完成后再打开煤气，避免煤气与烟气中残氧相遇或与助燃空气"串气"而引起爆炸。

换向装置是蓄热式燃烧系统中重要的组成部分，其工作性能将直接影响到炉窑的安全稳定运行。蓄热室由耐火材料砌筑的容器内填上耐火填充球构成。填充球材质一般是高导热系数、高耐热温度和高比热容材料，常见的有陶瓷、高纯氧化铝和耐热耐蚀钢。填充球具有传热半径小、热阻小、导热性好，以及流动性能良好和可方便地清洗、更换和重复使用等优点。

第三节　能效评估流程

对于工业炉窑领域的能效评估，一般可以按照图14-7所示流程进行。

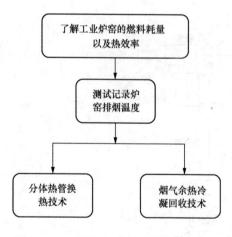

图14-7　工业炉窑系统能效评估流程图

首先要了解有需求的工业客户的工业锅炉（炉窑）的能耗状况，具体包含燃料种类，燃料热值以及燃料消耗量。其次要了解工业锅炉（炉窑）的热效率参数，必要时要对其排烟温度进行测试。如果锅炉排烟温度过高，对于燃煤锅炉，可考虑进行加装分体式热管换热器改造，进一步降低锅炉排烟温度，回收烟气余热，用于加热助燃空气或锅炉补水；对于燃气锅炉，可考虑进行加装烟气冷凝换热器，吸收烟气显热和烟气中水蒸气的潜热。

对于工业炉窑，可考察其窑炉是否采用蓄热式燃烧技术，如果没有，则建议其改造为蓄热式燃烧炉窑。

第四节　典　型　案　例

一、项目背景

北京某小区锅炉房，供暖面积为20万m²，原有6台2t常压热水锅炉，燃料为天然气。锅炉与板式换热器形成一次水循环系统，板式换热器与散热器形成二次水循环系统。锅炉设有一台补水软化处理系统，用于处理锅炉补水。

该锅炉原排烟温度为 150～180℃，由于天然气中氢元素含量较高，因而燃烧后的烟气中水蒸气成分较多，携带的汽化潜热量很大，都随烟气排放到大气中去，造成了热能浪费。

二、技术方案

在其中 3 台锅炉的排烟烟道上各串联安装一台烟气余热冷凝回收装置（见图14-8），将二次供暖回水节流一部分进入烟气余热冷凝回收装置，利用烟气冷凝余热加热这部分水，将这部分水加热到与板式换热器二次供暖出水温度一致，然后与板式换热器二次供暖出水混合再进入系统。

二次回水温度约为 60～70℃，在此温度下，烟气中部分水蒸气已经达到其露点，开始凝结，虽然其数量不多，但是其汽化潜热巨大，回收热力十分客观。

图 14-8　某小区安装烟气冷凝器现场图

三、效益分析

加装烟气余热冷凝回收装置后，1 号锅炉每小时燃烧天然气 119m^3，烟气温度下降到 78.06℃。二次供暖回水温度由 29.83℃上升到 37.14℃，被加热水流量为 13 520kg/h，锅炉效率提高了 11.15%。

高耗能行业节能

第一节 钢 铁 行 业

一、概述

2003 年，我国钢铁企业炼钢能力 2.47 亿 t，其中电炉 195 座，产能 0.35t。2005
年全国钢铁企业炼钢能力达到 3.66 亿 t，其中电炉 205 座，产能 0.40 亿 t，电炉钢
生产能力占炼钢总量的 10.89%。2010 年全国钢铁企业炼钢能力将达到 4.45 亿 t，其
中电炉 210 座，产能 0.42 亿 t。钢铁行业是我国的高能耗行业之一，具体能耗数据
见表 15-1 和表 15-2。

表 15-1   2005 年以来国内重点钢企业各主要生产工序能耗情况   kgce/t

年份	吨钢综合能耗	吨钢可比能耗	烧结	球团	焦化	转炉	电炉	轧钢
2005	694	714.12	64.83	39.96	142.21	36.34	96.93	76.22
2006	645	623.04	55.61	33.08	123.11	9.09	81.26	64.98
2007	628	614.61	55.21	30.12	121.72	6.03	81.34	63.08
2008	629.93	609.61	55.49	30.49	119.97	5.74	80.81	59.58
2009	619.43	595.38	54.95	29.96	112.28	3.24	72.52	57.66

表 15-2   2005 年国内重点特钢企业能耗情况表

序号	企 业 名 称	冶炼电耗（kWh/t）	年耗电量（亿 kWh）2005	电费占总成本比例（%）
1	大连钢铁集团	451	6.8	14.86
2	东北特钢集团	511	5.95	15.17
3	宝山特钢	529	5.64	14.90
4	江阴兴澄钢铁	235	4.25	14.45
5	贵阳特钢	542	3.09	14.10
6	攀钢集团长城特钢	537	4.97	16.22

续表

序 号	企 业 名 称	冶炼电耗（kWh/t）	年耗电量（亿 kWh） 2005	电费占总成本比例（%）
7	湖北新冶钢	246	5.89	15.41
8	重庆特钢	566	2.69	14.94
9	西宁特钢	429	5.16	15

二、主要生产工艺

电炉钢是指在电炉中以废钢、合金料为原料，或以初炼钢制成的电极为原料，用电加热方法使炉中原料熔化、精炼制成的钢。按照电加热方式和炼钢炉型的不同，电炉钢可分为电弧炉钢、非真空感应炉钢、真空感应炉钢、电渣炉钢、真空电弧炉钢（亦称真空自耗炉钢）、电子束炉钢等。

电弧炉钢是指在电弧炉中通过石墨电极向炉内输入电能，以电极端部与炉料（废钢等）之间发生的电弧为热源，使炉料和合金料熔化并精炼制成的钢。电弧炉钢的主要品种为优质碳素钢、低合金钢和合金钢。电弧炉炼钢法是生产优质钢和特殊质量钢的主要炼钢方法。

非真空感应炉钢是指在非真空感应炉中利用感应电热效应使废钢、合金料等炉料熔化并精炼成的钢，主要品种为特殊质量合金钢。

真空感应炉钢是指在真空感应炉中，利用感应电热效应使废钢、合金料等炉料熔化并精炼成的钢。真空感应炉钢气体含量低，硫、磷杂质元素含量低，夹杂物少。主要品种为专门用途的特殊质量合金钢。

电渣炉钢是指在电渣炉中，把平炉、转炉、电弧炉或感应炉初炼的钢经铸造或锻压成电极，通过电渣炉中的熔渣电阻进行二次重熔的精炼工艺炼出的钢。

三、典型节能措施

（一）电弧炉废钢预热技术

电炉采用超高功率、氧——燃烧嘴助熔、泡沫渣、二次燃烧及底吹技术等强化用氧后，废气大大增加，废气温度达 1200～1500℃。为降低能耗、回收能量，废钢入炉前，利用高温废气进行废钢预热，并利用这些废气的能量开发了各种废钢预热方式。迄今为止，采用废钢预热方法主要有：料蓝（分体）法、双壳电炉、竖窑电炉及康斯迪电炉预热法等。

（二）优化供电技术

电弧炉炼钢的超高功率操作是以最低的操作成本达到最大生产率的方法。这并不意味着一台普通功率电弧炉只要简单地换上大容量变压器，就可以变成正常运行的超高功率电弧炉，实现高效和低耗，而是在电弧炉设备一定的条件下，通过开展合理供电的研究工作，实现高产低耗。

电弧炉合理供电制度（供电曲线），就是在现有的装备条件下，充分发挥变压器能力，提高生产率，降低电耗的供电制度。

（三）强化冶炼技术

强化供养技术：近代电弧炉炼钢大量使用氧气，有的甚至达到 $45m^3/t$，再加上冶炼周期缩短至 $40\sim60min$，固有"电炉炼钢转炉化"之说。电炉强化用氧技术主要包括氧——燃烧嘴助熔、水冷碳氧枪及二次燃烧技术等。

我国氧——燃烧嘴助熔技术比较成熟，已用于 $30t$ 以下小电炉上，大型电弧炉采用此技术的较少。水冷碳氧枪在强化用氧、促进炉渣泡沫化以及缩短熔氧期冶炼时间等方面都有很好的效果。

（四）铁水热装技术

基于降低成本和钢中残余元素的需要，国内外对电炉热装铁水工艺都进行了研究，其主要优点包括：可以大幅降低电耗，提高钢水纯净度，减轻有害元素的影响等。该工艺在我国已经受到重视并开展应用研究，如：江苏淮钢集团、石家庄钢铁集团、江苏苏钢集团、宝山钢铁集团、太原钢铁集团、莱芜钢铁集团等钢厂都成功地使用了电弧热装技术。

四、能耗定额

（一）电炉钢冶炼电耗计算公式

$$电炉钢冶炼电耗（kWh/t）=\frac{电炉钢冶炼用电量（kWh）}{合格电炉钢出产量}$$

$$合格电炉钢产出量=合格钢锭产量+合格连铸胚产量$$

$$电炉钢冶炼用电量=熔炼耗电量+精炼耗电量$$

（二）电炉钢兑铁水比例计算公式

$$电炉钢兑铁水比例（\%）=\frac{电炉钢冶炼兑入铁水量（t）}{入炉钢铁料量（t）}$$

企业电炉钢冶炼电耗指标用不大于表 15-3 的规定。

表 15-3　　　　　　　　　　电炉钢冶炼电耗额定值　　　　　　　　　　kWh/t

铁水比例（%）	2008 年	2010 年	2012 年
<30	560	545	530

续表

铁水比例（%）	2008 年	2010 年	2012 年
≥30	360	345	330
≥40	320	310	290
≥50	280	265	250

第二节　电解铝行业

一、概述

有色金属工业是国家重点高耗能产业之一，2005 年我国有色金属工业总耗能量约占全国总能耗的 3.1%。在国家发展改革委、国家能源领导小组等五部委联合发布《千家企业节能行动实施方案》中，2004 年企业综合能源消费量达到 18 万 t 标准煤以上的千家企业中，有色金属企业占了 71 家，其中铝冶炼企业 51 家。

电解铝产品能耗相对较高，俗称"电老虎"。经过多年技术进步，国内电解铝企业综合交流电耗由 2001 年 15 470kWh/t 降到 2008 年 14 323kWh/t（见图 15-1），2008 年 10 种有色金属总产量 2519 万 t，其中电解铝产量 1318 万 t，占 52% 以上，其耗电量约占全国照明用电的一半，约是全国总耗电的 5%。

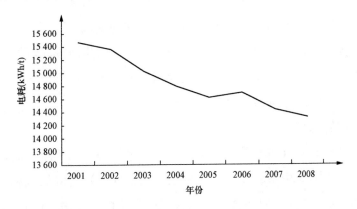

图 15-1　2001～2008 年铝电解综合交流电耗

二、主要生产工艺

目前电解铝企业普遍采用冰晶石—氧化铝熔盐电解法进行生产。其原理是以氧化铝为原料，冰晶石等氟化盐为溶剂，炭素材料为阳极和阴极，通入直流电，在阳极和阴极间发生电化学反应，使电解质中的铝离子在阴极上得到电子而析出得到铝液，氧离子在阳极上放电生成二氧化碳和一氧化碳混合气体。定期用真空抬包将电

解槽中铝液吸出，运往铸造工序铸造成铝锭。

电解铝生产的主体设备是铝电解槽，预焙阳极电解槽为当今铝工业发展的主流槽型，我国预焙电解槽槽型种类较多，槽容量包括从 70～400kA 多种槽型。

三、典型节能措施

（一）采用半石墨化极碳块

半石墨化极碳块的最大优点是电阻随温度升高明显下降，而阴极电压降的变化是由两个因素加合起来的：一是阴极电阻下降，二是接触电阻增加。如果电解槽是以半石墨块料做内衬，阴极电压降的变化仅取决于接触电阻的增加，因为炉底已经石墨化了。

采用半石墨化碳索衬里有以下效果：

（1）导电率增大 8 倍；

（2）阴极电压下降 90mV，每吨铝节电 300kWh。

但是采用半石墨化碳块，会增加槽外壳和导电棒的热损失，因此必须改变槽子热绝缘状态来补偿热损失。

（二）在电解槽上应用硼化钛阴极涂层

涂有阴极惰性涂层的阴极碳块，经过焙烧后，安装砌筑在槽上。在电解槽开动初期及正常生产时期，涂在阴极碳块表面的复合材料层与碳块粘结牢固而不脱落，从而保护了阴极减少了磨腐损耗和减缓钠及氟化物的侵入。

其主要优点为：沉淀容易返回电解质中，槽底不易生成糊状沉淀，沉淀也不易粘结在阴极表面上。由于涂层表面与铝液湿润性好，所以阴极电压下降了 26mV，电流效率提高 1.29%，每吨铝节电 200kWh。

（三）降低效应系数

电解槽的效应是消耗电能的一个方面，随着电解技术的不断发展，人们对效应的认识在转变，效应对电解槽是有害无利的，而效应系数的降低有利于节能降耗。目前，国外的一些电解铝企业的效应系数控制到 0.01 次/（槽·日），还有少数企业达到无效应生产，一次一项每年可节约大量成本。同时为了进一步做好节能降耗工作，将原来的效应持续时间由 5～6min 缩短为 2～3min。

降低效应系数的主要方法包括：改进供（下）料系统、升级优化模糊控制系统和合理调整工艺技术条件。

（四）降低稳流系统的工作深度，提高整流效率

目前大部分电解铝直流供电系统的稳流调压都采用有载开关粗调，自饱和电抗

器细调,配以智能化的稳流控制系统实现自动调节。自饱和电抗器的调压深度为 70V 左右，稳流深度控制在+50V 和−20V 左右。随着电解系统技术工艺和人员素质的提高，阳极效应控制在 0.15 次/（槽·日）以内，电解槽生产运行比较平稳。利用稳流系统将自饱和电抗器的调节深度控制在 30～35V，仅一个阳极效应电压需求，就可以保证正常生产的需要，这有效降低了整流变压器的负载损耗，提高功率因数 0.01 以上，同时可提高整流效率 1%左右，根据年用电 30 亿 kWh 计算，年可节约用电 50 万 kWh 左右。

（五）九区控制法

电解槽内铝液的过热度是影响电解铝电耗的重要因素，过热度与电解液的化学成分紧密相关，因此不能简单地通过温度测量来计算出最佳的工作温度。传统的控制方法无法对电解槽温度及其化学成分同时测量，而且测量误差很大，导致过热度及其电解槽的热平衡不能调到最佳的工作点，能耗较大。

九区控制法是按照模糊控制原理的控制计算法，把槽温和液相温度以及每个单个电解槽的过热度严格控制在界限内，有规律地测量每个电解槽中的"过热度"，从而控制槽工作温度在最佳状态。该控制方法采用以液相测量为基础的 AlF_3−控制，取代溶液成分的化学分析；采用炼炉电压法调节温度，取代在槽温基础上的调节，其控制原理图如图 15-2 所示。

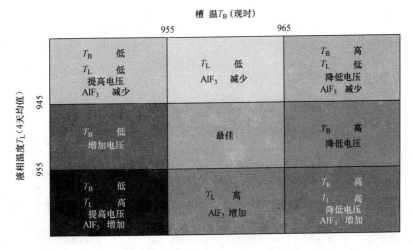

图 15-2　九区控制法原理图

四、能耗定额

表 15-4 规定了现有电解铝企业单位产品能耗指标必须达到的水平，不能达到能耗限额限定值的电解铝生产线应进行整改或停产。

表 15-5 规定了新建电解铝企业或现有电解铝企业改扩建的电解系列单位产品能耗指标必须达到的水平，高于能耗限额准入值的不予准入。

表 15-4　现有电解铝企业单位产品能耗限额

指　标	能耗限额限定值
铝液交流电耗	≤14 400kWh/t
电解铝综合交流电耗	—
重熔用铝锭综合能源单耗	≤1.900tce/t

表 15-5　新建电解铝企业单位产品能耗限额

指　标	能耗限额限定值
铝液交流电耗	≤13 800kWh/t
电解铝综合交流电耗	≤14 300kWh/t
重熔用铝锭综合能源单耗	≤1.850tce/t

表 15-6 规定了电解铝企业能耗限额先进值，是目前国内外电解铝企业能耗指标的先进水平，是电解铝企业应通过加强管理和技术进步达到的目标。

表 15-6　　　　电解铝企业单位产品能耗限额先进值

指　标	能耗限额限定值	指　标	能耗限额限定值
铝液交流电耗	≤13 500kWh/t	重熔用铝锭综合能源单耗	≤1.800tce/t
电解铝综合交流电耗	≤14 000kWh/t		

第三节　铁合金行业

一、概述

我国铁合金工业是随着我国钢铁工业发展而发展壮大的。经过几十年的努力，特别是改革开放以来的高速发展，目前我国已成为铁合金生产、消费和出口的大国（见表 15-7）。

表 15-7　　　　　　2005～2009 年我国铁合金产品产量发展

年份	2005	2006	2007	2008	2009
全国铁合金	1094.7	1438.5	1746.7	1900.5	2209.4
硅铁合金	328.53	406.20	468.94	494.56	520
锰系铁合金	473.57	561.37	787.78	745.64	800
铬系铁合金	90.24	107.75	133.47	150.64	160
金属硅	82	90.46	105.91	104.16	95
电解锰	57.6	73.02	102.4	113.85	128
其他铁合金	200.36	272.72	148.20	291.68	506.4

目前铁合金生产中有 30%～40%的设备属于国家淘汰范围的落后产能，新建项目中也存在落后工艺、落后设备的建设，总体状况是数量多、规模小而且熔台容量小、工艺装备落后，能源、资源消耗偏高。近年来，硅铁冶炼电耗为 8800～9000kWh/t，硅元素回收率为 82%～86%；电炉锰铁冶炼电耗为 2700～2800kWh/t，锰元素回收率为 75%～77%；硅锰合金冶炼电耗为 4500～4600kWh/t，锰元素回收率 82%～83%；中低碳锰铁冶炼电耗 800kWh/t，冷装冶炼电耗为 1300～1400kWh/t，锰元素回收率 85%～88%；中低碳铬铁冶炼电耗为 2000～2200kWh/t，铬元素回收率为 82%～84%。

二、主要生产工艺

用来生产铁合金的主要设备有铁合金电炉、铁合金高炉、真空电阻炉和氧气转炉等。

铁合金的主要生产方法有电炉法、高炉法、真空电阻法和氧气转炉法等。其中：高炉法只能用来生产易还原元素的铁合金和低品位铁合金；真空电阻法主要用来生产超微碳铬铁；氧气转炉法主要用来生产中碳铬铁和中碳锰铁。这三种方法生产的铁合金品种比较单一，且数量较少，大多数铁合金产品主要是用电炉法来冶炼的。电炉法是铁合金生产的主要方法，铁合金电炉是生产铁合金的主要设备。

三、典型节能措施

（1）合理选用电炉设备，使其具有与产量相适应的适当容量，可根据原料投放数量选择与之相适应的电炉以尽可能接近满负荷运行。

（2）提高电炉设备的热效率，力求连续运行并循环利用热能，停炉期间不使开炉时所蓄热量白白散失。

（3）加强电炉设备的保温措施，使用远红外涂料及硅酸铝耐火纤维等效率高的保温材料以减少热损失。

（4）提高变压器的设备效率，对于低负荷率的电炉设备，更应选用空载损失小的变压器。此项措施应与改造短网、降低回路阻抗和感抗有机结合起来。

（5）合理选用原材料的质量，原基材料的纯度越高越好。

（6）优化改进生产工艺流程：经常不断地总结和探索电炉生产的工艺质量和生产规律，科学合理的掌握并安排出炉的温度、时间，减少停炉次数和停电时间，最大限度地防止停炉时的热量损失，充分利用热能。

（7）根据生产规模，合理选择供电电压等级、电力线路导线截面，有条件时其厂址应尽量靠近电源点，以减少大负荷所造成的线路电能损耗。

（8）通过检查并消除过高的接触电阻，采用分散的单相变压器取代集中三相变

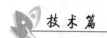

压器，缩短供电线路以及设置无功补偿装置等措施，降低短网阻抗。

四、能耗定额

铁合金单位产品能耗计算公式为

$$E_{THJ} = \frac{e_{yd} + e_{th} + e_{dl} - e_{yr}}{P_{THJ}}$$

式中　E_{THJ}——铁合金产品单位综合能耗，千克标准煤/标准煤（kgce/t）；

　　　e_{yd}——铁合金产品的冶炼电力能耗用量，千克标准煤（kgce）；

　　　e_{th}——铁合金生产的碳质还原剂用量，千克标准煤（kgce）；

　　　e_{dl}——铁合金生产过程中的动力能源用量，千克标准煤（kgce）；

　　　e_{yr}——二次能源回收并外供量，千克标准煤（kgce）；

　　　P_{THJ}——合格铁合金产量，标准吨（tce）。

铁合金产品能耗额定值如表 15-8 所示。

表 15-8　　　　　　　　　　　铁合金产品能耗额定值

铁合金品种与规格	限额指标	单位产品能耗计算值（kgce/t）		电力消耗（kWh/t）			碳质还原剂（kg/t）	备注
		电力当量值折算系数 0.1229	电力等价值折算系数 0.404	生产电耗	冶炼电耗	动力电耗		
硅铁 FeSi75-A	限额值	1980.80	4595.03	9300	8800	500	1150	半焦焦丁折标准煤系数 0.9714×0.75
	准入值	1907.51	4437.41	9000	8500	500	1100	
	先进值	1846.50	4319.61	8800	8300	500	1050	
电炉锰铁 FeMn68C7.0	限额值	794.54	1608.73	2900	2700	200	500	焦丁折标准煤系数 0.9714×0.90
	准入值	711.31	1498.39	2800	2600	200	420	
	先进值	674.35	1359.7	2500	2300	200	400	
锰硅合金 FeMn64Si18	限额值	1033.89	2379.64	4700	4400	300	550	焦丁折标准煤系数 0.9714×0.90
	准入值	990.18	2256.13	4500	4200	300	500	
	先进值	948.13	2150.85	4300	4000	300	480	
高碳铬铁 FeCr67C6.0	限额值	898.01	1952.13	3750	3500	250	500	焦丁折标准煤系数 0.9714×0.90
	准入值	808.68	1778.47	3450	3200	250	440	
	先进值	742.04	1599.39	3050	2800	250	420	
高炉锰铁 FeMn68C7.0	限额值	1245.82	—	—	—	—	1350	焦炭折标准煤系数 0.9714×0.95
	准入值	1218.14	—	—	—	—	1320	
	先进值	1181.22	—	—	—	—	1180	

第四节　水　泥　行　业

一、概述

水泥工业是高能耗工业，水泥能耗占全国总能耗的 7%～8%，其消耗的煤炭占全国煤炭总消费量的 15%左右。目前我国水泥能源消耗高于世界先进水平水泥能源消耗的 35%，国内外水泥行业生产能效对比情况如表 15-9 所示。

表 15-9　　　　　　　　国内外水泥行业生产能效对比情况

项　　　目	国际水平		国内水平	
	先进水平	一般水平	先进水平	一般水平
熟料烧成热耗（kJ/kg）	2842	2970	2970	3344～3762
水泥综合电耗（kWh/t）	85	95～100	90～95	110
熟料强度	70	65	62	58
窑系统年运转率（%）	95	85	90	80

二、主要生产工艺

水泥生产过程包括石灰石等原料的开采、破碎、配料、均化，生料制备，再经分解煅烧成熟料，最后磨制成水泥。通常，按生料制备和入窑生料含水情况可分为湿法工艺、干法工艺和半干法工艺，从煅烧设备的形式上又可分为回转窑工艺和立窑工艺。

由于能耗高、污染大，湿法生产、半干法生产工艺已基本淘汰。旧工艺的生产过程和产品性能难以与先进的新型干法水泥生产媲美。而以悬浮预热和窑外分解技术为核心的新型干法水泥生产，将现代科学技术和工业生产成就广泛用于水泥生产的全过程，是水泥生产高效、优质、低耗、符合环保要求，呈现单机大型化、流程自动化、工艺参数化的特点，目前已成为现代水泥生产的主流工艺。2000～2009 年全国水泥产量及新型干法应用情况如表 15-10 所示。

表 15-10　　　　　2000～2009 年全国水泥产量及新型干法应用情况

年份	水泥产量		新型干法水泥产量		
	万 t	同比增长（%）	万 t	同比增长（%）	比重（%）
2000	59 700	4.19	6060	8.60	10.15
2001	66 400	11.22	8220	35.64	12.38

年份	水泥产量		新型干法水泥产量		
	万t	同比增长（%）	万t	同比增长（%）	比重（%）
2002	72 500	9.19	12 270	49.27	16.92
2003	86 200	18.90	18 840	53.55	21.86
2004	97 000	12.53	31 480	67.09	32.45
2005	106 400	9.69	47 371	50.48	44.52
2006	124 000	11.65	62 400	31.73	50.32
2007	135 000	9.9	88 100	—	55
2008	138 800	5.2	88 100	—	62
2009	164 800	17.9	119 000	26.05	72.25

三、典型节能措施

（一）生产规模大型化

近十年来，新型干法水泥生产线的建设规模逐步向大型化发展。20 世纪 90 年代中期以前，建设规模大多是 700、1000t/d 和 2500t/d 熟料生产线。90 年代末期以来，建设规模转变为 2500t/d 和 5000t/d 熟料生产线为主，很多企业也采用了 10 000t/d 熟料生产线。由表 15-11 可见，随着生产线规模的扩大，其运行能耗是降低的。其主要原因：一是大规模生产线主辅机工作效率增加，低负荷消耗或机械能及热能损失较少；二是大规模生产线的设备配置档次较高，机械性能较好，有利于高产低能。

表 15-11　　　　　　　　不同规模生产线的主要能耗情况

序号	生产线规模（t/d）	测定产量（t）	熟料烧成热耗（kcal/kg）	熟料烧成标准煤耗（kg/t）	生产线条数
1	700	826	865.7	123.7	3
2	1000	1131	840.9	120.1	6
3	2000~2500	2367	800.4	114.3	29
4	3000	3277	815.1	116.5	2
5	5000	5595	731.3	104.5	7
6	10 000	11 360	689.2	98.5	1

（二）采用微机控制

采用微机控制生料配料，提高生产、质量，降低生料粉磨电耗和熟料煤耗。

其工作过程为：原料经过计量装置皮带给料机直接送到皮带输送机，经提升机将各种配合好的物料送入磨头仓内，整个配料过程不间断地进行。与原来配料系统相比，微机配料具有自动调整配料、计量精度高、抑制下料中物料离析现象等优点。

（三）采用悬浮预热窑外分解技术

传统的湿法、干法回转窑生产水泥熟料，生料的预热（包括湿法窑料浆的烘干）分解和烧成过程均在窑内完成。由于窑内物料堆积在窑的底部，气流从料层表面流过，气流与物料的接触面积小，传热效率低，因此对生料的预热分解十分不利。同时，窑内分解带料粉处于层状堆积态，料层内部分解出的二氧化碳向气流扩散的面积小、阻力大、速度慢，并且料层内部颗粒被二氧化碳气膜包裹，二氧化碳分压大，分解温度要求高，这就增大了碳酸盐分解的困难，降低了分解速度。

悬浮预热窑外分解技术从根本上改变了物料预热、分解过程的传热状态，将窑内物料堆积状态的预热和分解过程，分别移到悬浮预热器和分解炉内在悬浮状态下进行。由于物料悬浮在热气流中，与气流的接触面积大幅度增加，因此传热速度极快，传热效率很高。同时，生料粉与燃料在悬浮状态下，均匀混合，燃料燃烧热及时传给物料，使之迅速分解。由于传热迅速，因此大幅度提高了生产效率和热效率。

（四）其他节能措施

（1）进一步加强新型干法水泥高效、节能工艺与装备的研发和推广应用工作，如生料立式磨系统、高效低阻预分解系统、多风道燃烧器、第三代控制流篦式冷却机、水泥挤压粉磨系统、钢丝胶带斗式提升机、纯低温余热发电、城市生活垃圾热能利用等，不断降低新型干法水泥生产过程的能源消耗。

（2）进一步提高水泥熟料的质量，增加混合材的掺加量、相应减少水泥中熟料的比例。这样不仅可以减少不可再生的石灰石资源消耗，而且可以减少电力的消耗和不可再生的煤炭资源的消耗。

（3）进一步加强超细矿渣微粉、超细钢渣微粉和超细粉煤灰等活性材料作胶结料大量替代水泥。不仅可以大幅度减少水泥熟料和水泥的用量，相应减少水泥工业的能耗，而且可以改善混凝土的性能，延长混凝土的使用寿命。

四、能耗定额

目前，我国水泥行业能耗可比熟料综合煤耗限额限定、可比熟料综合电耗限额限定值等定额参数如表 15-12 和表 15-13 所示。

表 15-12　　　　　　　　水泥企业水泥单位产品能耗额定值

分类	可比熟料综合煤耗限额限定值（kgce/t）	可比熟料综合电耗*限额限定值（kWh/t）	可比水泥综合电耗**限额限定值（kWh/t）	可比熟料综合能耗限额限定值（kgce/t）	可比水泥综合能耗限额限定值（kgce/t）
4000t/d 以上	≤120	≤68	≤105	≤128	≤105
2000～4000t/d	≤125	≤73	≤110	≤134	≤109
1000～2000t/d	≤130	≤76	≤115	≤139	≤114
1000t/d 以下	≤135	≤78	≤120	≤145	≤118
水泥粉磨企业	—	—	≤45	—	—

* 对只生产水泥熟料的水泥企业。

** 对生产水泥的水泥企业（包括水泥粉磨企业）。

表 15-13　　　　　　　新建水泥企业水泥单位产品能耗额定值

分类	熟料综合煤耗（kgce/t）	熟料综合电耗*（kWh/t）	水泥综合电耗**（kWh/t）	熟料综合能耗（kgce/t）	水泥综合能耗（kgce/t）
4000t/d 以上（含 4000t/d）	≤115	≤64	≤95	≤123	≤100
2000～4000t/d（含 2000t/d）	≤120	≤67	≤98	≤128	≤104
水泥粉磨企业	—	—	≤42	—	—

* 对只生产水泥熟料的水泥企业。

** 对生产水泥的水泥企业（包括水泥粉磨企业）。

第五节　氯碱行业

一、概述

近年来，中国氯碱工业迅速发展，市场需求旺盛，原有氯碱企业纷纷扩大了生产能力，一些新的企业也相继投产，产能快速提升，装置技术水平显著提高，整个氯碱工业呈规模化、高技术化发展态势。但是烧碱行业是以电和盐为原料的行业，因此节能减排就成为了烧碱行业永久的主题。

氯碱生产的耗电量仅次于电解铝，为工业品的第二位。据中国氯碱工业协会统计，每生产一吨 100%隔膜法烧碱平均直流消耗为 2321.8kWh，蒸汽消耗量为 3.64t，综合能耗折标准煤 1.4779t。每生产 1t 100%烧碱离子膜法平均直流电耗为 2271.2kWh，蒸汽消耗量为 0.46t，综合能耗折标准煤 1.06t。从总体上看，综合能耗 60%左右为电耗，40%左右为蒸汽消耗。表 15-14 为我国历年烧碱综合能耗情况。

表 15-14　　　　　　　　　　　历年我国烧碱工业能耗情况表

年份	隔膜法（kgce）	离子膜法（kgce）	年份	隔膜法（kgce）	离子膜法（kgce）
1998	1660.7	1109.8	2002	1465.1	1057.6
1999	1572.1	1106.2	2003	1483.6	1073.1
2000	1566.3	1089.6	2004	1494.2	1077
2001	1537.5	1074.2	2005	1477.9	1066.5

二、主要生产工艺

氯碱工业是以电和原盐为原料制取烧碱、氯气和氢气的行业，烧碱是重要的基础化学工业之一。在国民经济中占有重要的地位。中国的氯碱工业主要采用隔膜法和离子膜交换法两种生产工艺。氯碱工业的主要产品包括烧碱、聚氯乙烯（PVC）、氯气、氢气等。氯碱产品主要用于制造有机化学品、造纸、肥皂、玻璃、化纤、塑料等领域。为平衡氯碱工艺中的氯气产量，目前国内广泛采用氯碱和 PVC 联产的方式，即利用氯碱工艺中生产的氯气和电石炉生产的乙烯作为原料，进一步合成 PVC，其主要生产工艺如下。

（一）离子膜法烧碱

离子膜法烧碱是以离子膜为电解核心膜的生产工艺，主要工序包括一次盐水精制、二次盐水精制、离子膜电解工序、氯氢处理工序、整流工序和蒸发工序。离子膜法烧碱产出的烧碱为 30% 的烧碱溶液，经过蒸发装置可以产出 45%、98% 的烧碱。

（二）隔膜法烧碱

隔膜法烧碱是以隔膜为电解核心膜的生产工艺，主要工序包括盐水一次精制、隔膜电解工序、氯氢处理工序、整流工序和蒸发工序。隔膜法烧碱产出的烧碱为 12% 的烧碱溶液，其中含有盐，还需要经过蒸发装置除盐，也可以产出 30%、45%、98% 的烧碱。

（三）乙炔气发生

在乙炔发生器中加入一定液位的水，电石经破碎至一定大小尺寸，送乙炔发生器，电石与水在发生器中反应生成乙炔气体。生成的乙炔气体经次氯酸钠净化除去硫、磷等杂质，冷冻除水后进入乙炔气柜。

（四）氯化氢的合成

氯气与氢气在合成炉内燃烧，生成氯化氢气体，经冷凝除水后得干燥的氯化氢气体。

（五）氯乙烯单体的合成

干燥的氯化氢气体与干燥的乙炔气体按一定比例进入混合器中混合。由混合器中出来的混合气体进入用氯化汞作触媒的转化器进行反应，生产氯乙烯。反应后的气体中还含有未反应的氯化氢、乙炔和生成的乙醛、二氯乙烷等化合物。反应后的气体进入水洗塔，除去氯化氢（回收盐酸），再进入碱洗塔，用 10%的氢氧化钠洗去残余的氯化氢及二氧化碳。碱洗后的反应气与聚合回收未反应的气体一起进入氯乙烯气柜。进入预热器使一部分水分冷凝分离，再经压缩机压缩，进入全凝器将部分氯乙烯和二氯乙烷冷凝成液体。进入粗馏塔，分出未反应的乙炔和氯化氢气体。氯乙烯与二氯乙烷进入高沸点蒸馏塔，分出氯乙烯气体，经冷凝后得到氯乙烯液体。高沸物经回收氯乙烯后处置。

（六）聚合

将一定量的氯乙烯单体、软水、引发剂、分散剂及其他助剂，加入到聚合釜中，用热水升温进行聚合反应，严格控制反应温度直至反应结束。反应结束后将釜内悬浮液送至碱处理槽，未反应的氯乙烯从碱处理槽排出，经泡沫捕集器送至气柜反复利用。然后将生成物送至离心机脱水再送气流干燥机干燥，得聚氯乙烯成品。

三、典型节能措施

实施能源梯级利用：

（1）利用冷冻卤水冷却浓碱。蒸发热碱冷却需要冷源，而冷冻卤水加热需要热源，利用螺旋板换热器，将冷冻卤水与浓碱换热，可将卤水温度提高10℃，年可节汽 8000t。

（2）利用冷凝水加热精盐水，增加一台螺旋板换热器，将一效冷凝水与精盐水换热，可提高盐水温度6℃，年节约蒸汽 6500t。

（3）利用氢气中水蒸气热量加热精盐水。氢气中水蒸气需冷源冷却，用精盐水与之换热，可提高精盐水温度 8℃，年节约蒸汽 1 万 t，同时节约大量氢气冷却水。

（4）对于氯气汽化器的热源，充分利用电解盐水换热器的蒸汽冷凝水的热量，降低蒸汽消耗。

四、能耗定额

现有烧碱装置单位产品能耗限额指标包括综合能耗和电解单元交流电耗，其限额值应符合表 15-15 要求。

表 15-15　　　　　　　　　　现有烧碱装置单位产品能耗限额

产品规格 质量分数（%）	综合能耗限额（kgce/t）	电解单元交流电耗限额（kWh/t）
离子膜法液碱≥30.0	≤500	≤2490
离子膜法液碱≥45.0	≤600	
离子膜法固碱≥98.0	≤900	
隔膜法液碱≥30.0	≤980	≤2570
隔膜法液碱≥42.0	≤1200	
隔膜法固碱≥95.0	≤1350	

注　表中隔膜法烧碱电解单元交流电耗限额值，是指金属阳极隔膜电解槽电流密度为 1700A/m² 的执行标准。并规定电流密度每增减 100A/m²，烧碱电解单元单位产品交流电耗减增 44kWh/t。

新建烧碱装置单位产品能耗限额准入值指标包括综合能耗和电解单元交流电耗，其准入值应符合表 15-16 要求。

表 15-16　　　　　　　　　　新建烧碱装置单位产品能耗限额

产品规格 质量分数（%）	综合能耗准入值（kgce/t）			电解单元交流电耗准入值（kWh/t）		
	≤12 个月	≤24 个月	≤36 个月	≤12 个月	≤24 个月	≤36 个月
离子膜法液碱≥30.0	≤350	≤360	≤370	≤2340	≤2390	≤2450
离子膜法液碱≥45.0	≤490	≤510	≤530			
离子膜法固碱≥98.0	≤750	≤780	≤810			
隔膜法液碱≥30.0	≤800			≤2450		
隔膜法液碱≥42.0	≤950					
隔膜法固碱≥95.0	≤1100					

注　1. 表中离子膜法烧碱综合能耗和电解单元交流电耗准入值按表中数值分阶段考核，新装置投产超过 36 个月后，继续执行 36 个月的准入值。
　　2. 表中隔膜法烧碱电解单元交流电耗准入值，是指金属阳极隔膜电解槽电流密度为 1700A/m² 的执行标准；并规定电流密度每增减 100A/m²，烧碱电解单元单位产品交流电耗减增 44kWh/t。

烧碱装置单位产品能耗限额先进值包括综合能耗和电解单元交流电耗。企业应通过节能技术改造和加强节能管理，使新建烧碱装置单位产品能耗限额先进值达到表 15-17 要求。

表 15-17　　　　　　　　　　新建烧碱装置单位产品能耗限额先进值

产品规格 质量分数（%）	综合能耗先进值 （kgce/t）	电解单元交流电耗先进值（kWh/t）
离子膜法液碱≥30.0	≤350	≤2340
离子膜法液碱≥45.0	≤490	

续表

产品规格 质量分数（%）	综合能耗先进值 （kgce/t）	电解单元交流电耗先进值（kWh/t）
离子膜法固碱≥98.0	≤750	≤2340
隔膜法液碱≥30.0	≤800	≤2450
隔膜法液碱≥42.0	≤950	
隔膜法固碱≥95.0	≤1100	

注 表中隔膜法烧电解单元交流电耗先进值，是指金属阳极隔膜电解槽电流密度为 1700A/m² 的执行标准；并规定电流密度每增减 100A/m²，烧碱电解单元单位产品交流电耗减增 44kWh/t。

第六节 合 成 氨 行 业

一、概述

合成氨行业也是我国重点耗能行业之一，我国 2006 年 551 家企业合成氨总产量是 49 379kt、氮肥（折纯氮）34 400kt，耗用无烟煤 42 336kt（折标准煤），占全国无烟煤总产量的 22.1%；耗用天然气 109.6 亿 m³，占全国天然气总产量的 18.7%；耗电 646.9 亿 kWh，约占全国发电总量的 2.28%。近几年我国合成氨行业合成氨产量与吨氨综合能耗如表 15-18 所示。

表 15-18   合成氨产量与吨氨综合能耗表

年份	合成氨产量（kt）	增长率（%）	吨氨综合能耗/（kgce）	下降率（%）	能源总耗能（kgce）
2005	45 962.1	8.43	1700		78 135.6
2006	49 379	7.43	1662	2.24	82 067.9
2007	51 589	4.48	1620	1.93	83 574.2

在当前我国节能减排的严峻形势、能源成本不断的上涨和金融危机等情况下，合成氨行业如何大力抓好技术创新、节能降耗与资源综合利用，提高能源资源利用效率，切实加强环境保护综合治理，减少污染物排放，推行清洁生产，已是摆在我们面前的一项十分重要的任务。它不仅是企业的社会责任，也是企业降低成本、提高市场竞争力的关键。

二、主要生产工艺

合成氨生产与国民经济密切相关，其产品氨是制造化肥和其他许多化工产品的原料。合成氨生产过程因所采用的原料和净化、合成方法的不同形成了不同的工艺流程，能量消耗（能耗）也有差别。就合成氨典型流程而言，一般分为以下三种：

（1）以煤为原料的中小型合成氨流程，如碳化工艺流程、三催化剂净化流程。特点是生产能力较低，吨氨能耗较高。

（2）以天然气为原料的大型合成氨流程，采用蒸汽转化、热法净化生产方法。特点是生产能力大，设备效率和能量利用率高，吨氨能耗小。

（3）以重油（或煤）为原料的大型合成氨流程，采用部分氧化、冷法净化生产方法。特点是生产能力大，吨氨能耗较小。

三、典型节能措施

（一）压缩工序

压缩机与循环机分开，避免压缩机内部从循环段向高压段因气体泄漏造成动力损失；提高蒸汽透平效率，在运行操作中维持蒸汽参数的最佳化；采用燃气透平驱动空气压缩机，可使燃料天然气能耗降低 2.093GJ/t。

（二）使用高效节能单元设备、催化剂及新材料

在工艺流程确定后，如何使用高效节能的催化剂和单元操作设备对节能也起到重要作用。

（1）新型催化剂：如宽温钴钼低变催化剂、低温高活性氨合成催化剂、高效的 888 脱硫剂、常温精脱硫剂等。

（2）各种高效塔器：如规整填料塔、格栅填料塔、垂直筛板塔等多种塔器在合成氨各生产工序都有应用，并都取得一定的效果。以变脱塔为例，采用 QYD 型气液传质组合塔板内件取代传统填料塔。经实践证明，使传质效率大大提高、塔高可降低 1/3、溶液循环量减少 30%～50%，吨氨节电 5～6kWh，并解决了填料堵塞问题。

（3）各种高效换热器：如折流杆异形管换热器、波纹管热交换器（冷凝器）、板式换热器、热管式换热器、蒸发式冷凝器等多种换热器在合成氨工序都有应用，并都取得一定的效果。以冷冻系统使用蒸发式冷凝器为例，该设备应用热力学、传热学等工程学的先进技术，使用了高效传热元件加以优化组合，大大提高了换热效果和冷却冷凝效果，达到节电与节约冷却水用量的节能效果，是取代传统立式水冷冷凝器的有效节能设备。

（4）各种分离过滤设备：如高效双级旋风除尘器、静电除焦油器、组合式高效氨分离器、高效油分离器、LH 系列高效溶液过滤器以及新型硫泡沫过滤器等。在合成氨生产过程中，这些设备对确保气体与溶液的净化度、提高运行的稳定性及节能降耗都起到相当有效的作用。

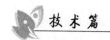

四、能耗定额

合成氨综合能耗等于合成氨生产过程中所输入的各种能量减去向外输出的各种能量。按以下公式计算：

$$E = \sum_{i=1}^{n}\left(E_i \times k_i\right) - \sum\left(E_j \times k_j\right)$$

式中　　E_i——输入能源数量；

　　　　E_j——输出能源数量；

　　　　k_i——输入能源的折标准煤系数；

　　　　k_j——输出能源的折标准煤系数。

合成氨单位产品综合能耗等于报告期内合成氨综合能耗除以报告期内合成氨产量，单位产品能耗限额如表 15-19 所示，按以下公式计算：

$$e = \frac{E}{M}$$

式中　　E——合成氨工厂的总能耗；

　　　　e——单位合成氨能耗；

　　　　M——合成氨产量。

表 15-19　　　　　　　　　　　　合成氨单位产品能耗限额

原 料 类 型	指 标 名 称	限额值	先进值	准入值
优质无烟块煤	综合能耗（kgce/t）	1900	1500	1500
非优质无烟块煤、焦炭、型煤	综合能耗（kgce/t）	2200	1800	1800
天然气、焦炉气	综合能耗（kgce/t）	1650	1150	1150

附　　录

附录1　国家、行业政策法规

1．中华人民共和国节约能源法（2007 主席令第 77 号）

2．中华人民共和国可再生能源法（2005 主席令第 33 号）

3．中华人民共和国电力法（1999 主席令第 60 号）

4．中华人民共和国建筑法（1997 主席令第 91 号）

5．中华人民共和国清洁生产促进法（2002 主席令第 72 号）

6．中华人民共和国计量法（1985 主席令第 28 号）

7．国务院关于加强节能工作的决定（2006 国务院令第 28 号）

8．清洁生产审核暂行办法（国家环境保护总局令第 16 号）

9．节能中长期专项规划（国家发展改革委改环资〔2004〕2505 号）

10．"十一五"十大重点节能工程实施意见（国家发展改革委改环资〔2006〕1457 号）

11．重点用能单位节能管理办法（国家经贸委 1999.3.10）

12．节约用电管理办法（国家经贸委、国家发展计划委〔2000〕1256 号）

13．建设工程质量管理条例（国务院令第 279 号）

14．民用建筑节能管理规定（建设部令第 143 号）

15．建设部关于贯彻《国务院关于加强节能工作的决定》的实施意见（建科〔2006〕231 号）

16．建设工程勘察设计管理条例（国务院令第 293 号）

17．公路工程节能管理规定（交体法发〔1997〕840 号）

18．铁路实施《节约能源法》细则（铁计〔1998〕85 号）

19．交通行业实施《节约能源法》细则（交体法发〔2006〕306 号）

20．关于加强大型公共建筑工程建设管理的若干意见（建质〔2007〕1 号）

21．北京市实施《节能法》办法（北京市人大 1999 年 9 月 16 日通过）

22．北京市节能监察办法（北京市人民政府令 174 号）

23. 北京市贯彻落实《国务院关于加强节能工作的决定》若干意见

24. 北京市加强节能工作实施方案

25. 北京市建筑节能管理规定（北京市人民政府令 80 号）

26. 北京市"十一五"时期建筑节能发展规划

27. 中华人民共和国进口计量器具监督管理办法（1989 年 10 月 11 日国务院批准）

28. 能源效率标识管理办法（国家发展改革委、国家质检总局 2004 年 17 号令）

29. 中华人民共和国强制检定的工作计量器具检定管理办法（国发〔1987〕31 号）

30. 国务院办公厅转发发展改革委等部门关于加快推行合同能源管理促进节能服务产业发展意见的通知（国办发〔2010〕25 号）

31. 合同能源管理项目财政奖励资金管理暂行办法（财建〔2010〕249 号）

32. 中国人民银行、中国银行业监督管理委员会关于进一步做好支持节能减排和淘汰落后产能金融服务工作的意见（银发〔2010〕170 号）

附录 2   能源审计相关标准

企业能源审计技术通则（GB 17166—1997）

附录 3   合同能源管理相关标准

中华人民共和国国家标准合同能源管理技术通则（国家质量监督检验检疫总局、国家标准化管理委员会（2010 年 8 月 9 日））

附录 4   电机系统节能相关标准

1. GB 8128—2008 单相串励电动机试验方法

2. GB 9651—2008 单相异步电动机试验方法

3. GB 12350—2009 小功率电动机的安全要求

4. GB 12497—2006 三相异步电动机经济运行

5．GB 13139—2008 磁滞同步电动机通用技术条件

6．GB 13957—2008 大型三相异步电动机基本系列技术条件

7．GB 13958—2008 无直流励磁绕组同步电动机试验方法

8．GB 14817—2008 永磁式直流伺服电动机通用技术条件

9．GB 14819—2008 电磁式直流伺服电动机通用技术条件

10．GB 16961—2009 电子调速微型异步电动机通用技术条件

11．GB 18613—2006 中小型三相异步电动机能效限定值及能效等级

12．GB 20137—2006 三相笼型异步电动机损耗和效率的确定方法

13．GB 20161—2008 变频器供电的笼型感应电动机应用导则

14．GB 21968—2008 YBZS 系列起重用隔爆型双速三相异步电动机技术条件

15．GB 21969—2008 YGP 系列辊道用变频调速三相异步电动机技术条件

16．GB 22669—2008 三相永磁同步电动机试验方法

17．GB 22672—2008 小功率同步电动机试验方法

18．GB 22713—2008 不平衡电压对三相笼型感应电动机性能的影响

附录 5 　暖通空调节能相关标准

1．GB 19153—2003 容积式空气压缩机能效限定值及节能评价值

2．GB 19577—2004 冷水机组能效限定值及能源效率等级

3．GB 19761—2005 通风机能效限定值及节能评价值

4．GB 19762—2007 清水离心泵能效限定值及节能评价值

5．GB 50019—2003 采暖通风与空气调节设计规范

6．GB 50243—2002 通风与空调工程施工质量验收规程

7．GB 50365—2005 空调通风系统运行管理规范

8．GB 50366—2005 地源热泵系统工程技术规范

9．GB/T 10820—2002 生活锅炉热效率及热工试验方法

10．GB/T 19412—2003 蓄冷空调系统的测试和评价方法

11．GB/T 21056—2007 风机、泵类负载变频调速节电传动系统及其应用技术条件

12．CJJ 34—2004 城市热力网设计规范

附录6 供配电系统节能相关标准

1. GB 20052—2006 三相配电变压器能效限定值及节能评价值
2. GB 24790—2009 电力变压器能效限定值及能效等级
3. GB 50052—2009 供配电系统设计规范
4. GB 50417—2007 煤矿井下供配电设计规范
5. GB/T 10411—2005 城市轨道交通直流牵引供电系统
6. GB/T 13462—2008 电力变压器经济运行
7. GB/T 13499—2002 电力变压器应用导则
8. GB/T 16664—1996 企业供配电系统节能监测方法
9. DL/T 985—2005 配电变压器能效及经济技术评价导则
10. JGJ 16—2008 民用建筑电气设计规范
11. HG/T 20664—1999 化工企业供电设计技术规定
12. SH 3038—2000 石油化工企业生产装置电力设计技术规范
13. SH 3060—1994 石油化工企业工厂电力系统设计规范
14. TB 10008—2006 铁路电力设计规范
15. TB 10009—2005 铁路电力牵引供配电设计规范

附录7 工艺用热节能相关标准

1. GB 10180—2003 工业锅炉热工性能试验规程
2. GB 10820—2002 生活锅炉热效率及热工试验方法
3. GB 10863—1989 烟道式余热锅炉热工试验方法
4. GB 13271—1991 锅炉大气污染物排放标准
5. GB 15317—2009 燃煤工业锅炉节能监测
6. GB 17954—2007 工业锅炉经济运行
7. GB 18292—2009 生活锅炉经济运行
8. GB 19065—2003 电加热锅炉系统经济运行
9. GB 23459—2009 陶瓷工业窑炉热平衡、热效率测定与计算方法
10. GB 24500—2009 工业锅炉能效限定值及能效等级

附录 8 照明系统节能相关标准

1. GB 17896—1999 管型荧光灯镇流器能效限定值及节能评价值
2. GB 19043—2003 普通照明用双端荧光灯能效限定值及能效等级
3. GB 19044—2003 普通照明用自镇流荧光灯能效限定值及能效等级
4. GB 19415—2003 单端荧光灯能效限定值及节能评价值
5. GB 19573—2004 高压钠灯能效限定值及能效等级
6. GB 19574—2004 高压钠灯镇流器能效限定值及节能评价值
7. GB 20053—2006 金属卤化物灯镇流器能效限定值及能效等级
8. GB 20054—2006 金属卤化物灯能效限定值及能效等级
9. GB 50034—2004 建筑照明设计标准
10. DL/T 5140—2001 水利发电厂照明设计规范
11. GJJ 45—2006 城市道路照明设计标准
12. SDGJ 56—1993 火力发电厂和变电所照明设计技术规定
13. DBJ 01-607—2001 绿色照明工程技术规程

附录 9 公共建筑类相关标准和规范

1. GB 50034—2004 建筑照明设计标准
2. GB 50096—1999 住宅设计规范
3. GB 50176—93 民用建筑热工设计规范
4. GB 50178—93 建筑气候区划分标准
5. GB 50189—2005 公共建筑节能设计标准
6. GB 50242—2002 建筑给水排水及采暖工程施工质量验收规范
7. GB 50364—2005 民用建筑太阳能热水系统应用技术规范
8. GB/T 12455—1990 宾馆、饭店合理用电
9. GB/T 50033—2001 建筑采光设计标准
10. GB/T 50314—2000 智能建筑设计标准
11. GB/T 50378—2006 绿色建筑评价标准
12. JGJ/T 16—2008 民用建筑电气设计规范

13．JGJ 26—95 民用建筑节能设计标准（采暖居住建筑部分）

14．JGJ 75—2003 夏热冬暖地区居住建筑节能设计标准

15．JGJ 132—2001 采暖居住建筑节能检验标准

16．JGJ 134—2001 夏热冬冷地区居住建筑节能设计标准

17．JGJ 142—2004 地面辐射供暖技术规程

18．JGJ 144—2004 外墙外保温工程技术规程

19．DB 11/381—2006 既有居住建筑节能改造技术规程

20．DBJ/T 01—100—2005 公共建筑节能评估标准

21．DBJ/T 01—101—2005 绿色建筑评估标准

22．DBJ/T 01—621—2005 公共建筑节能设计标准

23．DBJ 11—602—2006 居住建筑节能设计标准

附录 10　高能耗行业节能相关标准

1．GB 17167—2006 用能单位能源计量器具配备和管理通则

2．GB 50376—2006 橡胶工厂节能设计规范

3．GB/T 15587—1995 工业企业能源管理导则

4．DL/T 606.2—1996 火力发电厂燃料平衡导则

5．DL/T 606.3—1996 火力发电厂热平衡导则

6．DL/T 606.4—1996 火力发电厂电能平衡导则

7．YB 9051—98 钢铁企业设计节能技术规定

8．SH/T 3002—2000 石油库节能设计导则

9．SH/T 3003—2000 石油化工厂合理利用能源设计导则

10．CJ/T 3002—1992 聚氨酯泡沫塑料预制保温管

11．JBJ 14—2004 机械行业节能设计规范

12．YY/T 0247—1996 医药工业企业合理用能设计导则

13．YY/T 0248—1996 药用玻璃窑炉经济运行管理规范

14．SY/T 6331—1997 气田地面工程设计节能技术规定

15．SY/T 6420—1999 油田地面工程设计节能技术规范

16．YS/T 10—2002 铜冶炼企业能源消耗定额

17．YS/T 102—2003 锌冶炼企业产品能源消耗定额

18．YS/T 103—2004 铝生产九种高能耗电源消耗

19．YS/T 104—1992 镍冶炼企业产品能源消耗

20．YS/T 105.1—2004 锡冶炼企业能源消耗定额

21．YS/T 105.2—2004 锑冶炼企业能源消耗定额

22．YS/T 109—92 有色金属加工企业产品能耗指标

23．JC 432—1991 平板玻璃能源消耗定额

24．JC 710—1990 水泥制品能耗等级定额

25．JC 712—1990 建筑卫生陶瓷能源消耗定额

附录 11　各种能源折标系数

附表 11-1　　　　　　　各种能源折标煤参考系数

能 源 名 称		平均低位发热量	折标准煤系数
原煤		20 908kJ/kg（5000kcal/kg）	0.7143kgce/kg
洗精煤		26 344kJ/kg（6300kcal/kg）	0.9000kgce/kg
其他洗煤	洗中煤	8363kJ/kg（2000kcal/kg）	0.2857kgce/kg
	煤泥	8363～12 545kJ/kg（2000～3000kcal/kg）	0.2857～0.4286kgce/kg
焦炭		28 435kJ/kg（6800kcal/kg）	0.9714kgce/kg
原油		41 816kJ/kg（10 000kcal/kg）	1.4286kgce/kg
燃料油		41 816kJ/kg（10 000kcal/kg）	1.4286kgce/kg
汽油		43 070kJ/kg（10 300kcal/kg）	1.4714kgce/kg
煤油		43 070kJ/kg（10 300kcal/kg）	1.4714kgce/kg
柴油		42 652kJ/kg（10 200kcal/kg）	1.4571kgce/kg
煤焦油		33 453kJ/kg（8000kcal/kg）	1.1429kgce/kg
渣油		41 816kJ/kg（10 000kcal/kg）	1.4286kgce/kg
液化石油气		50 179kJ/kg（12 000kcal/kg）	1.7143kgce/kg
炼厂干气		46 055kJ/kg（11 000kcal/kg）	1.5714kgce/kg
油田天然气		38 931kJ/m³（9310kcal/m³）	1.3300kgce/m³
气田天然气		35 544kJ/m³（8500kcal/m³）	1.2143kgce/m³
煤矿瓦斯气		14 636～16 726kJ/m³（3500～4000kcal/m³）	0.5000～0.5714kgce/m³
焦炉煤气		16 726～17 981kJ/m³（4000～4300kcal/m³）	0.5714～0.6143kgce/m³
高炉煤气		3763kJ/m³	0.1286kgce/m³
其他煤气	a）发生炉煤气	5227kJ/m³（1250kcal/m³）	0.1786kgce/m³
	b）重油催化裂解煤气	19 235kJ/m³（4600kcal/m³）	0.6571kgce/m³

续表

能 源 名 称		平均低位发热量	折标准煤系数
其他煤气	c）重油热裂解煤气	35 544kJ/m³（8500kcal/m³）	1.2143kgce/m³
	d）焦炭制气	16 308kJ/m³（3900kcal/m³）	0.5571kgce/m³
	e）压力气化煤气	15 054kJ/m³（3600kcal/m³）	0.5143kgce/m³
	f）水煤气	10 454kJ/m³（2500kcal/m³）	0.3571kgce/m³
粗苯		41 816kJ/kg（10 000kcal/kg）	1.4286kgce/m³
热力（当量值）		—	0.0341 2kgce/MJ
电力（当量值）		3600kJ/kWh（860kcal/kWh）	0.1229kgce/（kWh）
电力（等价值）		按当年火电发电标准煤耗计算	
蒸汽（低压）		3763MJ/t（900Mcal/t）	0.1286kgce/kg

附表 11-2　　　　　　　　　　　　　耗能工质能源等价值

品 种	单位耗能工质耗能量	折标准煤系数
新水	2.51MJ/t（600kcal/t）	0.0857kgce/t
软水	14.23MJ/t（3400kcal/t）	0.4857kgce/t
除氧水	28.45MJ/t（6800kcal/t）	0.9714kgce/t
压缩空气	1.17MJ/m³（280kcal/m³）	0.0400kgce/m³
鼓风	0.88MJ/m³（210kcal/m³）	0.0300kgce/m³
氧气	11.72MJ/m³（2800kcal/m³）	0.4000kgce/m³
氮气（做副产品时）	11.72MJ/m³（2800kcal/m³）	0.4000kgce/m³
氮气（做主产品时）	19.66MJ/m³（4700kcal/m³）	0.6714kgce/m³
二氧化碳气	6.28MJ/m³（1500kcal/m³）	0.2143kgce/m³
乙炔	243.67MJ/m³	8.3143kgce/m³
电石	60.92MJ/kg	2.0786kgce/kg

附录 12　常见能源单位

单位名称	符 号	换 算	备 注
卡	cal	1cal=4.1868J	将 1g 水温度升高 1℃所需热量
英热单位	Btu	1Btu=1055J	将 1 磅水温度升高 1℉所需热量
千克标准煤	kgce	1kgce=7000kcal	1kg 标准煤的低位发热值
千克标准油	kgoe	1kgoe=10 000kcal	2kg 标准煤的发热值
千瓦时	kWh	1kWh=3600kJ	1kWh（1 度电）
马力小时	PSh	1PSh=2648kJ	
巨大能量单位	Q	1Q=1.055×10²¹J	
冷吨	RT		24h 内将 1t 0℃冻成冰的每小时制冷量

参 考 文 献

[1] 清华大学核能技术研究所. 能源规划与下图模型. 北京：清华大学出版社，1983.

[2] 孟昭利. 节能与企业能源管理. 北京：中国宇航出版社，1993.

[3] 胡景生. 变压器经济运行. 北京：中国电力出版社，1999.

[4] 孟昭利. 企业能源审计方法. 北京：清华大学出版社，2002.

[5] 水利电力部. 节约用电. 北京：水利电力出版社，1985.

[6] 贾振航. 企业节能技术. 北京：化学工业出版社，2006.

[7] 陆定安. 功率因数与无功补偿. 上海：上海科学普及出版社，2004.

[8] 陈亚嶂. 电动机节能技术. 北京：科学出版社，1989.

[9] 季杏法. 小型一部电动机技术手册. 北京：机械工业出版社，1987.

[10] 张少军. 交流调速原理及应用. 北京：中国电力出版社，2003.

[11] 国家发展和改革委员会，国家电网公司. 电力需求侧工作指南. 北京：中国电力
出版社，2007.

[12] 於子方. 合成氨行业能耗现状与主要节能途径. 小氮肥，2009，37（2）.

[13] 秦圣祥，杨清忠，蒋兰英. 氯碱生产中的节能减排措施. 氯碱工业 2010，46（3）.

[14] 苑金生. 白水泥企业技术节能的实践. 新世纪水泥导报，2006，（3）.

[15] 刘介才. 工厂供电 [M]. 北京：机械工业出版社，1995.

[16] 王维兴. 关于钢铁企业降低 CO 排放的探讨 [J]. 中国钢铁业，2009，（6）.

[17] 王滨等. 静止无功功率补偿技术研究进展综述 [J]. 山东建筑大学学报，2008，
23（1）.

[18] [奥] Wakileh G J. 电力系统谐波：基本原理、分析方法和滤波器设计. 徐政译. 北
京：机械工业出版社，2003.

[19] 孙宝成，李广泽. 配电网实用技术 [M]. 北京：中国水利水电出版社，1998.

[20] 柯青峰. 配电网线损分析法 [J]. 东北电力技术，2006，27（6）：31～33.

[21] 朱发国. 基于现场监控终端的配网线损计算 [J]. 电网技术，2001，25（5）：38～40.

[22] 江北，刘敏，陈建福等. 地区电网降低电能损耗的主要措施分析 [J]. 电网技
术，2001，25（4）：62～65.

[23] 袁慧梅，郭喜庆，于海波. 中压配电网线损计算新方法 [J]. 电力系统自动化，2002，

26（11）：50～53.

[24] 张伏生，李燕雷，汪鸿. 电网线损理论计算与分析系统 [J]. 电力系统及其自动化学报，2002，14（4）：19～23.

[25] 罗毅芳，刘巍，施流忠，等. 电网线损理论计算与分析系统的研制 [J]. 中国电力，1997，30（9）：37～39.

[26] H. Lee Wills, Power Distribution Planning Refference Book, MAR CEL DEKKER INC.New York. BASEL, 2004.

[27] 黄其励，高元楷，王世桢等. 电力工程师手册电气卷 [M]. 北京：中国电力出版社，2000.

[28] 张弘廷. 低压降损的金钥匙——就地平衡降损法 [M]. 北京：中国电力出版社，2003.

[29] 于荣成. 农村电网线损分析及降损措施. 广东科技，2009（16）.

[30] 吴安宫，倪保珊. 电力系统线损. 北京：中国电力出版社，1996.

[31] 石嘉川，刘玉田等. 中低压配电网电压优化调整. 中国电力，2005，38（1）：27～30.

[32] 张鸿雁，郑琰，赵睿. 配电网线损的构成分析及降损措施. 河南电力，2007（2）.

[33] 李一红，伍国萍，赵维兴等. 0.4kV 低压网理论线损计算方法的比较与探索 [J]. 广东输电与变电技术，2006，（4）：20～22.

[34] 余卫国，熊幼京，周新风等. 电力网技术线损分析及降损对策 [J]. 电网技术，2006，30（18）：54～57.

[35] 袁修建，李同，梁进国等. 论配电线路线损 [J]. 华中电力，2007，20（3）：18～20.

[36] 薛志峰编著. 既有建筑节能诊断与改造. 北京：中国建筑工业出版社，2007.

[37] 薛志峰. 大型公共建筑节能研究 [博士学位论文]. 北京：清华大学，2002.

[38] 龙惟定编著. 建筑节能与建筑能效管理. 北京：中国建筑工业出版社，2005.

[39] 张雄，张永娟主编. 建筑节能技术与节能材料. 北京：化学工业出版社，2009.

[40] 李淑香. 中原地区节能建筑的检测评估方法分析 [J]. 建筑科学，2008，26:81.

[41] 李德英. 建筑节能技术 [M]. 北京：机械工业出版社，2006.

[42] 陈东，谢继红. 热泵技术及应用. 北京：化学工业出版社，2006.

[43] 徐邦裕，陆亚俊，马最良编. 热泵. 北京：中国建筑工业出版社，1988.

[44] 郁永章主编. 热泵原理与应用. 北京：机械工业出版社，1993.

[45] 马小军主编. 智能照明控制系统. 南京：东南大学出版社，2009.

[46] 肖辉主编. 电气照明技术. 北京：机械工业出版社，2009.

［47］郭福雁，黄民德．电气照明．天津：天津大学出版社，2011．

［48］江源，殷志东．光纤照明及应用．北京：化学工业出版社，2009．

［49］北京照明学会照明设计专业委员会编．照明设计手册．北京：中国电力出版社，2006．

［50］北京市发展和改革委员会．节能技术篇．中国环境科学出版社，2008．

［51］江亿主编．超低能耗建筑技术及应用．北京：中国建筑工业出版社，2005．

［52］郑兆平．蓄热式燃烧技术综述．钢铁研究，1999（6）．